浙江省普通本科高校"十四五"重点立项建设教材

数字贸易微专业系列教材

大数据
与国际商务

Big Data
and International Business

丛海彬　周　艳　伍湘陵　主编

黄远浙　邹德玲　副主编

ZHEJIANG UNIVERSITY PRESS

浙江大学出版社

·杭州·

图书在版编目（CIP）数据

大数据与国际商务 / 丛海彬, 周艳, 伍湘陵主编.
杭州：浙江大学出版社, 2024.7. -- ISBN 978-7-308-
25145-7

Ⅰ. F740

中国国家版本馆 CIP 数据核字第 2024Q2H442 号

大数据与国际商务

DASHUJU YU GUOJI SHANGWU

丛海彬　周艳　伍湘陵　主编

策划编辑	曾　熙	
责任编辑	曾　熙	
责任校对	郑成业	
封面设计	续设计	
出版发行	浙江大学出版社	
	（杭州市天目山路148号　邮政编码310007）	
	（网址：http://www.zjupress.com）	
排　　版	杭州朝曦图文设计有限公司	
印　　刷	杭州捷派印务有限公司	
开　　本	787mm×1092mm　1/16	
印　　张	17	
字　　数	420千	
版 印 次	2024年7月第1版　2024年7月第1次印刷	
书　　号	ISBN 978-7-308-25145-7	
定　　价	55.00元	

版权所有　侵权必究　印装差错　负责调换

浙江大学出版社市场运营中心联系方式：0571-88925591；http://zjdxcbs.tmall.com

前　言

党的二十大报告指出,"高质量发展是全面建设社会主义现代化国家的首要任务","必须完整、准确、全面贯彻新发展理念,坚持社会主义市场经济改革方向,坚持高水平对外开放,加快构建以国内大循环为主体、国内国际双循环相互促进的新发展格局"。①

随着全球化进程的加速,以及信息技术、数字技术、人工智能技术等现代新兴技术的飞速发展,数字经济已成为全球经济发展的重要动力来源,而大数据在其中扮演着重要的角色,已成为推动经济社会变革的重要力量。为抢抓数字经济时代发展机遇期,讲好中国故事,构建具有中国特色的国际商务自主知识体系,我国政府高度重视新文科和新商科的建设,以期培养适应新时代需求的复合型人才。2018年,教育部发布了《教育部关于加快建设高水平本科教育全面提高人才培养能力的意见》,明确提出要推进新工科、新医科、新农科、新文科、新商科建设。其中,新文科和新商科的建设要求打破传统学科界限,注重跨学科交叉融合,培养具有国际视野和创新能力的高素质人才。

在此背景下,《大数据与国际商务》教材的编写应运而生。该书旨在顺应国家政策,结合大数据技术在国际商务领域的应用,全面提升学生的数据分析能力、国际商务理论素养和实践技能。教材在内容的设计上,既注重构建扎实的理论基础,又强调实践应用的有效结合,旨在为培养适应未来社会需要的国际商务人才提供坚实的知识基础和能力支撑。

本教材从理论与实际相结合的角度出发,力图帮助国际贸易、国际商务专业的学生通晓现代经济与商务基础理论,掌握大数据背景下的新型国际商务知识、国际商务分析与决策能力,通过案例熟练掌握现代国际商务实践技能,培养具有大数据背景的复合性新型商业人才。本教材共分为十四章,从大数据的基本概

---

① 习近平. 高举中国特色社会主义伟大旗帜 为全面建设社会主义现代化国家而团结奋斗:在中国共产党第二十次全国代表大会上的报告[N].人民日报,2022-10-26(01).

念、发展历程及其在国际商务中的重要性入手，首先介绍了大数据对国际商务经济、政治、文化环境及国际商务经典理论发展的影响。其次分别从国际贸易、国际金融、国际投资、国际结算、国际商法及国际商务等环节着笔，具体阐述引入大数据概念及云计算等数据处理方法后，传统理论受到的影响及演变；进而在阐述各个理论的基础上，介绍大数据分析工具并提供相应的配套练习以便于学生熟练应用。接着从国际营销、国际供应链管理、国际财务管理及企业国际化四个宏观行业分析角度锻炼学生案例实操分析能力。最终从精选的跨国公司案例的微观视角切入，详细介绍大数据在跨国公司运营管理模式与人才选拔培养中的应用。

在大数据时代，国际商务人才不仅需要具备扎实的商务理论基础知识，还需要掌握数据分析技能，具备国际视野和跨文化沟通能力。因此，本教材在编写过程中，注重理论与实践的结合，致力于培养具有创新精神和实践能力的复合型人才。首先，教材通过系统介绍大数据在国际商务各个领域的应用，帮助学生全面理解大数据技术的内涵和外延，提升其理论素养和专业知识。其次，教材通过大量案例分析和实战演练，培养学生的数据分析能力和解决实际问题的能力，增强其实践操作能力。最后，教材还注重培养学生的国际视野和跨文化沟通能力，通过介绍国际商务中的跨文化管理、国际商务礼仪等内容，提升学生的综合素质。

总之，《大数据与国际商务》教材的编写，既顺应了国家对新文科、新商科建设的政策要求，又切实满足了大数据时代对国际商务人才培养的需求。希望通过本教材的学习，学生能够掌握大数据与国际商务的核心知识和技能，成为引领未来国际商务发展的创新型人才。《大数据与国际商务》教材作为两个交叉领域知识体系融合的初步探索，必然会存在诸多不完善之处，请相关领域专家及读者不吝指正。

编　者
2024年5月

目 录

CONTENTS

第一章

引言与概论

○- 导入案例

大数据——后疫情新时代的变革力量

全球范围内新型冠状病毒的流行对世界政治和经济格局产生了深远的影响,同时也为大数据提供了一次大显身手的机会。在疫情期间,政府、医疗机构、科研机构及科技企业等各方迅速采取行动将大数据等技术广泛应用于疫情防控和复工复产等各个领域。这充分证明了在科技抗疫中,大数据发挥了不可或缺的关键作用。

大数据在疫情期间的创新性应用主要涉及以下3个领域。

首先,大数据在疫情监控和跟踪方面发挥了关键作用。政府和企业合作开发大数据分析功能并加以实际应用,涵盖疫情态势研究、流行病学调查、舆情数据分析、人口迁移、人力资源调配和物流管理等多个领域。这些工具和技术向政府部门、组织和公民展示实时动态数据,并协助决策。值得一提的是,许多地方的科技企业都开发了独具特色的大数据平台并提供了解决方案。此外,媒体平台也利用大数据技术制作"疫情地图"和"迁徙地图",以方便公众出行,预防传染病。

其次,大数据在疫情防控和救治方面做出了较大的贡献。通过挖掘和分析位置数据和行为数据,可以进行高危人群识别、人员健康追踪、区域风险预测等操作,实现分区分级的精准识别、精准施策和精准防控。大数据还在病情诊疗、疫苗研发和医学研究等领域发挥着重要作用。中国疾病预防控制中心与国家超级计算中心、BAT[①]等机构与企业合作,利用后两者在算力、算法和数据方面的优势,加快了疫苗和药物等的研发进程。

最后,大数据为疫情期间的公共服务提供了许多帮助。不少地方政府和社区组织使用大数据技术和平台,协助运输、救援、志愿服务和社会援助等公共服务,实现资源共享、信息互通和协同作业。例如,一些城市的应急管理部门利用大数据技术,优化应急响应流程和资源调配方案,提高了应对突发事件的能力。

大数据在疫情防控上的优异表现,彰显了大数据应用、发展的广阔前景。那么,大数据的概念和特征如何,其又是怎样一步步发展至今,并对当代社会包括国际商务等方方面面产生影响的呢?本章将对这些问题进行探讨。

【资料来源:冯海红.大数据无处不在,向左还是向右[N].光明日报,2021-02-18(16).】

[①] BAT指百度在线网络技术(北京)有限公司[Baidu Online Network Technology (Beijing) Co., Ltd.]、阿里巴巴(中国)有限公司[Alibaba (China) Network Technology Co., Ltd.]和腾讯科技深圳有限公司[Tencent Technology (Shenzhen) Co., Ltd.]三家互联网巨头首字母的缩写。

【学习目标】

1. 了解大数据的广义定义和学术定义
2. 理解大数据的特征
3. 了解大数据的力量,并能举例说明
4. 了解国际大数据的发展现状
5. 掌握大数据底层技术的发展历程
6. 理解国际贸易学的发展历程
7. 掌握国际贸易与大数据结合的情况
8. 能够综合运用所学知识,分析大数据对国际贸易的影响并提出建议

第一节　大数据概念的内涵和外延

一、大数据的定义

(一)大数据的广义定义

随身携带的手机、办公桌上的电脑、无处不在的互联网……这些日常生活中显而易见的信息化设施为社会中的每个人带来了切实的利益。然而,信息本身的价值最初却并未受到应有的重视。随着计算机技术全面融入社会生活,信息总量以指数级别增长,引发了信息形态的变化,即信息爆炸。那些最早经历信息爆炸的学科,如天文学和基因学,引出了"大数据"这个概念。1980年,著名的未来学家阿尔文·托夫勒在其所著的《第三次浪潮》中,激情澎湃地将"大数据"誉为"第三次浪潮的华彩乐章"。如今,这个概念已经被应用于几乎所有人类致力于发展的领域。

大数据在最初阶段并非一个确定的概念。它指的是这样一种状态:需要处理的数据量过大,已经超过了一般电脑内存的容量。因此,为了更好地处理数据,工程师们必须进行工具的改进。这种需求推动了新的数据处理技术的诞生,如谷歌的MapReduce编程模型和开源Hadoop平台。这些新型技术使得人们可以处理更为庞大的数据量。更重要的是,这些技术能够消除原先数据依据传统数据库表格整齐排列的壁垒,实现了数据层次结构的突破。同时,由于互联网公司可以收集大量有价值的数据,并且有强烈的利益驱动去利用这些数据,它们逐渐成为大数据技术领域的领导者和开拓者,如谷歌、百度、阿里巴巴等公司。

如今,大数据的一种广义定义是:它是利用常用软件工具捕获、管理和处理数据所耗时间超过可容忍时间的数据集[①]。然而,对于学术界而言,大数据的定义并不仅仅局限于数据的数量和操作性。学术界对大数据的定义随时代的变化而不断变化,相对于大数据的广义定义,学术界的定义更体现出大数据本身内涵与特征随着时代发展而不断变革、创新的过程。接下来,本书将对国内外学术界对大数据的研究进行详细阐述。

---

① MAYER-SCHÖNBERGER V, CUKIER K. Big data: a revolution that will transform how we live, work, and think[M]. Boston: Honghton Mifflin Harcourt, 2013.

(二)大数据的学术定义

1.国外大数据研究

早在2008年,《自然》(*Nature*)杂志便推出了专门介绍大数据的专刊——《大数据》(*Big Data*),首次将大数据这一概念引入学术研究的范畴。同年,计算社区联盟发表了报告——《大数据计算:在商业、科学和社会上的革命性突破》(*Big-Data Computing: Creating Revolutionary Breakthroughs in Commerce, Science and Society*),阐述了在数据驱动的研究背景下,解决大数据问题所需的技术及面临的一些挑战。2011年2月,《科学》(*Science*)杂志推出了专刊——《处理数据》(*Dealing with Data*),主要讨论了在科学研究中的大数据问题,强调大数据对于科学研究的重要性。此外,一些美国知名的数据管理领域专家学者,从专业研究的角度出发,联合发布了一份名为《大数据促发展:机遇和挑战》(*Big Data for Development: Opportunities and Challenges*)的白皮书。该白皮书从学术的角度介绍了大数据的产生,分析了其处理流程,并提出了大数据所面临的若干挑战。

2011年后,大数据成为国外相关研究领域的研究热点。大数据的定义在学术界经历了长期的辩论和探讨,成为一个备受关注的话题。然而,迄今还没有官方或权威机构给出明确的定义。虽然不同的文献和报告提出了各种各样的定义,但它们都着眼于大数据的几个核心特征。因此,大数据的学术定义被认为是一个相对抽象的概念,需要从不同角度进行解析。

一般而言,学术界比较认可大数据的3V特点定义。2001年,高德纳咨询公司分析员道格·莱尼在一次演讲中指出,大数据需要满足容量大(volume)、多样性(variety)、速度快(velocity)这3个特点(简称3V特点)。这一定义在早期被提出后得到了广泛的支持和应用。近年来,还有一些学者尝试在3V的基础上提出第4个"V"特征。不过,关于第4个"V"的定义并不统一,国际数据公司(International Data Corporotion, IDC)认为大数据还应该具有价值性(value),因为大数据的价值往往呈现出稀缺性的特点。而IBM则认为大数据必须具备真实性(veracity)。尽管这些定义的具体内容存在差异,但都强调了大数据的核心特征及其对于业务和社会发展的重要意义。在此,本书把大数据的主要特征归纳为"5V",它们分别是容量大、多样性、速度快、价值高和真实性。本节的第二部分将对大数据的以上几个特点进行具体阐述。

2.国内大数据研究

与国外相比,国内在大数据的技术研发和基础设施建设方面起步较晚,主要原因在于在互联网时代初期,国内的计算机技术和基础设施还没有获得较大发展,受到的支持和重视程度也还不够。然而,随着信息技术和基础设施建设的日渐成熟,国内大数据学术研究开始兴起,形成了热潮。

在这样的大背景下,2012年5月,香山科学会议组织了一场学术讨论会,深入探讨了大数据理论、工程技术研究及其应用方向,同时还探讨了大数据研究的组织方式与资源支持形式等重要问题。此外,为了促进大数据技术的发展和应用,中国计算机学会青年计算机科技论坛(CCF YOCSEF)在2019年6月举办了一场名为"大数据时代,智谋未来"的学术报告会。此次会议旨在全面讨论大数据领域的前沿技术和实际应用问题。报告会中,专家学者们就数据挖掘、体系架构理论、大数据安全、大数据平台开发等方面发表了重要的学术演讲。此外,与会者还提出了大数据在实际应用中会面临的挑战及其解决方案,并分享了多个成功的大数据应用案例。

随着5G时代的到来,国内的技术优势开始逐渐显现。与此同时,在大数据研究领域,国内的研究学者数量逐年增加,研究力量不断壮大[1]。伴随新技术和新理论的出现,大数据的研究内容也在不断扩展和深化。国内学者对于大数据的研究涵盖了数据存储、数据管理、数据处理、数据分析、数据挖掘等多个方面[2],并且这些研究领域正不断地向多学科领域拓展。例如,大数据在社会学、经济学、政治学、生态学等领域中的应用也成了研究的热点[3]。大数据科学已成为一个新兴的交叉学科领域,跨越了信息学、社会学、网络学、系统学、心理学、经济学等多个学科领域。

二、大数据的特征

(一)容量大

"数量"指的是收集和存储的电子数据量,而且数据量一直在持续增加。"大数据"一定很大,但到底有多大? 若以当前的眼光给"大"设定一个数量,在10年之后或许就不"大"了。正如10年前被认为"大"的东西已经不再符合今天的标准。数据采集的增速是如此之快,任何设定的标准都将不可避免地很快过时。

2014年,全球有30亿互联网用户将超过60亿个对象(服务器、个人电脑、平板电脑和智能手机等)连接到互联网。这些对象使用互联网协议(IP)地址作为唯一标识符,从而与其对等方(主要是智能手机、平板电脑和计算机)进行通信。仅仅在2014年,这些对象之间的相互通信就产生了大约8EB(艾字节)的数据量。

随着互联网连接对象(如电视、家用电器和安防摄像头等日常用品)的不断涌现,连接到互联网的对象的数量也越来越多。相应地,其产生的数据量也将呈指数级别增长,如图1-1所示。

在互联网每分钟发生的数十亿个事件中,有些事件可能对企业有价值或与企业相关,有些则不然。因此,要找出哪些数据有价值,就需要将它们读取出来,进行排序,并将数据发送到存储、过滤、组织和分析区域进行处理。而利用大数据技术和解决方案来处理和分析这些数据量巨大的数据,以便为企业的战略和运营决策提供有价值的见解和参考,是商业社会各企业进行大数据研究的主要驱动力。

---

① 李国杰,程学旗.大数据研究:未来科技及经济社会发展的重大战略领域:大数据的研究现状与科学思考[J].中国科学院院刊,2012(6):647-657.

② 程学旗,靳小龙,王元卓,等.大数据系统和分析技术综述[J].软件学报,2014(9):1889-1908.

③ 王珊,王会举,覃雄派,等.架构大数据:挑战、现状与展望[J].计算机学报,2011(10):1741-1752.

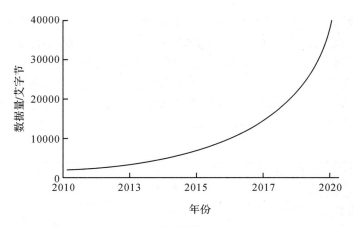

图1-1　数据量大爆炸示意

资料来源：整理自 IDC 对2010—2020年数据量演变的研究。

（二）多样性

当前主要将大数据分为结构化、半结构化数据和非结构化数据。数据的结构化程度直接关系到处理数据方法的选择。无论是传统的，还是经典的数据都是结构化的，这些数据存储在数据库中，可采用相应的数据库技术完成查询和管理需要。而半结构化和非结构化的数据，就是今天网页和社交媒体产生的大量音频和视频等数据。相对于结构化的数据而言，半结构化和非结构化的数据正在逐渐成为国际贸易企业洞察市场需求的新型大数据研究对象。数据的结构特征如表1-1所示。

表1-1　数据的结构特征

数据结构类型	特征
结构化	简单来说就是数据库。比如企业 ERP[①]、财务系统，医疗 HIS[②]数据库，教育一卡通，政府行政审批，以及其他核心数据库等 基本包括高速存储应用需求、数据备份需求、数据共享需求及数据容灾需求
半结构化	半结构化数据具有一定的结构性，但与具有严格理论模型的关系数据库的数据相比，仍存在区别。例如存储员工简历，不像存储的员工基本信息那样格式统一，因为每个员工的简历大不相同。有的员工的简历很简单，如只包括教育情况；有的员工的简历却很复杂，如包括工作情况、婚姻情况、出入境情况、户口迁移情况、党籍情况和技术技能等
非结构化	指数据结构不规则或不完整，没有预定义的数据模型，不方便用数据库二维逻辑表来表现的数据，包括所有格式的文档、文本、图片、文档格式、报表、音频、视频信息等。非结构化数据的格式非常多样，标准也是多样性的，而且在技术上非结构化信息比结构化信息更难标准化和理解

注：① ERP：enterprise resource planning，企业资源计划。

　　② HIS：hospital information system，医院信息系统。

从另一个角度来看，数据的多样性还反映在数据的来源和应用上。例如，卫生保健数据主要分为药理学研究数据、临床数据、个人行为和情感数据、就诊/索赔记录和开销数据；

交通领域的数据源涵盖路网摄像头/传感器、地面公交、轨道交通、出租车,以及省际客运、旅游、化学危险品运输、停车和租车等多种数据,还包括问卷调查和GIS(geographic information system,地理信息系统)数据。例如,针对共享单车治理问题,一些车企提出了"大数据"管理思路,并认为这是未来治理的方向。例如共享单车公司通过大数据管理可以实时监测每一辆车的位置和编号、每个网格的车辆数量,以及区域车辆的活跃程度等。图1-2展示了数据多样性和复杂性程度不断增加的趋势。

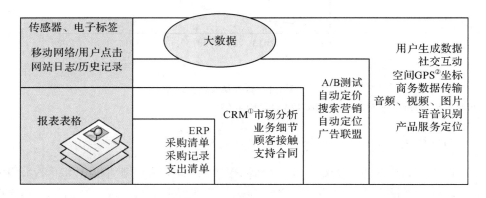

注:① CRM:customer relationship management,客户关系管理。
② GPS:global positioning system,全球定位系统。

图1-2 数据多样性和复杂性程度不断增加的趋势

资料来源:杨尊琦.大数据导论[M].2版.北京:机械工业出版社,2022.

(三)速度快

在当今社会,数据正在以惊人的速度产生,而这种速度与数据量成正比。这里的速度指的是数据生成和处理的速度。智能手机、传感器、万维网等现代技术的应用都产生了大量的数据,而现代通信技术的发展和互联网的广泛应用使得数据的产生速度更加迅猛。

1.数据生成

大数据的数据生成速度极快。例如,在社交媒体上,消息往往以滚雪球的方式传播。若某人在社交媒体平台发布某一内容,则该内容会被其朋友看到,并随之被转发给他们的朋友。这样的传播方式具有迅速而广泛的特点,因而使得该信息能够快速地传播到全球各地。在这个过程中,数据生成速度很快,同时数据量也非常之大。

2.数据处理

大数据速度快的特征同样指数据处理的速度快。例如,自动驾驶汽车会产生大量的传感器数据,这些数据需要被实时地生成和处理。如果这些数据不能及时地被处理和分析,那么就有可能引发事故。

此外,可变性是大数据处理的另一个重要特征。它指的是数据流量的变化率,尤其是在高峰时段,数据流量的变化可能会非常大。在这种情况下,计算机系统可能会出现故障,因此,需要采取相应的措施来处理这些数据。

大数据数据生成速度的迅速提升,离不开互联网技术的不断升级和创新。云计算、分布式计算、数据挖掘、机器学习等技术的发展,为大数据的处理和分析提供了更加高效、准确和可靠的手段。值得注意的是,大数据的数据生成速度虽然快,但其背后也存在一系列的技术挑战和风险。例如,数据的质量和可信度难以保证,数据的隐私和安全也面临着极大的风险,数据的处理和分析也需要消耗大量的计算资源和能源,对环境产生了一定的压力。因此,针对这些挑战和风险,需要不断推动大数据技术的创新和应用,提高数据的质量和可信度,加强数据的隐私和安全保护,降低数据处理、分析的能耗及环境影响。

(四)价值高

"价值高"一般指的是大数据分析结果的质量。它也被用来描述商业数据公司对其他公司出售数据,而购买了数据的公司会利用自己的分析方法来处理和使用数据,因此,"价值"是一个在数据商业领域中经常被提及的术语。

1.使用价值

"我们将从大数据中获取什么价值?"这个问题是研究大数据的核心。可以说,大数据的价值体现为每一条数据的价值,而一份数据只有被使用才体现出它的价值。

大数据的应用范围非常广泛,有巨大的使用价值。目前,社会科学和自然科学等各个领域都在积极使用大数据技术。通过开发适当的数据挖掘方法,所有形式的数据都可能提供大量有用的信息。新技术的出现融合了传统的统计学和计算机科学,使得对大量数据的分析变得越来越可行。统计学家和计算机科学家所开发的技术和算法可用于搜索数据模式,而对关键模式的梳理是大数据分析成功与否的关键。数字时代的到来大大改变了数据收集、存储和分析的方式。正是由于大数据革命,我们才有了智能汽车、家庭监控和智能家居等新事物。大数据的使用改变了每个人的生活。

2.商业价值

随着我们的世界变得越来越数字化和全球化,全球商业竞争越发激烈,商业机会也越来越多。在这样的大背景下,能够更加全面地利用大数据的企业便具有扩张市场的极大优势。大数据被视为一种额外的信息来源(结构化、半结构化和非结构化数据),它带来的商业价值是无法估量的,将有效地帮助企业管理者进行决策。

奈飞公司:从DVD租赁店到全球影视公司

(五)真实性

"真实性"是指大数据的真伪性和可信赖度,代表着数据的质量。随着互联网的高速发展,决策者通过大数据来统计、预测、分析问题比过去依赖的传统抽样调查所得到的数据更加全面和真实。真实性作为大数据的一个重要特征,主要表现为数据来源的真实性与数据内容的真实性。

1.数据来源的真实性

大数据往往是从真实世界中实时获取的数据,海量数据有五大来源,包括互联网数据、实时数据、探测数据、传感器数据及物联网数据,通过这五大来源所收集的数据反映了人们真实的行为、观点和事件,具有真实性和实时性。对大数据的分析有利于降低决策者决策的不确定性,使之获得超高的预测分析能力,从而确保资源的高效配置。

2.数据内容的真实性

与传统的抽样调查相比,大数据能反映更加全面、真实的内容。数据需求者往往通过对数据的收集、处理、生成和存储来确保数据内容的真实性。此外,数据通常会留下痕迹,人们能够追溯数据的来源和处理过程,有助于提升数据内容的真实性。然而,大数据的真实性也会受到挑战,尤其是互联网数据中往往会存在一些虚假信息,譬如大量虚假的个人注册信息、假账号、假名字、假粉丝等,或是过时或误导性的信息,大多数平台难以对这些数据与信息进行全面的监管和核实,这是互联网本身的特性所决定的。因此,在大数据的实际应用过程中应当对数据进行清理和预处理,并采取适当的措施确保数据的真实性和有效性。

三、大数据的力量

(一)变革思维

1.对数据本身认知的变化

大数据引起的人类思维方式的变化是基本而深远的,这种变化是一个渐进的、潜移默化的过程。导致这一思维方式变化的主要原因在于大数据本身的特点和相关信息技术引发的人们认识世界的手段和工具的改变。维克多·迈尔-舍恩伯格指出,在大数据时代,人们对待数据的思维方式会发生以下几种变化。

(1)人们处理的数据从样本数据变成全部数据,即样本=总体。

(2)由于是全样本数据,人们不得不接受数据的混杂性,而不过度追求数据的精确性,因而有可能打开一扇从未涉足过的世界的窗户。

(3)对大数据的处理意味着从对因果关系的关注转向对相关关系的关注,人们不一定必须弄清现象背后的原因,而是让数据自己"发声"。

这就意味着人类在看待事物、探索世界、解决问题时的角度、方式、深度和广度等都会发生转变,从而导致认知结果的不同。

2.对数据价值认知的变化

在大数据时代人们开始意识到数据的价值,对待数据的态度也在发生改变。在过去,数据通常被视为一次性的资源,其使用和价值仅限于收集数据的特定目的。例如,对航空公司而言,一旦航班降落,相关的票价数据就会被视为过时的和无用的;对谷歌而言,一旦搜索命令完成,相应的数据也就失去了它的应用价值。

然而,随着大数据时代的到来,这种观念在现代社会中发生了重大变革。人们已不再认为数据是静止、陈旧的,反而认为数据是极具研究与应用价值的。数据凭借其包含的大量信息和知识,被认为是一种持续变化的资源,其变化和趋势成为人们关注的重点,并开始使用数据来指导决策、预测未来趋势、提高效率和创新。同样地,对航空公司而言,它们可以利用大数据分析并预测乘客的需求和旅行偏好,以便更好地安排航班,设置票价;对谷歌而言,它可以利用大数据分析用户的搜索历史和行为模式,以便更好地为用户提供相关搜索结果和服务。

(二)变革商业

大数据引发经营管理模式和商业模式的变革。大数据对企业的思维层面、组织层面、运作层面、经营层面和技术层面都会产生重大影响,从而导致企业经营管理和商业模式的巨大变革。表1-2列举了大数据对企业生产运营及市场方面的改变。

表1-2 大数据对企业生产运营及市场方面的改变

企业管理方面	变革内容
组织结构	大数据和互联网等信息技术使组织管理的层次减少,范围扩大,决策速度加快
人力资源	大数据人才需求的剧增,人力资源管理方式也发生了巨大的改变
流程	基于大数据的流程再造使生产运作发生彻底的、戏剧性的、根本的改变,真正实现了科学管理
制造	用数据可视化实现全过程控制,生产运作过程可实时在线控制,从而提高生产效率,减少资源浪费
市场	基于大数据分析的市场决策、产品决策及产品设计等把消费者、供应商与生产厂家紧密联系起来,实现三者的无缝对接。大数据使市场的范围更加扩大,B2C[①]、M2C[②]、C2M[③]的范围将真正实现从区域化到全球化
客服	以消费者为中心的企业经营依托大数据将更加真实可行,个性化需求将更容易被满足,消费者将深度参与产品的设计与制造

注:① B2C:business to consumer,企业对消费者。

② M2C:manufacturers to consumer,生产厂家对消费者。

③ C2M:consumer to manufacturer,消费者到制造商。

这些变革在大数据时代为企业带来了经营层面的转变和商业模式的创新。这种变革是以消费者为中心的,旨在提高企业的效率和产品的质量,同时提升消费者的购物体验。对大数据的分析和挖掘为企业提供了更全面地洞察市场和了解消费者偏好的工具,能够帮助企业更好地满足消费者的需求和期望,同时提高企业的销售和利润。此外,这些变革也已经开始在消费者的一端得到体现,消费者可以享受到更好的产品和服务、更高效的购物体验,以及更个性化的推荐和定制服务,甚至能够自己运用大数据获取更令人满意的产品和服务。

"买还是不买",
大数据与飞机票

(三)变革生活

大数据是一种新兴的技术,它对人们的生活方式产生了巨大的影响。就人类最基本的需求而言,衣、食、住、行、工作、学习、健康、交友和娱乐活动在今天均发生了重大的变化,而这些变化与大数据和相关信息技术的发展息息相关。

目前,数据产生于各种即时通信工具,如电话、短信、微信、邮件、网页等,尤其是自媒体每天创造出大量的文本、音频和视频,成为大数据的重要来源之一。随着大数据技术与云计算、物联网的深度融合,未来的物联网数据将更多地来源于大量的传感器。例如,每件物品都带有一个标签式的小型传感器,每隔一定的时间就会发射信号。当人们去商场购物时,只需刷卡,商场中的多个探测器就会扫描所有商品。在回家之前,人们可以通过手机远程打开空调、电饭煲和洗衣机。如果每个物品都能够连接到网络,时间和能源等将得到更有效的利用,从而让人们有更多的时间从事有创造力的活动。图1-3展示了不同阶段的智能生活方式。

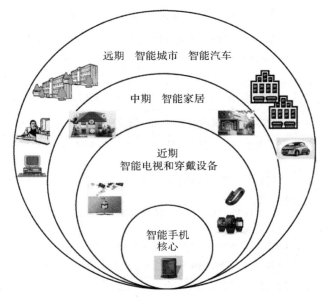

图1-3 不同阶段的智能生活方式

资料来源:杨尊琦.大数据导论[M].2版.北京:机械工业出版社,2022.

未来智慧城市

大数据在各个方面凸显出其"大"的特点,也在不断改变着人们的生活方式和思考方式。这种变革还将在未来持续不断地发生,进一步便利人们的生活。

第二节 国际大数据领域的发展现状

近年来,大数据领域蓬勃发展。根据国际数据公司IDC的预测,2024年全球将产生157ZB(泽字节)的数据。2019年以来,大数据技术在产业、应用等方面的发展出现新的趋势,进入了新的阶段。本节主要从战略、技术、产业等方面介绍国际大数据领域的最新进展。

一、大数据战略持续发展

近年来,大数据技术的发展相对平缓,大数据领域相关政策的制定成为关注的重点。拓宽大数据技术的应用领域成为各国政府数据战略的共识。作为全球领先的经济体,中国、美国、欧盟都在致力于制定大数据战略,以推动大数据的发展。

(一)中国:国家大数据战略

2015年,中国政府提出了"国家大数据战略",旨在建设"数字强国",实现数据科技与经济社会发展的深度融合。该战略指出,大数据已经成为国家政治、经济和社会发展的战略资源,是推动经济发展和社会进步的重要力量。因此,中国政府制定了一系列具体的政策措施以促进大数据产业的发展,如推动信息基础设施的建设、加强数据安全保障等。中国政府积极推动大数据产业的发展,为经济社会发展注入了新动力,带来了诸多机遇,但同时也面临大数据带来的新的挑战。

(二)美国:联邦数据战略

美国政府在2019年制订的"联邦数据战略第一年行动计划"是一个重要的里程碑。该计划的核心目标是将计划、统计和基于任务的数据作为战略资产来改善经济,提高联邦政府的效率,促进社会监督并提高透明度。通过协调各机构的行动,为每个机构设定具体的可实现的目标。此外,该计划还将重点从"技术"转向"资产",并特别关注财务和地理数据的标准化。美国政府制定这样一项数据战略,旨在通过充分利用数据,推动美国数字经济的发展,提高政府的效率和透明度。

(三)欧盟:繁荣的数据驱动型经济

在全球数字化进程加速的背景下,欧洲议会也通过了一项决议,敦促欧盟及其成员国努力实现"繁荣的数据驱动型经济",为此,欧盟各成员国的政府积极制定数据战略并加以实施,以应对数字化带来的挑战。

尽管数据对经济增长和社会发展至关重要,但目前只有1.7%的公司充分利用了先进的数字技术。这表明在数字化的过程中,很多公司还存在巨大的发展潜力。同时,数据的发展和使用也面临着一系列的挑战和难题,如数据隐私和安全、数据标准化和整合等。因此,制定和实施数据战略仍需要各国政府、企业和学术机构通力合作来不断推动和完善。

二、大数据底层技术逐步成熟

大数据底层开发技术经历初期发展、中期成熟、后期展望几个阶段,已经趋于成熟完善(见图1-4)。在这个过程中,开源技术逐渐成为主流,得到广泛的应用和推广。开源技术具有源代码公开、社区开放、免费使用等优势,可以帮助企业快速实现大数据技术的应用和创新。开源技术也可以提供更多的解决方案,支持更多的开发者参与到技术的开发和完善中来,形成良性循环。因此,利用开源技术已经成为大数据技术发展的主流趋势,它为大数据技术的快速发展和创新提供了有力的支持。

图1-4　大数据底层技术发展流程

(一)初期发展阶段：Apache Hadoop

大数据技术在初期的发展阶段主要致力于解决海量数据的存储和处理问题。Apache Hadoop技术应运而生，并成为最基本的分布式批处理架构之一。Hadoop技术与传统数据库的一体化模式不同，它将计算和存储分离，致力于解决低成本存储和大规模数据处理问题。凭借着友好的技术生态和可扩展性优势，Hadoop技术对传统大规模并行处理（massively parallel processor, MPP）数据库市场产生了一定的影响。然而，随着时间的推移和技术的不断发展，MPP在扩展性方面也不断创新突破。在2019年中国信通院大数据产品能力评测中，MPP大规模测试集群规模已经达到了512个节点，使得MPP重新获得了在海量数据处理领域的一席之地。这也表明，在大数据技术的发展历程中，技术的不断进化和创新是不可避免的，大数据技术的优化和发展也需要与时俱进，以更好地满足不断增长的数据规模和处理需求。

(二)中期成熟阶段：Apache Spark 和 Flink

随着大数据应用场景的不断扩大，涌现了更多的开源技术，如Apache Spark、Flink等，以满足数据处理的实时性和多样性需求。

1.Apache Spark

在大数据技术的发展过程中，Hadoop体系庞大复杂的运维操作，推动计算框架不断进行着升级演进。随后出现的Apache Spark已逐步成为计算框架的事实标准。Apache Spark是一种快速、通用、可扩展的大数据处理引擎，支持批处理、交互式查询、流处理及机器学习等多种数据处理场景。Apache Spark克服了Hadoop的许多限制，是一种高性能、低延迟和更加简便的编程模型。Apache Spark通过内存计算和数据分区来实现高效的数据处理，使得数据分析的时效性得到了极大的提升。

2.Flink

在解决了数据"大"的问题后，对数据分析时效性的需求愈发突出。而流处理技术可以在数据产生后立即对数据进行处理，从而实现实时的数据处理与分析。Flink是一种流处理引擎，可以支持基于时间窗口的计算、迭代计算等多种数据处理模式，其在事件驱动模式下运行，可以使得实时数据处理具有更加灵活的表达能力。

当今，大数据技术的发展已经进入到了一个高度分层、细化和多元化的阶段，各类开源技术和商业化解决方案不断涌现，用户可以根据自身需求和数据特点进行选择和搭配，以实现更高效、更快速、更精准的数据处理和应用效果。随着技术的不断演进和应用场景的不断拓展，大数据技术将继续发挥重要作用，成为推动数字化经济发展和社会变革的重要力量。

(三)后期展望阶段:ChatGPT

大数据概念被提出后,与大数据相关的技术便不断迭代和创新。未来,随着技术的不断进步和需求的不断扩大,大数据技术的发展也将不断进步,迎来更加广阔的应用前景。

ChatGPT(generative pre-trained transformer)是一种基于 Transformer 架构的 NLP(natural language processing,自然语言处理)模型。这个模型采用了深度学习的方法,通过大规模的语料库自主学习,可以自动产生与输入内容相关的自然语言。ChatGPT 模型是由 OpenAI 团队开发的,经过不断的训练和优化,目前已经发展到了第四代(GPT-4)。它建立在 GPT 系列模型的基础上,具有极强的语言理解能力和自我学习能力。ChatGPT 的出现极大地推动了自然语言处理领域的发展,并在机器翻译、问答系统、智能客服、智能写作、舆情监测等领域得到了广泛的应用。

而 ChatGPT 模型的训练,需要大量的数据。经过系统前瞻性分析,我们可以预见,未来大数据与 ChatGPT 技术的结合将成为数据分析和应用的主要趋势,这将推动大数据技术的快速发展和进步。

一方面,随着大数据的不断涌现,企业和机构越来越需要有效地管理和利用这些数据,以支持决策和业务的发展。而 ChatGPT 技术的出现,则可以帮助人们更好地理解、分析和利用这些数据,从而实现更加精准和高效的业务运营和决策支持。ChatGPT 技术的特点在于可以基于大量高质量的数据进行学习和优化,从而提供更加准确、实时的数据分析和处理能力。通过不断地学习和改进,ChatGPT 可以帮助企业和机构更好地理解自身业务的特点和需求,为其提供更加个性化的数据处理和应用方案。

另一方面,随着 ChatGPT 技术的不断进步,我们也可以看到更多新的数据应用场景和应用模式的出现。例如,在社交媒体、智能家居、物联网等领域,ChatGPT 技术可以帮助人们更好地理解和分析人与人、人与物之间的关系和互动,从而为这些领域的发展提供更加精准和高效的支持。同时,ChatGPT 技术的应用还会涉及自然语言处理、计算机视觉、智能推荐等多个方面,为人们的生活和工作带来更多的便利和创新。

综上所述,通过不断地研究和探索,我们相信,在大数据应用中,ChatGPT 技术将会发挥越来越重要的作用,为人类创造出更多的价值和福利。

三、大数据企业加速整合

近年来,随着互联网技术和计算能力的快速发展,大数据已经成为各个行业的重要资产。在这一背景下,大数据公司也日渐兴起。这些公司提供的产品和服务涵盖了从数据采集到存储、处理和分析的整个数据生命周期。在这些公司中,一些国际知名的大数据公司,如 Cloudera、Hortonworks、MapR 等,成了行业的佼佼者。然而,近年来这些公司也面临着许多挑战,如竞争加剧、技术革新、市场需求变化等。本部分将着重探讨 Cloudera 和 Hortonworks 的合并,以及惠普公司(Hewlett Packard Enterprise,简称 HPE)对 MapR 业务资产的收购,分析这些事件对大数据产业和 Hadoop 生态的影响,并探讨未来的发展趋势。

2018 年 10 月,Cloudera 和 Hortonworks 宣布合并,这一事件引起了业内的广泛关注。作为大数据领域的巨头,Cloudera 和 Hortonworks 的合并不仅意味着两家公司可以强强联手,共同抵御来自市场竞争的挑战,更重要的是,这也将有助于整个Hadoop生态的统一。随着Cloudera和Hortonworks的合并,Hadoop标准将变得更加一致,这将使得更多的企业和个人可以更加便捷地使用Hadoop技术,推动其在全球范围内的普及和应用。此外,合并后的新公司还将拥有更多的资源,可以投入更多资金用于研发和创新,进一步推动整个大数据领域的发展。

继2018年Cloudera和Hortonworks合并之后,2019年又发生了多起大数据领域的并购事件。同年8月,HPE收购了MapR公司的业务,成为全球企业级IT厂商竞争进入新阶段的代表性事件之一。MapR是Hadoop全球软件发行版供应商之一,但随着用户需求逐渐从采购以Hadoop为代表的平台型产品,转向结合云化、智能计算后的服务型产品,其需求逐渐减少。而HPE此次收购MapR的业务,也意味着全球企业级IT厂商在满足用户从平台产品到云化服务,再到智能解决方案的整体需求方面的竞争新阶段已经拉开帷幕。

这些变化引起了业内的广泛讨论,一方面,业内人士认为这些并购事件表明大数据领域正进入一个新的阶段,即服务化和智能化的阶段;另一方面,一些人则担心,这些巨头公司的垄断地位可能会损害大数据产业和Hadoop生态的健康发展。

图 洋葱路由和暗网

综上所述,大数据领域的并购事件既带来了机遇,也带来了挑战。机遇在于面对不断变化的市场需求,大数据企业的并购融合能够通过技术的合并和创新,研发先进的大数据技术,提高产品和服务在大数据行业内的市场占有率。挑战在于,由于大数据技术的门槛相对较高,领域内的巨头企业往往掌握着核心技术和市场份额,这可能会导致垄断的风险,使得新兴的大数据企业难以进入市场。此外,巨头企业的合并和收购,也可能会进一步扩大市场份额,影响大数据市场竞争的公平性。

四、数据合规要求日益严格

近年来,各国越来越关注数据合规性,然而实际的数据合规进程仍然面临许多挑战。尤其在欧洲,自2019年5月25日《通用数据保护条例》(*General Data Protection Regulation*, GDPR)实施以来,数据保护相关案例和公开事件数量急剧增加,引起了一系列争议。这表明,数据合规已经成为一个重要的议题,需要各国政府和企业进一步加强相关规定和实施措施,以确保数据保护和隐私的合法性和安全性。

牛津大学的一项研究显示,GDPR实施一年后,在未经用户同意的情况下设置的新闻网站Cookies数量下降了22%。同时,欧洲数据保护委员会(European Data Protection Board, EDPB)的报告显示,GDPR实施一年以来,欧盟当局共收到约145000条与数据安全相关的投诉和举报信息,对涉及违规处理个人数据的企业共判处了5500万欧元的行政罚款。苹果(Apple)、微软(Microsoft)、推特(Twitter)、瓦茨艾普(WhatsApp)、照片墙(Instagram)等知名企业也因此遭受了调查或处罚。可以看出,数据保护问题在欧洲备受关注,GDPR的实施也取得了一定的成效。

全球隐私保护立法的热潮在GDPR的正式实施后席卷而来,提高了社会各领域对数据保护的重视。

为考量 GDPR 的实施成效,2019 年 8 月份,国际隐私专业协会
(International Association of Privacy Professionals,IAPP)IAPP/OneTrust
(一个数据隐私管理平台)对部分美国企业进行了《加利福尼亚消费者
隐私法案》(*California Consumer Privacy Act*,CCPA)准备程度调查,结
果显示,74% 的受访者认为他们的企业应该遵守 CCPA,但只有大约 2%
的受访者认为他们的企业已经完全做好了应对 CCPA 的准备。CCPA
最终于 2020 年 1 月起正式生效,对所有与美国加州居民有业务往来的
商业数据行为进行监管。虽然 CCPA 在适用监管标准上相对宽松,但一旦违反监管标准,违
法企业所面临的惩罚将更为严厉。除加利福尼亚州 CCPA 外,更多的法案正在美国多个州
陆续生效。

目 商务是如何被数
据推动着电子化的

　　综上所述,尽管 GDPR 和 CCPA 等数据保护法规已经初步推进了数据合规进程,但是
还需要在政策法规的制定和执行、企业合规意识和行为等方面进一步完善和加强。

思考题:

1. 什么是大数据的广义定义和学术定义? 两者有何不同?
2. 大数据的容量大、多样性和速度快等特征,如何在现实生活中如何得到体现?
3. 大数据的价值高特征具体体现在哪些方面?
4. 大数据对商业、生活和思维带来了哪些变革? 可以举例说明。
5. 各国大数据战略有哪些差异? 是否存在共同点?
6. 大数据技术的发展历程是什么? 未来的发展趋势是什么?
7. 大数据企业整合的意义和影响是什么?
8. 数据合规要求日益严格,这对大数据企业有哪些影响?
9. 大数据技术对国际贸易的影响主要体现在哪些方面?
10. 大数据技术在国际贸易领域的应用实践有哪些具体案例?

目 第一章小结

第二章

大数据与国际商务环境

构建用数据管理、创新、决策的新型数字政府

北京市、山西省等地探索建设"领导驾驶舱"新型政府治理系统,灵活运用大数据资源和技术,优化政府的管理、服务和决策模式;贵州省、四川省等地把服务事项设立的依据和政策文件库打通,提供一体化的信息服务;山东省全面推动电子证照建设应用,打造了上百个大数据应用场景,实现了良好社会效益……当前,数字技术正深刻推动城市全面转型和整体提升,数字政府建设已成为新时代全面深化行政体制改革的必然选择,成为推进国家治理体系和治理能力现代化的必然要求,成为释放数字经济发展潜能、应对数字经济发展带来的新挑战的现实需要。

21个省(区、市)和122个地市建立开放平台,开放数据集超过9.8万个;200个便民服务点实现"跨省通办",在线服务能力持续提升,在线服务水平进入全球领先行列;2020年,全国各级政府门户网站发布重要政府信息2亿多条,网民咨询留言的平均办理时长由10个工作日变为2个工作日。在这场变革中,我国各地政府借助数字技术,改进了运行机制和流程,回应了社会诉求,提升了治理能力。数字化浪潮必将进一步推动数字政府建设、推动数字技术广泛应用于政府管理服务、推动政府治理流程再造和模式优化,不断提高决策的科学性和服务效率。

【资料来源:构建用数据管理、创新、决策的新型数字政府[N].中国城市报,2021-05-31(A02).】

【学习目标】
1. 了解政府与市场两者关系的相关理论知识
2. 了解大数据时代政府与市场关系的改变及原因
3. 掌握大数据对传统政府与市场信息禀赋的影响,了解相关的应对策略
4. 掌握大数据时代市场监管的问题及创新措施等

第一节　大数据与国际商务经济环境

在经济全球化的大背景下,任何一个国家(地区)经济环境的波动对于世界经济的平稳运行都有着深刻的影响,而且不同国家(地区)的经济环境、经济发展水平和经济潜力都存在

较大的差异,认清不同国家(地区)的经济状况,对于企业国际商务活动的开展具有重要意义。

一、国际商务中的经济环境

(一)经济环境的定义

经济环境(economic environment)是国际商务环境的重要组成部分,对于从事国际商务活动尤为重要,它直接影响企业的决策、产品销售和跨国经营活动。经济环境主要是指企业从事国际商务活动所面临的国际经济状况及其发展趋势,主要包括一个国家(地区)的经济体制、经济发展水平、消费水平、产业结构、劳动力结构、物质资源状况及国际经济发展动态等[①]。

国 经济体制

(二)经济特征

一国(地区)的经济特征可以由国民总收入、购买力平价、通货膨胀、失业率、债务、国际收支平衡表等指标来衡量,通过这些经济特征可以评估一国(地区)的经济环境并做出合理的经营决策。

1.国民总收入

国民总收入(gross national income, GNI)是指一个国家(地区)在一年内生产的所有商品和劳务的价值总和,它等于国内生产总值加上来自国外的净要素收入。具体而言,GNI是一国(地区)拥有的生产要素生产的最终商品和劳务的市场价值[②]。不过,GNI只是对一年经济活动的粗略描述,了解当前和预测未来的经济情况需要观察一国(地区)经济的动态变化,采用GNI增长率可以反映一国(地区)的经济潜力。一般而言,GNI增长率大于人口增长率,则说明该国(地区)人民生活水平提高;反之则说明生活水平降低。

2.购买力平价

购买力平价(purchasing power parity, PPP)是指两种货币之间的汇率由它们的单位货币购买力之间的比例决定,可以分为绝对购买力平价和相对购买力平价。

利用购买力平价评估人均国民总收入,能够反映出一国(地区)每单位收入的实际购买力。购买力平价的前提是"一价定律",即在不同地区用同一种货币购买同种商品所需的价格是相同的。

3.通货膨胀

通货膨胀(inflation)是指当货币的供给大于货币的实际需求,造成货币贬值或货币的购买力下降,从而引起物价水平持续上涨的现象。通货膨胀的实质是现实购买力的增长速度超过了产出供给的速度,导致价格上涨速度超过收入增长速度。通货膨胀不利于生产流通和经济增长,会破坏经济秩序的稳定,甚至危害社会的健康运行。

---

① 王炜瀚,王健,梁蓓.国际商务[M].2版.北京:机械工业出版社,2015.
② 吴晓云.国际商务[M].北京:清华大学出版社,2015.

4.失业率

失业率(unemployment rate)是指失业人口占劳动人口的比率,其中劳动人口指的是社会总人口中处于劳动年龄范围内的人口。失业率是反映一个国家(地区)经济状况的重要指标。一般而言,失业率下降,代表一国(地区)经济运行平稳,发展势态良好;失业率上升,则代表一国(地区)经济下滑。失业率偏高的国家(地区),经济环境面临较大的风险。

5.债务

债务(debt)是政府金融债务的总和,用来衡量政府向本国人民、其他国家(地区)政府、其他国家(地区)企业和国际机构的借款。债务可以分为两部分,即国(地区)内债务(internal debt)和国(地区)外债务(external debt)。当一国(地区)的国(地区)内债务增长,政府需要考虑调整经济政策,也表明经营环境变得复杂,不确定性增加。当政府向其他国家(地区)债权人借款时,就产生了国(地区)外债务。一般而言,只要外债规模在一国(地区)可承受范围之内,其对经济的发展能起到正向的作用,一旦超出本国(地区)的承受范围,该国(地区)的经济发展会面临较大的风险。

6.国际收支平衡表

国际收支平衡表(balance of payments, BOP)是按照复式簿记原理,以某一特定货币为计量单位,记录一定时期一国(地区)同其他国家(地区)的全部经济往来的收支流量表。BOP包含两个基本账户,即经常账户、资本与金融账户。经常账户包含四部分,分别记录商品、服务、收入和经常转移,资本与金融账户则反映资本在国(地区)内外的流动情况。国际收支如果长期不平衡可能会影响一国(地区)的进出口贸易,导致汇率波动等,不利于经济的良好发展。

(三)经济发展水平与产业结构

从全球视角出发,世界各国(地区)的经济发展水平参差不齐,因此,不同国家(地区)所处的发展阶段并不相同。美国经济史学家沃特·罗斯托对各国(地区)经济发展阶段的划分受到了普遍的认可。他认为,各国(地区)在经济发展过程中通常会经历5个不同的阶段,即传统阶段、起飞准备阶段、起飞阶段、成熟阶段和高消费阶段,其中前3个阶段为不发达阶段,后两个阶段为发达阶段[1]。

不同的经济发展阶段呈现出的市场特征也不同,具体表现在产业结构、生产需求、消费需求、投资水平等各方面。通常而言,一国(地区)经济发展水平越高,反映出该国(地区)经济环境良好。对于跨国公司和跨国经营者而言,在进入目标市场之前,要认清该国(地区)所处的经济发展阶段和经济环境。

在判断一国(地区)所处的经济发展阶段的基础上,还需进一步分析其产业结构的具体特征。产业结构是指一个国家(地区)各种类型产业的构成及各产业之间的联系和比例结构关系,产业结构可以分为三大类,分别是第一产业、第二产业和第三产业。在分析一国(地

---

[1] 张海东.国际商务管理[M].6版.上海:上海财经大学出版社,2019.

区)的产业结构时,除了分析现状外,还应了解产业结构与经济发展的关系,关注经济发展呈现出的动态变化情况。

二、大数据分析国际经济环境面临的挑战

大数据技术的发展和进步为人们了解国际经济环境提供了许多便利和优势,企业管理层利用大数据技术评估全球经济发展环境,并据此做出决策。但是由于大数据技术尚未完全成熟,对企业管理层来说,利用大数据分析国际经济环境仍然存在一定的问题。

1.数据清洗难度大

利用大数据分析国际经济环境最主要的问题在于如何确保数据的真实性和准确性。数据存在多源性,有大量的数据源自网络,数字噪声多,价值密度低,缺乏准确性和真实性。而且,数据不仅有结构化数据,还包括半结构化数据和非结构化数据,后者的数据主要以文字、图片和视频等不同形式呈现,在处理上有较大的困难,这就大大增加了数据清理和解释的难度。

2.数据安全难保障

数据的安全问题一直是大数据分析中重要的一环,数据的泄露和失控会阻碍经济活动的发展。一般而言,通过大数据的收集、处理和分析,集中了更多高价值性且具有强关联性的数据,从而增加了经济活动的风险。另外,大数据依托的基础技术 NoSQL(非关系型数据库)仍然不够完善,无法完全保障数据的安全[①]。由于数据的来源广、数量大,对机密数据的定位和保护也变得更加困难。

3.大数据分析人才缺乏

虽然早在20世纪80年代大数据的概念就被提出,但直到近几年大数据才得以快速发展,人们对大数据的了解和学习还不够深入。由于金融危机的爆发和各种逆全球化思潮的兴起,国际经济环境变得更加复杂,急需大量能够熟练地利用大数据分析和处理技术的优秀人才。这类人才需要具备多方面的知识和能力,不仅要掌握大数据的分析技术,而且对国际经济环境要有深入的了解,符合相关要求的复合型人才仍然非常缺乏。

三、大数据时代国际经济环境的优化

(一)利用大数据打造共赢的开放环境

凭借大数据掌握的海量数据信息及其精准的算法技术,可以为企业构建跨国(地区)合作的技术平台。企业需要根据国(地区)内外经济环境情况,并结合企业自身发展的规模、实力,明确投资方向,利用大数据的算法,分析企业经济增长的数值和可能的未来发展路径,形成发展报告,为自身发展提供可行的方案。另外,企业要抓住大数据引领数字经济发展的契机,精准招商、精准投入,扩大企业的经营和发展范围,充分发挥大数据资源库

---

① 申红艳,吴晨生,宸铁梅,等.大数据时代宏观经济分析面临的机遇与挑战[J].经济研究参考,2014(63):19-25.

的作用,借助自身的优势资源促进业务增长。企业还应抓住政策红利,充分运用国家提供的政策福利加快融资,扩大对外贸易规模,促进国际化贸易水平的提升,打造合作共赢的开放经济环境。

(二)利用大数据推进公平的市场竞争

国际经济环境的优化,首先需要建立有序的国际市场。对企业而言,可以利用大数据技术分析国(地区)内外市场情况,明晰消费者的需求并据此提供专业化的产品和服务,在国际市场中,还可以通过大数据技术解读内外部经济数据,为国(地区)内外企业构建合作的桥梁,促进区域型产业生态的构建,以此聚集产业链,提升企业的竞争力。此外,各国(地区)政府需要依据本国(地区)的经济体制,发挥一定的宏观调控作用,通过大数据算法,及时了解本国(地区)市场的发展情况,并对此进行监管,监督企业的经营情况,规范企业间的竞争,营造公平、和谐的经济环境和市场环境。我国目前处于经济转型升级的重要时期,良好的市场环境对经济的发展至关重要,需要借助市场的力量促进生产力的解放,通过互联网和大数据技术进行生产力的调控,指导企业的发展方向,扩大企业的经营范围,不断推动企业从区域市场扩展到全国市场,从全国市场扩展到全球市场。

(三)利用大数据实现产业的转型升级

从全球角度来看,欧美等发达国家第三产业的发展良好,但对大多数发展中国家来说,仍然面临着产业转型升级的困境,需要通过互联网、大数据和人工智能(artificial intelligence,AI),挖掘出海量的数据资源,再结合实体产业进行深度融合,实现产业的转型升级。例如,通过大数据将传统的服装制造业与电子商务结合,线上线下业务同步发展;将电子信息制造和人工智能结合,开发出智能电子设备,并打造智能工厂;旅游业也可借助大数据和互联网打通线上云旅游通道,发展线上业务[1]。由此,服装业、电子制造业、旅游业、交通运输业等各产业,都可借助大数据的力量,实现产业的转型升级,不断扩大经济生态圈,促进经济的健康发展。

第二节 大数据与国际商务政治法律环境

一、国际商务中的政治环境

(一)政治制度

任何企业都不能忽略国家(地区)的政策法规,因为对企业来说,一个国家(地区)的政策法规对其国际商务活动是支持还是限制,直接影响着企业的投资、营销等行为能否成功。一个国家(地区)的政局是否稳定极大地影响着企业的投资策略。政局稳定的国家(地区)市场

① 洪松.大数据时代下关于推进优化营商环境建设的探讨[J].中国管理信息化,2021(12):80-81.

潜力巨大,有利于企业开展商务活动,自然吸引其他国家(地区)企业投资建厂;而时局动荡的国家(地区),市场环境恶劣,会给其他国家(地区)投资企业带来风险。因此,在开展国际商务活动时,企业往往格外关注东道国的商业环境和潜在的政治风险[①]。

(二)政治风险

通常,一国(地区)的政策、政治事件或政治环境可能会影响商业环境,从而导致企业部分或全部失去对该国(地区)的投资信心,或者被迫接受低于预期的收益率。这种由于政府更迭给其他国家(地区)的投资企业带来的风险被称为政治风险(political risk)。当然,不同行为、事件和情况引发的政治风险也不尽相同[②]。

1.系统性政治风险

一国(地区)相关制度政策的调整会影响到整个商业系统。但这种变化引发的政治风险对其他国家(地区)的投资者的影响也不全是负面的,有时政策导向的改变对于投资企业而言恰恰是一种机遇。

2.程序性政治风险

无论对于企业还是对于国家(地区)来说,每天发生的人员、产品和资金的流动都伴随着一系列的程序事务。政局的变动常常导致利益冲突,其中产生的摩擦或多或少地对这些事务造成影响,可能会增加企业的经营成本,甚至直接影响到企业能否在该国(地区)生存。

3.分配性政治风险

当其他国家(地区)的投资者取得丰硕果实时,东道国就会对分配的公平性质疑。一般会通过修改税法、调整结构和改变货币政策等方式来调整分配模式,而这就会成为投资者的风险。

4.灾难性政治风险

灾难性政治风险一般是由不规则的政治进程引发的,如爆发种族冲突、战争等。此类政治风险引发的冲击会对企业的商业环境造成损害,一旦失控甚至可能毁掉企业乃至整个国家(地区)的经济生态。

二、国际商务中的法律环境

(一)法律环境

国际商务中的法律环境主要涉及以下内容。

[①] 安占然.国际商务[M].北京:北京大学出版社,2015.
[②] 王炜瀚,王健,梁蓓.国际商务[M].2版.北京:机械工业出版社,2015.

1.财产权

财产权是指以财产利益为内容,直接体现财产利益的民事权利。财产权是可以以金钱计算价值的,一般具有可让与性,受到侵害时须以财产方式予以救济[①]。

各国(地区)关于财产权保护的法律制度不尽相同。几乎所有国家(地区)都对财产权的保护作出了法律规定,但往往因为法律不健全或执行力不强而形同虚设。侵犯财产权的行为通常有两种:私人行为和公共行为。

侵犯财产权的私人行为是指个人或私人集团的盗窃、抢劫、诈骗、侵占、侵害知识产权等行为。这与一国(地区)的司法制度紧密相关,司法制度缺失的国家(地区)无法真正保障国(地区)内外企业的财产权,以至于其财产权常常受到私人行为的侵犯;而司法制度健全且执行严格的国家(地区)社会治安稳定,有利于发展良好的商业环境。

侵犯财产权的公共行为是指政府官员向财产所有者索要钱财或经济资源的行为。公共行为的表现形式五花八门,既可以通过其掌握的税收、许可、再分配等行政手段实现,也可以通过非行政手段来实现,如有些国家(地区),企业要想在该国(地区)获取经营权,就不得不向当地官员行贿。

2.知识产权

知识产权是无形财产权的一种,是指人们就其智力劳动成果所依法享有的专有权利,通常是国家赋予创造者对其智力成果在一定时期内享有的专有权或独占权(exclusive right)。严格地说,知识产权是国家授予创新者可强制实施的限制性专利权。知识产权明确规定有效期,在有效期内他人不得模仿创新者的创意,这样其创意就可商品化,从而收回初期投资并获得潜在利润。企业申请专利、商标和版权以寻求对无形资产的保护,就可获得潜在销售额和利润额[②]。

不同国家(地区)受到某些因素的影响,对于知识产权的保护存在差异。

(1)经济发展水平

知识产权的保护力度与国家(地区)经济发展阶段高度相关,即欠发达国家(地区)在知识产权保护方面不如发达国家(地区)。发达国家(地区)常常认为保护创意是激励创新的唯一方式。一位分析家解释道:"如果你创造的东西被人盗用,那么继续创造颇有价值的知识产品的动力就会大大减少。"不发达国家(地区)表示,严格的知识产权保护会限制新技术的扩散,提高物价,因为产品只能从发达国家(地区)进口,限制了现存知识的使用。此外,在不发达国家(地区)几乎没有企业创造和登记知识产权,因此它们看不到保护知识产权的收益。

(2)国家文化观念

文化观念的不同也会使各个国家(地区)在知识产权保护方面产生差异。例如,有些国家(地区)认为你的创意或作品的版权,你完全有权决定谁可以仿制或使用。相反,也有国家(地区)认为不应把知识发现或科学发明看成发现者或发明者的个人财富。新创意或新技术

米奇版权到期,迪士尼面临全球危机

---

① 王炜瀚,王健,梁蓓.国际商务[M].2版.北京:机械工业出版社,2015.

② 丹尼尔斯,拉德巴赫,沙利文.国际商务:环境与运作[M].北京:机械工业出版社,2008.

都是公共产品,人人均可免费使用。

(二)产品安全和责任

产品安全法是指对某一产品必须建立一定的安全标准,而产品责任法主要是确定产品的制造者和销售者对其生产或出售的产品因有某种缺陷致使消费者的人身或财产受到损害所应当承担的法律责任。

企业在某个国家(地区)开展国际商务活动时,通常必须生产符合当地标准的产品。有时,东道国和母国在某一方面的标准有所差异,甚至完全不同。多数国家(地区)都有关于产品责任的立法,其中以美国、欧盟等发达国家(地区)最为严格。

如今,商品的日益丰富也使产品安全和责任风险问题频发。如果生产出的产品不符合相关标准,企业就会身陷诉讼案件,承担对应的产品责任。因此,开展国际商务活动的企业必须对目标国家(地区)的产品责任法烂熟于心,规范自身生产经营行为,否则面临的高额赔偿金可能会使原本正常运转的公司债台高筑,甚至濒临破产[1]。

三、大数据下的国际商务政治法律环境

在信息技术的推动下,数字产品和服务已成为重要的贸易标的物,数字贸易应运而生。新型数字商品及服务优化了资源配置能力,缩短了空间距离,降低了交易成本,从而加强了不同经济体的协同合作。也正是全球数字贸易各参与主体的经济实力、数字水平、战略导向不同,催生出的业态新模式与数字规制共同构成了大数据背景下国际商务政治法律环境的现实图景。

(一)保护主义规制

"逆全球化"时代的到来对全球数字秩序产生了巨大的冲击,数字保护主义逐渐浮现。各国政府频繁干预数字化进程,严格规制跨国(地区)技术企业行为,这正是数字化主权意识不断强化的表现。数字保护主义以构建"数字孤岛"为核心目标,实施监管数据本地化等一系列措施,如计算机安装本地化、源代码公开和数字产品标准不一致等。对数据技术企业而言,这无疑是被迫放弃对数据的持有和控制权,数据计算和运营成本增加,商业决策处处受限[2]。因此,企业在开展国际商务活动时要充分考虑大数据时代的机遇和风险。

保护主义规制对数字贸易的限制,打破了数字贸易自由化和数字贸易保护之间的平衡,其产生的负面效应打击了数字技术企业的积极性,阻碍了全球数字贸易的协同发展。一方面,欧美两大主体规制体系因数据流动治理分歧导致的市场割裂现象持续蔓延,如欧盟宣布《隐私盾协议》无效,阻碍了美国获取数据的自由;另一方面,数字技术先发经济体与后发经济体的"数字鸿沟"不断加深[3]。可以说,保护主义的任何形式都是为了自身利益最大化这一共同目标。在万物互联互通、人机深度交互的新时代,这是一场不能停歇的竞赛。例如,美国一边通过双边和多边途径积极推动数字贸易自由化,一边又对涉及本国利益的数据加强

---

① 王炜瀚,王健,梁蓓.国际商务[M].2版.北京:机械工业出版社,2015.

② 中国信息通信研究院互联网法律研究中心.数字贸易的国际规则[M].北京:法律出版社,2019.

③ 刘典.全球数字贸易的格局演进、发展趋势与中国应对:基于跨境数据流动规制的视角[J].学术论坛,2021,44(1):95-104.

保护。而中国政府始终主张技术发展带来的福祉共享,其科技政策中的数字保护主义措施更多倾向于防御,而这则是应对他国持续猛烈进攻的无奈之举。

(二)主权力量博弈

数字技术的创新和应用促进了大范围的社会转型,数字贸易在重塑全球价值链的同时,也在一定程度上涉及传统的贸易秩序和利益分配,"数据重商主义"开始出现。各经济体为最大限度地保障自身利益,正积极推动数字贸易规则的构建。掌控尖端技术、核心数据的数字经济先发经济体致力于打造服务自身的贸易格局,进一步加深了"数字鸿沟";而后发经济体则优先确保国家(地区)安全。

规制目标的平衡和参与主体的博弈都会对数据规制体系产生影响。以欧盟和美国为例,欧盟强调在区域范围内既要实现数据流动自由,又要求数据本地化,引导企业层面数据透明的同时充分保护个人隐私;美国将数据上升至国家战略,提倡跨境数据自由流动,便于依托数据获取信息,进一步放大技术优势与商业价值,不断扩大数字市场规模;在亚太地区,日本借鉴美国的数据自由流动模式,但在个人隐私数据方面,参照的是欧盟的数据保护模式;我国出台的《中华人民共和国网络安全法》也在数据本地化、跨境流动、个人信息保护等方面做出了相关规定。总之,纵观全球数据治理格局,多数数字经济先发经济体都致力于数字贸易自由化,通过增强自身数字实力来提升话语权。在此背景下,中国也亟须融合政府力量和市场力量制定出适应自身发展需求的数字贸易政策体系,不断提高产业链的国际竞争力。

(三)数字贸易规则

当今的国际贸易格局呈现明显的区域化趋势,加快推动更高水平的数字贸易规则,既符合大数据背景下开展国际商务活动的时代需求,也有利于为全球数字贸易友好合作奠定基础。

在数字贸易规则上,美欧日共同致力于三方数字经济统一市场的建立,实现人才、技术等资源共享,从而保障并强化其数字经济的优势地位。随着双边或多边谈判的不断进行,其他发达国家(地区)也随时可能向美欧日规则靠拢,从而将中国排斥在外。此外,美欧日达成的共识在一定程度上对中国造成了技术和数据的垄断,此举在完成数字技术与实体经济相互渗透、融合发展的同时,还可以达到扭转制造业劣势地位的目的,从而逐步削弱中国这一制造业大国的优势。面对如此错综复杂的国际环境,中国与发达国家的差距将会进一步拉开。而对开展国际商务活动的中国企业来说,更是举步维艰。

因此,发展数字贸易不仅仅是为了促进数字经济的全面崛起,更是中国提高参与制定全球数字贸易规则话语权的现实需要。中国既要充分学习和借鉴"美式模板"和"欧式模板"的合理条款,又要兼顾发展阶段、结合实际国情,量力而行,尽快提出数字贸易规则的"中国方案"。既要确保数据安全,又要扩大数字开放,实现数字贸易监管和发展之间的均衡。中国是当之无愧的数字经济大国,虽然在信息技术的应用方面较为领先,但仍然缺乏核心技术的创新能力,难以适应全球数字贸易快速发展的节奏。因此,要补齐数字技术发展的短板,就要依托广阔的发展空间从战略层面引领数字经济发展,对标高标准经贸规则。同时中国应继续坚持世贸组织的基本原则,积极推进全球数据治理,共同营造利于开展多边贸易的商业环境①。

---

① 高凌云,樊玉.全球数字贸易规则新进展与中国的政策选择[J].国际经济评论,2020(2):162-172.

第三节　大数据与国际商务文化环境

一、大数据在国际商务文化环境中的应用

(一)人工智能

2017年7月,国务院印发了《新一代人工智能发展规划》,其中明确将大数据驱动知识学习作为人工智能发展的重点。在文化建设方面,也提到了人文智能这一新概念,倾向于将重点放在人文上,旨在促进科学与人文的融合。

目前全球各个国家(地区)使用的语言达数千种,其中汉语、英语、俄语、西班牙语、阿拉伯语、葡萄牙语、德语和日语是使用人数较多的语言。语言的巨大差异给国际贸易造成了巨大的阻碍,低语境文化国家和高语境文化国家之间的差异导致的文化冲突更是难以避免。随着人工智能的发展,人们通过大数据和云计算收集各方语言,进而研发出自动翻译器、语音识别等技术和产品,缩小了各国(地区)人民之间的语言鸿沟。

以北京字节跳动科技有限公司(以下简称字节跳动公司)的人工智能实验室(AI Lab)为例,它诞生于2016年,为字节跳动传播的大型内容提供技术支持。目前,字节跳动已覆盖全球150个国家和地区,涉及语言约75种,在超过40个国家和地区的应用商店中位居前列,其TikTok更是火爆全球。虽然TikTok分为国际版和国内版,但是也有不少使用者同时拥有两个版本,这样更能感受到不同国家(地区)的文化,增强了文化的包容性,便利了国际贸易的营商环境。AI在文化产业中的应用如表2-1所示。

表2-1　AI在文化产业中的应用

时间	主体	事件
2016年	奈飞(Netflix)	开发了Meson系统,用于构建、训练和验证视频推荐的个性化算法
2016年	百度语音团队	合成张国荣生前的声音,实现与粉丝的"对话"
2017年	阿里巴巴	推出了"鲁班"人工智能系统,在2017年该系统制作的"双十一"海报超过4亿张
2017年	日本节目《金SMA》	利用全息投影技术再现了邓丽君在1986年的《日本作曲大赏》上演唱的名曲《我只在乎你》
2017年	中国地震台网	由机器人发布地震消息,当时是全球第一例,发布速度远快于记者
2017年	Zorroa	推出企业可视化智能平台(EVI),使用户能够在大型数据库中搜索和执行可视资产分析

此外,AI能模仿人类的智能和行为,识别环境,在复杂多变、未知的环境中做出决策,主动执行任务,实现既定目标。2017年,Facebook曾公开表明正在教机器人模拟双方贸易谈

判。2021年6月，Facebook就成功创建了一个人工智能模型，使得机器人具有与人谈判的能力，甚至能够"讨价还价"。对于全球贸易来说，通过AI和来自不同文化背景下的贸易方进行贸易谈判后，再由贸易双方直接谈判，能够合理地规避因社会习俗、宗教、行为方式、教育背景而引起的误会。

（二）区块链技术

目前，绝大多数发达国家（地区）都很重视版权问题，而发展中国家（地区）的版权意识较为薄弱。加之各国（地区）关于著作权的界定不同，各国（地区）所参与的公约不同，从而国情不同，导致版权问题存在较多的差异，也就给国际贸易造成了重重困难。以巴西为例，巴西盗版侵权的现象十分严重，音像制品和游戏软件是重灾区，部分假冒产品销量占总销量的一半以上。巴西反假冒协会公布的数据显示，2016—2019年，巴西的税收和法律行业在走私、假冒和盗版等知识产权侵权行为中损失了698亿美元。该国如此严重的侵权现象，让许多企业在贸易前的调查中，不得不将该因素作为重点考察的问题。

区块链具有去中心化、公开透明、智能合约等优点，这些特质在国际商务中涉及文化版权的问题上发挥着重要的作用。区块链将创作者和作品联系在一起，在区块链中，对内容的上传者没有限制，上传者自己将内容传到区块链并自行决定价格和传播方式。所有点击、下载、转账和支付过程都能被智能合约和时间戳准确记录，避免现有系统不公平的现象发生。此外，区块链的信息防篡改和数据可追溯的特点，可以有效打击伪造、盗版现象。这样就能有效规避部分国家（地区）由于对版权的不重视而造成的当需要举证盗版事件却无法提供证据的问题。

此外，若所有的文化信息都被写入区块链，对国家文化产业和文化产业本身的管理也会更加方便。通过区块链保证信息的透明和完整，我们才能对各国文化产业有更准确的定位和更详细的了解。

在社会结构上，区块链技术亦发挥着重要的作用。区块链、互联网等新技术的出现，使得交易组织的边界更加模糊且不断向外延伸。在这个基础上，区块链将传统社会中依赖中央命令导致信息不对称的多层次树状组织结构转变为去中心化的链式扁平组织结构。使用区块链技术的组织没有一个中心节点来完成信息和指令的发布和存储，因此信息的发布、发送和存储是由每个节点所形成的链式结构完成的，这取决于每个节点对信息的响应和交互。为了在智能合约的约束下高效地提供新的信息和功能，相应的组织结构使决策去中心化，变成了层次稀疏、反应迅速的扁平链式组织。

（三）互联网+

4G的普及及5G的快速发展提高了全球信息传播和交流的速度。前瞻产业研究院整理的数据资料显示，2021年，在各国（地区）互联网普及率的排名中，排名第一的是阿拉伯联合酋长国——互联网普及率达99.0%；丹麦和瑞典分别排名第二和第三，普及率为98.1%、98.0%；中国以65.2%位列第40。其中北美、欧洲的互联网普及率均在90%左右，相比之下，非洲互联网普及率仅为43.20%。

随着科技的进步，人与人之间的联系和交流方式越来越多样化，直接导致数据采集爆发式增长，带动了"互联网+"的文化产业发展。现实消费者偏好和其他真实需求为企业决策提供了基础——基于准确画像的完整预测分析。

全球一体化和网络快速发展的大背景掀起了各国人民学习的热潮,形成了"互联网+语言""互联网+艺术""互联网+教育"等多类型的项目。疫情期间,这样的方式也备受大家的喜爱。"互联网+语言"为人们展现出这样一种景象:人们在网络上分享已有的语言资源,让更多的人学习某种语言,且这种学习仅通过具有网络的设备便可进行,只要感兴趣均可学习。这样便减少了时间成本和资源消耗,同时增加了能够顺利进行跨国(地区)沟通的人口比重。"互联网+艺术"则实现了人们足不出户就能观赏各地不同的艺术文化的梦想,如博物馆展览、音乐会等,促进了世界各地人民之间的了解,大大减少了企业在贸易前进行调查的时间。

二、大数据对国际商务文化环境的影响

新时代,依赖大数据的互联网、云计算、区块链、人工智能等技术的普及对文化在全球的传播,起着至关重要的作用。一方面,它缩短了全球时间和空间的距离,使得全球文化相互交融;另一方面,企业可以通过网络搜集各国(地区)人民的社会习惯、风俗习惯、宗教信仰、社会结构、教育等多种文化要素,来分析归纳各国(地区)文化,进而为企业进入不同国家(地区)市场作准备。但是其弊端也同时存在,即全球文化的碰撞会使得文化包容度低的国家更加排斥外来文化,从而给企业进入该国(地区)市场造成严重的阻碍。具体来说,有以下几点影响。

第一,便利了跨文化管理,提高了工作效率。现有的新技术能够帮助跨国(地区)企业更好地了解各国(地区)之间的文化差异,例如行为、语言、思想等,进而使得其能够根据所搜集的信息,安排具有大致相同文化背景的成员来共事或进行洽谈,以减少彼此磨合的时间,提高工作效率。例如,效率是美国公司的重中之重,但在中国公司,往往更注重合作及人与人之间的关系,通常通过洽谈的方式进行协商和沟通。由此,公司可以根据不同国别派出具有相同背景或做事方法的员工进行有效沟通。

第二,降低了市场调研的成本。在进入国际市场或进行国际贸易前,企业均需要进行市场调研,包括该产品的受众、市场占比、竞争对手等,其中对产品的受众进行调查,就是对其文化背景进行调查,判断不同文化背景的客户是否能够接受此类产品。以前,企业必须派人前往目标市场实地考察,需耗费大量的人力、财力。在大数据背景下,在本国(地区)即可完成调研。一方面,可以通过行业内信息流通获取数据;另一方面,可制作问卷报告,借由互联网发给全球目标消费者调研,或是对互联网的公开资源进行搜集、分析、整合。

第三,在大数据背景下,一方面,企业在全球范围内的商业机会增多;另一方面,全球文化的碰撞有所加剧,而这种文化差距过大导致的冲击会加大营商的难度。由于历史的长期影响,不同国家(地区)之间的文化存在较大差异,主要体现在价值观、文化背景、教育模式、思维方式、风俗习惯等各个方面。以时间观念举例,在德国和瑞士这些国家,人们的时间观念非常强;而南美洲国家的人往往在时间上更具弹性;在印度、中东和非洲,人们的时间观念就更弱一些。

三、大数据背景下的跨文化管理

(一)跨文化冲突产生的原因

跨文化冲突的方式多种多样,造成该现象的主要原因如下。

一是价值观。人的沟通能力是在社会化的生产过程中产生的,其与价值观挂钩。每种文化都有自己的一套价值观,没有特定的文化就无法存在,每种文化都有不同的标准。对同一事件,有些人认为它好,有些人认为它不好。即便是同一个国家(地区)也会有不同的价值观。

二是思维方式。思维方式受教育背景、历史文化等多因素的综合影响,东西方之间的差距十分明显。西方思维模式更注重逻辑推理和分析,强调通过分解问题、找出原因和解决方案来解决问题;东方思维模式则更注重综合思考和整体性,倾向于从宏观的角度来看待问题。东方人更倾向于将问题放在一个更广阔的背景中思考,关注问题的方方面面,而不仅仅是局限于问题本身。

三是民族个性。民族个性主要源于各民族文化底蕴的不同,不同民族的文化培养了人们不同的心理和精神气质。不同民族的群体和成员具有特定的价值观,遵循特定的习俗和文化规范。

四是信息沟通理解方式。不同的国家(地区)有着不一样的语言和文化背景,造成人们对同一的信息的解读不同,甚至得出完全相反的结论。同样,不同的文化模式也孕育出多样的沟通方式。沟通障碍往往是谈话的各方来自不同文化环境时出现的。例如单词"pain",在英语中表示"痛苦",在法语中则是"面包"。

五是管理风格。管理者的不同偏好和决策导致企业的管理方式也不尽相同。从管理风格来说,有民族中心导向、多中心主义导向和全球中心导向;从决策风格来说,有专断型、民主型、混合型。

(二)企业的应对策略

1.深入分析文化维度,正视文化差异

对于跨国(地区)公司来说,适应不同文化无疑是其必备的本领。在其全面拓宽视野、制定发展规划的过程中,努力了解各方文化,深入各种文化背景以探求异质文化差异,是其在经济全球化中实现长期稳定的发展、在国际化经营过程中站稳脚跟的前提。

基于各自的文化背景,员工有不同的价值观和行为准则。了解不同文化背景员工的需求、价值观和行为模式是有效管理的前提。因此,首先应剖析企业中存在的两种或两种以上的文化,根据公司系统内各员工的信息数据资料,利用分析工具,分析出公司内部的文化差异,寻找文化特征,采取行政性、针对性的措施以减少和规避文化冲突和矛盾。

2.整合文化,创造新的企业文化

达成共识能够使跨文化交流和文化融合顺利进行,在此基础上,跨文化交际的双方才能接受彼此。结合来自不同文化的积极元素,创造出一种新的文化。一家公司的管理理念和管理模式有一些相似之处,前提是他们是以盈利为目标的。因此,寻找这些相似之处,并将

其视为能够发展成文化冲突双方都能接受的有效经营理念和管理模式的机会,是开展跨文化经营管理的有效途径。

同时,管理者还需要提升员工对多元文化的包容性,促进公司内各种文化的融合,营造出适合企业发展的文化氛围,以便提升企业内部的凝聚力,增强企业的国际竞争力。

3.科学配置人力资源,开展跨文化培训

在跨国(地区)公司的经营管理过程中,能够促进公司长远发展的有效途径之一便是科学合理地配置人力资源。如果跨国(地区)公司想吸纳更多的人才,就需要海纳百川。但这也需要外籍人员对本地的文化具有高度的包容性,或是企业内部文化具有较强的包容性。对于中外合资企业来说,更是如此。

中外合资企业的部分失败案例表明,外籍员工在被派往中国之前对中国文化了解甚少,以至于很快打道回府;另一方面,中国的企业主和员工不太熟悉或是尚未掌握跨文化的管理理论和方法,因此给中外合资企业的经营管理带来了很大的困难。由此,为了使外籍员工更好地融入企业,可事先就文化背景方面进行详细的调研,之后企业内部再根据调研结果分析员工与国家(地区)的适配度,以合理派遣和招纳员工。事后,也需要对外派或招入的员工展开跨文化的培训,以便其能更好的适应企业文化。

第四节　大数据时代政府与市场信息禀赋

一、大数据时代政府与市场信息禀赋的变化

2019年,党的十九届四中全会首次明确提出"推进数字政府建设",开始重视大数据赋能作用。2021年3月,《中华人民共和国国民经济和社会发展第十四个五年规划和2035年远景目标纲要》发布,再次指明要"加快数字经济、数字社会和数字政府建设",以数字化转型整体驱动生产方式、生活方式和治理方式变革。

大数据时代,我国政府正在努力探索如何顺势而上,利用数字技术对政府服务、政府决策和社会治理等进行改善。政府失灵和市场失灵会严重影响政府决策和社会治理,而"信息不完全"是这两者的共同原因之一,但"信息不完全"在现实中难以完全消除掉,所以形成了比较棘手的局面。

然而,在大数据时代,传统的政府和市场信息禀赋将发生重大改变,这将导致以下一系列变化。

(一)冲击政策有效性

在市场方面,大数据资源会为商业带来无限潜力,相关的大数据信息产业无疑会是一种向上发展的态势。信息产业作为一个独立的产业,具备突出的专业性和宽阔的适用场景。信息产业的快速发展使得数据获取的成本相应降低,社会信息利用效率提高。在此基础上,对企业来

目 大数据监测预警
"菜篮子"量足价稳

说,获得宏观形势和中间产业相关信息来协助其投资决策的成本也将降低。所以,即使政府仍然保有对重要信息的绝对控制权,但企业获取信息的途径也已大大增加。

由于部分工作外包,政府的管理成本有所降低,但有了更高的监管要求。随着企业获取信息的能力越来越强,它们对政府政策引导的依附性将大大降低。

(二)催生个人隐私信息的"市场化"

使用大数据的前提是开放性和共享性,但这往往会导致个人用户隐私的泄露,造成大数据时代隐私难以保护的问题。在这种技术经济模式下,很多企业会将收集用户个人数据视作一个关键环节,这一模式也被美国经济学家肖萨纳·佐波夫称作"监控资本主义"。其运行逻辑是信息技术公司通过收集大家的原始行为数据来进行分析和预测,判断人们未来的消费行为,以便针对性地投放广告和售卖商品。

然而,这一模式的显著弊端就是用户的各类隐私信息都被公司掌握,很容易形成私人信息的"商品化",消费者的利益也会受到侵犯。隐私信息在公司内部的第一次传播,会造成消费者信息的传播面迅速扩大。它还会成为一种武器掩盖掉试图利用消费者个人数据进行违法牟利的行为。综上,这种私人信息的"商业化"不仅侵犯了消费者的个人权利,也方便企业制定歧视性的营销策略,从而损害了消费者的利益。

(三)强化垄断企业的影响力

除前文所讲的"5V"特征外,排他性、动态性、差异性等也是大数据的特征,这些特征可以给大数据拥有者赋能。此外,由于技术壁垒较高,特别是在同一市场合并后,新参与者进入该市场极为困难,这就使得较早进入大数据市场的经营者具备较高的市场地位。

在大数据信息产业中,很容易形成信息垄断。某一领域的大数据信息公司的经营时长往往与其拥有的经验和数据的全面性成正比,最终具备较低的市场可替代性而形成垄断的局面。同时,信息的最大价值体现在及时性和权威性等方面,垄断代表着在该领域内的一定自主决定权,意味着对外信息传递的不完全性等,会带来极大的监管问题。即使有反垄断法,基于大量的可获得性数据,垄断企业还是可以获取整个行业和整个产业链的所需信息并提前做好应对准备。这使得如何界定和规范该类企业的垄断行为成为较大的挑战。

二、应对策略

(一)构建政府与市场信息边界的动态划分机制

在大数据时代,确定敏感重要信息面临很大的困难。一方面,传统意义上的对相对敏感和重要信息的范围边界可能因大型数据平台而"看不见"。另一方面,企业、组织和个人可以通过各类数据库获得不同类型的社会经济数据。虽然这些资料可以令企业和政府获得更全面的资讯,并有助于制定科学的解决方案,但很明显,不论这些资讯是否有助于降低经济的波动性,资料本身的保密性将成为棘手的问题。因此,有必要对重要数据信息加以界定,而界定这类数据也并非易事。

因此,不断地追踪研究是必要的。特别是要确保对已经确立的信息保护标准及时、动态地进行调整,对从事数据收集和传播的大企业的业务进行严格的规范。

（二）设置经济合理运行区间

在大数据时代,政府的宏观经济管理目标应该尽量通过"区间化"来实现,虽然大数据为更有效的市场决策提供了信息基础,但更广泛的基于个体理性的群体决策互动也可能通过使用更广泛的数据使经济发展的整体可持续性受到影响。因此,大数据时代对政府提出了更高的要求,政府应根据大数据及其独特的信息优势,客观评估经济状况,更加关注经济发展的长远目标和趋势,通过设定经济衰退的"上限",创造经济波动不大的新增长范式,合理引导社会预期,合理设计经济区间,使经济平稳健康发展。

（三）规制大数据经营者滥用市场支配地位

由于大数据市场具有特殊的竞争特性,不应采用传统的反垄断模式来规范大数据运营商的滥用行为,而应结合大数据技术壁垒高、创新能力强等特点,通过加深理解、分析来监管。此外,由于前期规则尚未制定,最早涉足该领域的企业很快就占据了数据和用户的优势,并迅速扩张,从而形成了一个恶性循环,最终会严重损害到市场正常运转和消费者利益。

一方面要考虑市场主体的合法需求,按照负责任的管理模式加以规范;另一方面,这方面的监管规范亦有待改善。随着滥用市场支配地位行为的增加,对其的监管成为反垄断监管的主要方向之一。我国现行的反垄断法还没有对相关内容进行明确、详细的规划,因此缺乏足够的权威性,不能起到足够的威慑作用。所以,有必要加强相关法律法规的制定,使其在大数据时代更有效地促进经济增长。

第五节　　大数据时代下的市场监管

一、大数据背景下传统市场监管模式的困境

（一）大数据监管思维尚未建立

大数据技术的监管作用正在逐渐被挖掘和利用。很多专家也将其视作升级市场监管体系、提升监管质量的重要手段之一。但是一种新方法的普及和广泛使用在前期往往会受到很多阻碍,例如一些基层工作人员对大数据监管的作用还没形成体系化的认知,所以在工作上会受到传统思路的束缚,仍会采用传统的专项检查加以监管等。所以,大数据思维还需培养和提升,不能只是停留在理论层面,不然既不利于在市场监管过程中发展高新技术,也不利于实施高质量监管。

（二）信用监管基础尚未夯实

数据的完整性和准确性是有效实施市场信贷监管的核心,而更广泛的数据监管概念要求尽可能充分地获取数据。目前,政府的数据主要来自不同监管机构在工作中所获得的不同信息,包括市场主体的基本注册资料、行政许可证及行政制裁资料等。在此,一个不容忽

视的问题是,大多数监管机构在信息系统建设上仍然存在"信息孤岛"现象,缺乏综合规划和统一规范,导致网络连接难、系统共享难、数据采集难、运行难,发展不平衡,从而影响市场主体国家信用档案的完整性,难以有针对性地规范目标受众,也存在监管缺陷。同时,监管机构收集的数据很难做到准确和完整。

(三)智慧监管机制尚未构建

要想将大数据技术用在监管机制上,并非仅仅搜集到数据即可,更重要的是后续对数据进行分析和处理工作。搜集到数据后需要结合需求建立数据分析模型,判断可以用于何种监管环境和产品。

可惜的是,当下的多数监管机构中的信息化平台仍处于搜集和统计数据的阶段,尚未进入对数据进行整合、分析和应用的灵活阶段,因此大量数据背后的逻辑性和商业价值就很难被高效挖掘出来,也无法形成智慧化的监管机制来辅佐工作。同时,当前数据缺乏可信性和集成性,而这就直接影响了数据的使用效率,从而影响风险预警等智能控制机制的有效建立。

(四)社会共治合力尚未形成

市场监管是一个大的命题,它应该是一个合作体系,其中涉及多个政府部门、市场、行业、大众等主体。但是,目前参与我国大数据集建设的主体相对比较单一,各个主体只是部分参与,这就导致大数据未能得到充分开发和利用,形成数据资源被闲置、被浪费的局面。同时,由于数据的保密性等问题,一些市场监管机构拥有的信息也很难及时或完全地传递到一般行业协会或第三方机构。这些双向的阻碍都会影响大数据的高效利用,不利于行业的整体发展,也同时会制约社会共治合力的形成。

二、大数据背景下构建新型市场监管机制的机遇

(一)提高市场监管精准度

通过数据的多方汇集和归纳,大数据形成了一张多维度的信息网。这张网络有助于对企业的信用等级和行业风险分级,并给监管部门提供依据来实施相应的监管等级;同时,数据的公开透明及可获得性,大大改善了市场交易信息不对称性的缺点,有助于推进企业自主承诺体系的构建。

具体而言,这张信息网上包括了市场主体的多维信息数据,比如日常监管信息、过往执法处罚信息等,都会被用来动态评估企业,绘制它们的"个性化肖像",准确及时地警示潜在的市场风险。此外,它们还可以促进执法资源的最佳配置,降低监管成本。

(二)形成市场监管合力

广泛的数据覆盖概念和数据处理技术可以打破信息壁垒,在基层、中层甚至跨区域层面实现数据畅通无阻的获取,提高监管的一致性和覆盖面。数据交换有助于发展数据供应链,有助于进一步提高数据的实用性,促进跨部门协作与合作,并通过跨部门协同建立综合管理体系。

市场监管机构改革力度在加大,更全面的市场监管数据体系也在顺畅地建设中,后续处理监管资源碎片化问题会更加便利,而最终监管机构之间的协同效应也会应运而生。贸易体制改革后,我国实行"双重通知、相互承诺"的制度,这一制度是指借助市场监管信息平台,以实现跨部门行政许可与监管处罚信息的紧密连接。这有助于开展跨部门的市场监管行动,并为实现监管协同效应提供合理的跨部门干预措施。

(三)提升服务企业能力,增强政府部门公信

随着机构改革的推进和贸易体制改革的深化,如何改善服务业的经济发展,创造公平的市场竞争环境,对政府各部门都具有重要意义。

如今,越来越多的政府部门向公众开放信息及各类信息获取的渠道,方便社会机构和个人获取资讯。监管数据也会由市场监管部门及时公布于众,以一种透明公开的方式呼吁各部门、社会各界和群众一起参与监管,释放预警提示,前置市场监管机构无法解决的问题,最终努力实现社会治理。总而言之,大数据对公众开放要求政府权力在阳光下行驶,有助于增强政府的公信力,获得人民的信任感。

三、大数据背景下新型市场监管机制的构建

(一)明确监管原则,优化网络市场监管环境

国家对网络市场调控的原则和总体构想应具有长期性和确定性,以避免出现监管和治理上的不确定性和不可预测性等问题。此外,在长期性的基础上还要按照"发展过程中的规范化"基本政策对网络市场进行实时调控和管理,要顺应经济发展状况及时调整政策。

1.落实包容审慎监管原则:平衡发展与规范的关系

如今,互联网经济已成为社会经济领域最具活力和最集中的创新方向。大数据与市场监管结合形成的新型机制就和过往任何新的商业形式一样,发展过程都必然是一个从试错到逐步成熟的过程。

在这个过程中,我们要坚持包容审慎的监管原则,对发展给予足够的包容,使其能够在发展过程中达成平衡。这种原则应当是网络市场监管中对待新业态、新模式的总体原则。此外,由于法例经常过时,我们也处在一个研究新行业监管机制的阶段,对互联网经济中出现的诸多新问题,如资料保护、数据归属、直播管制、平台责任等问题,缺乏明确的监管规则。这些新型的数据型问题也需要政府部门结合当前法治环境下的客观要求,进行综合审慎的处理。若是保持了包容和审慎的原则,将有助于在监管和经济发展之间形成一种平衡的发展模式,在提高对新兴业态监管效率的同时促进其健康和持续发展。

2.事中事后监管原则:落实"放管服"

促进新经济发展的另一项重要原则,是事后处理事务的原则。国家对这一领域也是非常重视,曾在2015和2019年先后印发关于事中事后监管的相关意见,包括深化体制改革,建立问责、透明、高效的事中事后监管机制,以及深化调度服务改革,坚持统抓并重,把更多行政资源转用于事后监管,更快地建立公平、公开、高效的跟进制度等重要思想。

坚持改革审批制度,强调要以事中事后监管代替事前审批,原因有两点:一方面是市场发展日新月异,但是囿于现时行政机关有限的人力资源,会牵制发展,形成矛盾的局面;另一方面,网络交易市场具有蓬勃的生命力,创新力十足,如果使用严格的事前审批制度,很有可能造成对发展的约束和牵制。深化"放管服"改革,将事前监管的旧模式转变为事后监管,既有助于打破制约发展的体制性障碍,让经济管理模式与时俱进,最大限度地激发市场活力,也有利于将管理重点放在事后监管上。面对网络市场的快速发展,应制定分领域式的监管法律和规定,为新业务创造严明但充足的发展空间。

3.协同监管原则:促进多元共治

网络市场监管是一个复杂的系统建设过程,以网络商品交易市场为例,长链覆盖范围广泛,不仅涉及交易、销售、售后服务,还包括快递物流等,其控制范围涉及了商务、交通运输、质量控制等一系列政府职能。此外,网络交易市场具有虚拟性、操作性和地域性,仅一个或多个政府部门难以进行有效监管,必须加强不同主体之间的合作,建立联合监管机制。

坚持协同监管这一重要原则需要做到以下几点:一是推进部门间的协同监管。必须要加强各部门间的信息共享,让信息顺畅地在各部门间流转,协调信息的提供过程,建立部门间共同受用的应对机制和失信处罚机制,形成"一违规、处处限"的监管标准。二是推动实现社会共同治理和多元共同治理。这一点需要引导市场参与者自治,并促进行业的行为自律,更希望能鼓励社会参与共同监督,加快推进三方共同参与体系建设,构建一个多元治理的具有生命力的市场环境治理新机制。

(二)推动大数据监管,增强网络市场监管效能

大数据技术的应用越来越广泛,也越来越走向成熟化。大数据监管也已经是一种被广泛使用的新技术,实现了政府效能和信息技术的有效融合。

上文探讨了政府在这一个新模式中的作用及未来会遇到的挑战,作为另一个主角的网络市场也需要大家的关注。网络市场包括了网上交易活动,这些活动都会在网上留下痕迹,可以帮助市场监管部门实施精准高效的监管工作。现阶段,我们仍需探索以技术为支撑的大数据监管模式,以便更有效地提高网络市场的监管效率。为了促进大数据监管,我们可以从以下几个方面着手。

1.加强顶层设计,推动智慧监管体系建设改进

在建设智慧监管体系的过程中,要注意软环境与硬基础相结合,确保管理与服务相结合,促进技术创新与制度创新协同发展,且实施过程不能追求一蹴而就,也不能要求普遍适用。可以选择从点到面的试点手段,有选择性地复刻优秀案例,逐步深化大数据技术在市场监管业务中的应用。

开展技术创新应用研究,可以首先开展基础设施项目的建设,从机制、工具、业务、监管等几大要素协同推进创新性和系统性的研究,充分利用大数据资源与预测监管发展趋势的对接点并促进融合,尝试总结可行的新技术和市场管理领域相结合的方法,并在实践中复刻。

2.完善保障机制,保证大数据应用开发稳步推进

大数据技术的应用和完善需要自上而下地推进。一是要加强大数据在市场监管领域的应用研究,加强数据资源的整体管理,将数据共享机制真正融入市场监管业务。二是加强财政资金引导,支持大数据技术应用、核心应用示范和公共服务平台建设。三是加大网络和信息安全技术研发投入和资金投入,建立健全信息安全保障体系,加强基础设施建设,提高基层执法单位相关知识的普及率、储备率和利用率,确保各类基础设施和设备是可以促进监管数据的有效集成、管理和维护的。

3.强化人才培养,提升市场监管大数据运用能力

新形势对市场监督部门履行职能的综合能力提出了更高的要求。应用大数据技术的能力已经成为市场监管部门必须掌握的能力。首先,注重现有干部队伍的商业优势,加强部门人员培训,从市场监管体系的各条业务入手,确保信息的准确收集、及时对接和有效利用,在实践中提高大数据在市场监管中的应用水平。二是与高校相关专业院校和部门合作,完善市场监管大数据人才培养体系,着力培养创新型复合型大数据专业人才和应用人才。三是抓紧大数据人才的引进和培养,大力引进相关专业人才入职,在市场监管部门逐步形成数量充足、结构合理、素质优良的大数据应用专业团队。

思考题:

1. 利用大数据分析国际经济环境存在哪些问题?
2. 大数据对国际商务文化环境有哪些影响? 可以举例说明。
3. 大数据对传统政府和市场信息禀赋带来了哪些冲击? 可以举例说明。
4. 在大数据时代,传统政府和市场信息禀赋将发生哪些重大变化? 有哪些应对策略?
5. 大数据背景下传统市场监管模式的困境是什么? 如何构建新型市场监管机制?

国 第二章小结

⊙ **导入案例**

亚马逊的"信息公司"

如果要问全球哪家公司从大数据发掘出了最大的价值,截至目前,答案可能非亚马逊莫属。亚马逊处理的海量交易数据具有巨大的价值。

作为一家"信息公司",亚马逊不仅从每个用户的购买行为中获得信息,还将每个用户在其网站上的所有行为都记录下来,如页面停留时间、用户是否查看评论、每个搜索的关键词、浏览的商品,等等。这种对数据价值的高度敏感和重视,以及强大的数据挖掘能力,使得亚马逊早已远远超出了它的传统运营方式。

亚马逊首席技术官(chief technology officer,CTO)沃纳·威格尔在德国汉诺威消费电子、信息及通信博览会(CeBIT)上关于大数据的演讲,向与会者描述了亚马逊在大数据时代的商业蓝图。长期以来,亚马逊一直通过大数据分析,尝试定位客户和获取客户反馈。

"在此过程中,你会发现数据越大,结果越好。为什么有的企业在商业上不断犯错?那是因为他们没有足够的数据对运营和决策提供支持,"沃纳·威格尔说,"一旦进入大数据的世界,企业的手中将握有无限可能。"从投资支撑新兴技术企业的基础设施到消费内容的移动设备,亚马逊的触角已触及更为广阔的领域。

亚马逊推荐:亚马逊的各个业务环节都离不开"数据驱动"的身影,在亚马逊上买过东西的朋友可能对它的推荐功能都很熟悉。"买过X商品的人,也同时买过Y商品"的推荐功能看上去很简单,却非常有效,同时这些精准推荐结果的得出过程也非常复杂。

亚马逊预测:用户需求预测是通过历史数据来预测用户未来的需求。对于书、手机、家电这些东西——亚马逊内部叫硬需求的产品,你可以认为是"标品"——预测是比较准的,甚至可以预测对相关产品属性的需求。但是对于服装这样软需求产品,亚马逊难以预测得很好,因为这类东西受到的干扰因素太多了,比如:用户对颜色款式的喜好、穿上去合不合身、爱人或朋友喜不喜欢……这类东西太易变,所以需要更为复杂的预测模型。

亚马逊测试:你会认为亚马逊网站上的某段页面文字只是碰巧出现的吗?其实,亚马逊会在网站上持续不断地测试新的设计方案,从而找出转化率最高的方案。整个网站的布局、字体的大小、颜色、按钮及其他所有的设计,其实都是多次审慎测试后的最优结果。

亚马逊记录:亚马逊的移动应用可以让用户随时随地使用,也通过收集手机上的数据深入地了解每个用户的喜好信息;更值得一提的是Kindle Fire,内嵌的Silk浏览器可以将用户的行为数据一一记录下来。

对于亚马逊来说,大数据意味着大销售量。数据显示出什么是有效的、什么是无效的,新的商业投资项目必须要有数据的支撑。对数据的长期专注让亚马逊能够以更低的价格提供更好的服务。

【学习目标】
1. 了解国际商务理论的基本概念
2. 了解国际商务理论的发展历程
3. 了解大数据与国际商务理论融合的主要观点

第一节　国际商务理论概述

国际商务学研究的是商业性的国际经济活动,是国家(地区)和企业以经济利益为目标而进行的经济活动,国际商务活动主要包括国际贸易和对外直接投资两大块,国际商务理论也力求将国际贸易理论和国际投资理论两个部分融合起来形成统一的、完整的理论体系,来指导国际贸易、对外直接投资、技术转让和跨国公司管理等国际商务活动。

一、国际贸易理论

(一)古典贸易理论

1.绝对优势理论

1776 年,英国著名经济学家亚当·斯密在《国民财富的性质和原因的研究》(又称《国富论》)一书中批判了重商主义思想,并提出了绝对优势理论。亚当·斯密认为两国(地区)间的贸易基于绝对优势。所谓绝对优势是指,如果一国(地区)生产某种产品所需的单位劳动比别国(地区)生产同样产品所需的单位劳动要少,或者一国(地区)相对另一国(地区)在某种商品的生产上有更高的效率,该国(地区)就具有生产这种产品的绝对优势;反之则具有绝对劣势。因此,绝对优势产生于国家(地区)间劳动生产率的差异,可以用生产成本来衡量。由于各国(地区)所拥有的自然条件和后天优势不同,导致各国(地区)存在着劳动生产率和生产成本的绝对差别,这是国际分工和国际贸易的基础。基于此,绝对优势理论认为,各国(地区)应该集中生产并出口其具有劳动生产率和生产成本绝对优势的产品,进口其不具有绝对优势的产品,其结果比自己什么都生产更有利。通过国际贸易,彼此都能获得绝对利益的好处,可以使各自的资源、劳动力和资本得到最有效的利用,并能大大提高劳动生产率和增加物质财富。

基于劳动价值论,绝对优势理论在历史上首次从生产领域出发,解释了国际贸易产生的部分原因,也首次论证了国际贸易不是一种"零和游戏",而是一种"双赢博弈",从而科学地为国际贸易理论的建立做出了贡献。从某种意义上说,这种"双赢"理念仍然是当代各国(地区)扩大开放、积极参与国际分工与贸易的指导思想。然而,这一理论本身也存在着局限性,它只能解释国际贸易中的一小部分贸易事实,即具有绝对优势的国家(地区)参与国际分工和国际贸易能够获利,而对于一国(地区)在所有产品生产上都存在绝对劣势的情况无法进行解释。因此,绝对优势理论无法用来说明国际分工与贸易的普遍规律。

2.比较优势理论

大卫·李嘉图的比较优势理论是在继承了亚当·斯密的绝对优势理论的基础上发展而来的。根据亚当·斯密的观点,国际分工应该按地域、自然条件及绝对的成本差异进行,即一个国家(地区)输出的商品一定是生产具有绝对优势、生产成本绝对低的产品。但是,如果一个国家(地区)在各种商品生产都处于绝对优势,而另一个国家(地区)在各种产品生产上都处于绝对劣势该怎么办? 亚当·斯密的绝对优势理论无法做出回答。大卫·李嘉图进一步发展了亚当·斯密的观点,他认为一个国家(地区)的各种产品生产都处于绝对优势,另一个国家(地区)的各种产品生产都处于劣势,但它们在不同产品生产上的优劣势程度是不同的,具体表现为劳动生产率的差距是不同的,只要各国(地区)之间存在劳动生产率的相对差异,就会出现产品生产成本的相对差异,从而使不同国家(地区)在不同产品生产上具有"比较优势"。也就是说,如果处于绝对优势地位的国家(地区)专门生产优势较大的产品,处于绝对劣势地位的国家(地区)专门生产劣势较小的产品,通过国际贸易,各国(地区)出口自身具有比较优势的产品,进口具有比较劣势的产品,双方仍然可以从贸易中获利。"两利相权从其重,两害相权从其轻"的思想在比较优势理论中得以体现。

比较优势理论克服了绝对优势理论的缺陷,阐明了国际贸易的互利性和普遍适用性,即一国(地区)与他国(地区)相比,其商品无论处于优势还是劣势,都可以通过国际贸易获利,从而在理论上证明了发展程度不同的国家(地区)能够并且应积极参与国际分工和贸易,奠定了自由贸易的理论基础,美国当代著名经济学家保罗·萨缪尔森称其为"国际贸易不可动摇的基础"。但该理论也存在着不足之处,比如该理论所依赖的一些假设前提过于严格,不符合国际贸易的实际情况;理论的分析方法属于静态分析方法,它把多变的经济状况抽象为静态的、凝固的状态,从一定时点来论证贸易的可能性,是一种静态均衡理论,而没有看到比较成本、比较优势是可变的;忽视了资本、土地、技术等除劳动以外的其他生产要素的作用;等等[①]。

亚当·斯密和大卫·李嘉图贸易理论的问世具有重大的意义,在解释国际贸易基础、揭示生产和贸易模式的决定因素、考察国际贸易对本国(地区)经济的影响和衡量贸易所得等方面做出了积极的理论贡献。但两种理论仍存在明显的不足之处,如没有明确国际交换价格的确定及贸易利益在两国之间的分配问题;忽视了资本、土地、技术等除劳动以外的其他生产要素的作用;忽视了非同质性劳动(熟练劳动力与简单劳动力)现实存在的事实;没有分析造成劳动生产率差异的原因而仅将其看作先天确定的外生变量;忽视了交易成本和运输成本对贸易活动开展的重要性等。总之,无论是亚当·斯密还是大卫·李嘉图的贸易理论,都受特定时代的生产方式因素与对社会发展状况认知程度的制约,其过于苛刻的前提条件削弱了理论在现实中的适用性,这也是传统自由贸易理论从提出以来在相当长的历史时期中始终与国际贸易运作现实存在较大差距的原因[②]。

---

① 蒋琴儿.国际贸易概论.[M].3版.杭州:浙江大学出版社,2021.

② 张红霞,赵丽娜.国际贸易理论的演进与发展趋势研究[J].山东理工大学学报(社会科学版),2008(6):5-10.

(二)新古典贸易理论

由亚当·斯密和大卫·李嘉图建立与发展的古典贸易理论的一个基本特点,就是只用单一要素的生产率差异来说明国(地区)与国(地区)之间为什么会发生贸易行为,以及生产率不同的两个国家(地区)为什么通过国际分工与贸易能增加各自的收入与福利,但没有解释产生这种差异的原因。而伊·赫克歇尔和贝蒂·俄林认为,国际贸易的内在动因是国(地区)与国(地区)之间要素生产率的差异,而国家之间要素生产率的差异又主要来自各国(地区)的不同生产要素存量的相对差异及生产各种商品时利用各种生产要素强度的差异,这些不同要素的供给会影响特定商品的生产成本,这一基本思想奠定了新古典贸易理论的基石[①]。

要素禀赋理论首先由伊·赫克歇尔提出,他认为,产生两国(地区)成本差异的前提是两个国家(地区)的要素禀赋不同和产品生产所需的要素比例不同,正是两国(地区)产品的成本差异促进了国际分工和贸易的产生。之后,贝蒂·俄林对这一观点进一步发展,比较完整地阐述了要素禀赋理论的基本观点。要素禀赋理论又有狭义和广义之分,狭义要素禀赋理论仅指要素供给比例理论;广义要素禀赋理论除了要素供给比例理论外,还包括了要素价格均等化理论。

1.要素供给比例理论

要素供给比例理论是从商品价格的国际绝对差开始逐层展开的。该理论认为商品价格的国际绝对差是国际贸易产生的直接原因,而这种绝对差异是由生产同种商品的成本差异造成的;各国(地区)商品的成本不同,是由生产要素价格不同造成的。生产要素的价格不同是由各国(地区)生产要素供给差异造成的。生产要素供给差异是由各国(地区)的要素禀赋决定的,某种生产要素在一国(地区)相对丰裕时,其供给量就大;与之对应,另一种生产要素稀缺时,供给量就少。因此,要素禀赋决定了一国(地区)的比较优势和贸易模式。各国(地区)生产要素的丰裕程度不同和产品所需的要素比例不同,使得各国(地区)商品价格存在差异,从而产生了国际贸易。一国(地区)应根据自身要素禀赋出口密集使用本国(地区)相对充裕和便宜的要素所生产的产品,进口密集使用本国(地区)相对稀缺和昂贵的要素所生产的产品[②]。

2.要素价格均等化理论

要素价格均等化理论进一步论述了两国(地区)在发生贸易之后,两国(地区)间的资源变化。贝蒂·俄林认为,虽然国际生产要素不能自由流动,但商品的国际流动在一定程度上弥补了国际生产要素缺乏流动性的不足,它不仅会使各国(地区)商品的价格趋于均等,还会使各国(地区)生产要素的价格趋于均等。但贝蒂·俄林认为,要素价格完全相等几乎是不可能的,要素价格均等化只是一种趋势,因为客观上存在着阻碍要素价格均等化的因素,如影响市场价格的因素复杂多变、生产要素在国(地区)与国(地区)之间不能充分流动、大规模生产必然会导致要素价格产生差异等。

① 吴国新.杨勤.国际贸易理论与政策[M].北京:清华大学出版社,2016.
② 赵静敏,郑凌霄,孙勤,等.国际贸易理论与实务.[M].3版.北京:机械工业出版社,2019.

要素禀赋理论是对比较优势理论的继承和发展。相对于传统比较优势理论中1种生产要素投入(劳动)的假定,要素禀赋理论以劳动、土地、资本3种要素为基础,使理论更加符合现实。另外,要素禀赋理论不是从技术差别而是从要素禀赋上来探究国际贸易的动因,找到了国际贸易的另一基础。但是,这个理论也存在着一些不完善的地方:一是要素禀赋理论只假定投入3种生产要素,而现实生产投入的生产要素是多样的;二是排除了技术进步的作用,技术进步、技术革新可以改变成本和投入要素的比例,从而改变比较成本,忽视了生产力的动态变化;三是对于需求因素未予以充分重视。这些都与现实情况不符,影响了该理论对国际贸易实际情况的深入分析。

(三)现代国际贸易理论

贸易理论经历了以亚当·斯密、大卫·李嘉图为代表的古典贸易理论阶段和以伊·赫克歇尔、贝蒂·俄林等人为代表的新古典理论阶段后,国际贸易环境发生了很大的变化,如发达国家(地区)之间的贸易迅速增加、产业内贸易大大增加、知识密集型产品在国际贸易中的比重不断上升……这些现象难以用古典或新古典贸易理论来解释,因此经济学家开始寻求新的贸易理论。

1.技术差距贸易理论

技术差距理论由美国学者迈克尔·V.波斯纳提出,后经W.格鲁伯和雷蒙德·弗农等人进一步论证。该理论的主要内容是:各国(地区)因技术发展情况不同,技术领先的国家(地区)就可能享有出口技术密集型产品的比较优势。技术领先的国家(地区)发明出一种新产品或新的生产流程时,别国(地区)尚未掌握这项技术,于是产生了国(地区)与国(地区)之间的技术差距。但随着新技术的推广,其他国家(地区)迟早会掌握这项技术,使得国(地区)与国(地区)之间的技术差距逐渐消失,而贸易将持续到其他国家(地区)的生产能够满足国(地区)内需求为止。技术差距理论补充发展了要素资源禀赋理论,并根据创新活动的连续性使要素禀赋论动态化。

2.需求相似理论

瑞典经济学家斯戴芬·伯伦斯坦·林德(以下简称林德)认为赫克歇尔—俄林理论只能解释初级产品,尤其是资源密集型产品的贸易方式,但不适用于解释制成品,尤其是资源密集型产品的贸易方式,因而提出了需求相似理论来解释工业化国家的制成品贸易。

林德的需求相似理论主要包括以下几点内容。

(1)国(地区)内需求是出口贸易的基础

林德认为,一国(地区)企业生产的产品首先是以满足国(地区)内市场需求为条件的,其次才考虑出口到国(地区)外市场。由于对国(地区)外市场的熟悉程度不及国(地区)内市场,企业更看重本国(地区)市场的获利机会,满足国(地区)内市场的需求,并不断进行技术革新,实现规模经济,增加产量,降低成本。当生产规模扩大到一定程度,该产品在国(地区)内市场立足时,企业便会开始出口产品,开拓国际市场。

(2)贸易规模取决于两国(地区)需求偏好的相似程度

林德指出,两国(地区)之间的需求偏好越相似,相互开展贸易的可能性就越大,且需求偏好相似的两国(地区)的贸易量要大于需求偏好差别较大的两国(地区)的贸易量。如果两国(地区)需求偏好完全一致,则一国(地区)可能进出口的产品同时也是另一国(地区)可能进出口的产品。因此,两国(地区)的需求偏好相似程度决定了两国(地区)开展贸易的可能性与规模[①]。

(3)一国(地区)的需求结构取决于该国(地区)的人均收入水平

林德认为影响一国(地区)需求结构的主要因素是人均收入水平,人均收入水平的相似性可以用来作为需求结构相似的指标。人均收入水平越相似的国家,其消费偏好和需求结构越相近,产品的相互适应性就越强,贸易机会就越多,而人均收入水平的差异则是贸易的潜在障碍。但在收入不均的低收入国家(地区)中的高收入阶层与高收入国家(地区)中的低收入阶层的需求结构和需求偏好也会存在相似性,因此,两国(地区)需求存在重叠,需求重叠使得这两种类型国家(地区)之间的贸易成为可能。

3.产业内贸易理论

美国经济学家H.G.格鲁贝尔等人在研究共同市场成员之间的贸易增长时,发现发达国家(地区)之间的大量贸易是产业内同类产品的贸易,因而他们对产业内贸易进行了研究。产业内贸易理论用产品的异质性、需求偏好的相似性和规模经济3个原理来解释产业内贸易的现象。三者之间的关系是,产品的异质性能满足不同层次、不同消费习惯的消费者的需求,因而是产业内贸易的基础;需求偏好的相似性和多样性使厂商有利于克服社会政治、政策、文化不同而造成的市场隔离,便于产品进入全球市场,因而是产业内贸易的动因;规模经济能让可进行大规模生产的国家(地区)在产品成本方面具有竞争优势,有条件占领国(地区)外市场而获利,因而是产业内贸易的利益来源[②]。

4.国家(地区)竞争优势理论

美国哈佛大学迈克尔·波特教授指出,比较优势理论的前提脱离了实际,无法解释国际贸易的现状,并在此基础上提出国家(地区)竞争优势理论。他认为一个国家(地区)的竞争优势主要体现在该国(地区)产业的竞争优势上,而产业竞争优势源于生产率的提高,生产率又根植于一国(地区)的竞争环境。因此要寻找一个国家(地区)某种产业的竞争优势,就必须从国家(地区)的4项环境要素入手:一是生产要素,指一个国家(地区)在特定产业竞争中的生产条件,包括设施、劳动力质量、生产组织技术等;二是需求条件,本国(地区)市场对该产业提供产品和服务的需求状况,包括买主特征、需求结构、需求规模等;三是企业策略,包括企业组织和管理形态,竞争对手状况等;四是相关支持产业的环境,即该产业上下游产业的竞争力。政府并非以上要素之一,但政府对以上每个要素都会产生影响,政府的重要性在于帮助形成或改善生产条件、需求条件,规范企业组织与经营行为,促进上下游产业的发展等。机遇也构成国际竞争优势有机体系的一部分,与其他因素共同决定和影响国家(地区)的竞争优势。政府与机遇被称为国家(地区)竞争优势模型中的辅助因素[③]。

综上,现代国际贸易理论主要包括技术差距贸易理论、需求相似理论、产业内贸易理论、

[①] 吴国新,杨勤.国际贸易理论与政策[M].北京:清华大学出版社,2016.

[②] 李丹,崔日明.国际贸易概论.[M].2版.北京:中国人民大学出版社,2019.

[③] 冷柏军,张玮.国际贸易理论与实务.[M].2版.北京:中国人民大学出版社,2019.

国家(地区)竞争优势理论,它们从不同的方面探索了国际贸易产生的原因。技术差距理论以不同国家(地区)间的技术差距为分析前提,认为技术和模仿时滞决定了现实的国际贸易格局;需求相似理论则从需求方面探索国际贸易发生的动因(具体将在后面的对外直接投资理论中进行阐述);产业内贸易从供给和需求两个方面来解释产业内贸易的诱因;迈克尔·波特提出了国家(地区)竞争优势的决定因素系统,为我们提供了分析各国(地区)竞争优势的重要工具,强调了竞争优势的动态变化。由此可见,现代自由贸易理论不是对新古典贸易理论的否定,而是对新古典贸易理论的补充和发展。

二、对外直接投资理论

20世纪60年代以来,西方学术界从多个视角和层面对发达国家(地区)跨国(地区)企业的境外直接投资活动进行分析,深入研究了国际直接投资活动的动机、决策原因及活动方式等,为跨国(地区)公司对外直接投资活动提供了理论依据和突破角度。对外直接投资理论也经过了不断的发展,目前有垄断优势理论、内部化理论、产品生命周期理论、国际生产折中理论和比较优势理论等主流学说及一些其他的理论。发展中国家(地区)的跨国公司相较于发达国家(地区)的来说缺乏垄断优势,一直不是对外投资理论研究的重点,但随着国际投资的发展,发展中国家投资行为逐渐成为普遍现象,需要新的对外投资理论对其活动进行研究和完善。

(一)垄断优势理论

1.垄断优势理论的提出

1960年,美国学者斯蒂芬·海默提出了垄断优势理论(theory of monopolistic advantage)。后来,查尔斯·金德尔伯格对传统的理论进行了补充完善,使之成为最早研究企业对外直接投资的理论。

2.垄断优势理论的主要内容

跨国公司在进行对外直接投资时,相较于东道国企业来说,因为投资环境陌生、运输成本高昂、信息滞后和语言差异等原因提高了生产成本。为了降低生产成本并在投资中获得优势,跨国公司会利用市场的不完全性和垄断优势来克服这类问题,特别体现在以下领域。

(1)财政优势

首先,跨国公司强大的融资能力使其能够灵活地在总部和子公司之间分配资金,并为总公司和子公司的生产活动提供资金支持和资金流动。其次,跨国公司拥有良好的信贷和金融基础。大量资金支持和稳定的资金流动保证了投资项目的成功实施。

(2)技术优势

跨国公司在研发创新方面投入了大量的资金和人力资源,以便在国际贸易市场上获得领先和竞争优势。技术优势是跨国公司最重要的垄断优势。

(3)组织管理优势

跨国公司的经营和生产需要有经验的管理人员和高技能的生产人员,他们能够通过吸引高技能的企业管理人员、雇用教育程度较高的员工并进行适当的培训来确保企业的有效运作。

(4)规模优势

跨国公司拥有生产规模优势,这些产业规模越大,产品的单位成本越低,边际收入越高。此外,跨国公司主要从事知识型和技术型生产,最终在企业内部实现规模经济,提高其专业生产能力和技术垄断优势。

3. 垄断优势理论的评价

垄断优势理论重点研究企业的直接投资活动,并研究对外直接投资的基本条件与影响因素。垄断优势理论不同于新古典贸易理论和金融理论的思想框架,是一门新的理论。

垄断优势理论的局限性在于:垄断优势理论主要研究美国科技创新能力强、经济实力雄厚、具有海外扩张能力的大型跨国公司,没有考虑发展中国家(地区)企业和中小企业的对外投资行为。因此,该结论不具有普遍性。

(二)内部化理论

1. 内部化理论的提出

内部化理论(internalization theory)的思想渊源最早来自"科斯定理"(Coase theorem)。1937年,科斯定理被提出,即通过市场来从事某种类型的交易既是昂贵的,又是低效的。只要企业在内部组织交易的成本比通过市场交易的成本低,就会自己来从事这些交易并实现内部化。20世纪70年代后,以英国雷丁大学经济学家皮特·J.巴克莱、马克·卡森和加拿大经济学家A.M.拉格曼为代表的西方学者,系统地阐述了内部化理论。

2. 内部化理论的主要内容

(1)内部化理论的基本假设

内部化理论的3种假设如表3-1所示:在不完全市场中,如果外部因素市场的交易成本高于内部市场的交易成本,或者如果很难保证正常交易,公司会将其市场内部化。

表3-1 内部化理论的基本假设

假设一	公司的运营目标是利润最大化	企业是理论上的市场主体,利润最大化引导企业的生产经营活动
假设二	中间产品市场的不完全性使外部市场的交易成本较高	企业在组织内部创造市场,克服外部市场的缺陷
假设三	跨国(地区)公司是跨越国(地区)界的市场内部化过程的产物	跨国(地区)公司是实现内部化和对外直接投资活动的主体

(2)实现市场内部化的条件

市场内部化的条件是企业的内部交易成本低于外部交易成本,此时外部市场的内部化是有利的。跨国(地区)公司内部化的成本包括:资源成本,企业的市场内部化能够实现资源的有效配置,企业在最优的规模水平上进行投资和生产活动,避免了资源浪费,减少了资源成本;通信成本,跨国(地区)公司总公司与子公司之间建立通信系统,以实现信息的获取和对知识产权的占有,通信系统的建立短期内会增加通信成本,但长期内会为企业带来所有权优势;国家(地区)风险成本,企业对外投资活动可能会给东道国带来影响,导致东道国政府对投资活动的干预,这些不利的政策会增加跨国(地区)企业生产经营的风险,增加风险成本;管理成本,内部化后的大规模跨国(地区)公司,需要投入更多的人力和物力对企业进行管理,会加大跨国(地区)公司的管理成本。

3. 内部化理论的评价

内部化理论从一个新的角度假设了跨国(地区)公司的对外直接投资。内部化理论区分了中间产品与最终产品市场的不确定性、不完全性。内部化理论研究了企业内部的产品交换形式,研究了企业国际分工与生产组织形式。同时,内部化理论关注企业的动态性,强调企业将既有优势内部化转移的特定能力。

内部化理论的局限性在于:首先,跨国(地区)公司能够从外部市场中脱离出来,实现内部化最主要的原因是跨国(地区)公司具有一定的生产规模和资源垄断优势,因此其本质与垄断优势理论是相同的。其次,内部化理论主要研究企业实现内部化的条件和过程,没有考虑企业所处的国际经济环境,企业在发展过程中受到外部环境的影响是企业内部化的一个重要因素,这是研究视角和研究内容的缺失。最后,对于企业的内部化研究来说,内部化理论没有讨论企业内部的分工体系和层级之间管理的效率,研究内容不够完善。

(三)产品生命周期理论

1. 产品生命周期理论的提出

美国经济学家雷蒙德·弗农1996年提出了产品生命周期学说。他认为,一个新产品大致有产品创新、产品成熟和产品标准化3个阶段:发达国家(地区)首先出现新产品,并将新产品出售到本土发达地区和本土之外的高消费地区,此时研发新产品的企业具有垄断优势。成熟时期,一般发达国家(地区)具有资本和熟练工人的生产比较优势,逐渐取代发明国(地区)成为主要生产出口国(地区)。在标准化阶段,发展中国家(地区)成为产品生产和出口的主要国家(地区),而先行国家(地区)则成为产品进口的主要市场。

2. 产品生命周期的3个阶段

(1)产品创新阶段

少数在技术上领先的创新国家(地区)的创新企业根据本国(地区)资源条件和市场需求首先开发出新产品,然后在本国(地区)投入生产。这一时期该创新企业在新产品的生产和销售方面享有垄断权。新产品不仅满足国(地区)内市场需求,而且出口到与创新国家收入水平相当的国家(地区)。在这一时期,创新企业几乎没有竞争对手,鉴于其他国家(地区)还没有该产品的生产,当地对该产品的需求完全依靠创新国家(地区)创新企业的出口来满足。

(2)产品成熟阶段

随着技术的成熟,生产企业不断增加,企业之间的竞争增强,对企业来说,产品的成本和价格变得日益重要。与此同时,随着其他国家(地区)该产品的市场不断扩大,出现了大量的仿制者。如此一来,创新国家创新企业的生产不仅面临着国(地区)内原材料供应的紧缺,还面临着产品出口运输能力和费用的制约、进口国家(地区)的种种限制及进口国家(地区)仿制品的竞争。在这种情况下,企业若想保持和扩大对国(地区)外市场的占领,就必须进行对外直接投资,到国外建立子公司,实现当地生产、当地销售,在不大量增加其他费用的同时,由于利用了当地各种廉价资源,减少了关税、运费、保险费等支出,从而降低了产品成本,增强了企业产品的竞争力,巩固和扩大了市场。

(3)产品标准化阶段

在这一时期,技术和产品都已实现标准化。参与此类产品生产的企业日益增多,竞争更加激烈,产品成本与价格在竞争中的作用十分突出。在这种情况下,企业通过对各国(地区)市场、资源、劳动力与价格进行比较,选择生产成本最低的地区建立子公司或分公司从事产品的生产活动。此时,由于发达国家(地区)劳动力价格往往较高,生产的最佳地点也从发达国家(地区)转向了发展中国家(地区),创新国家(地区)的技术优势已不复存在,国(地区)内对此类产品的需求转向从国(地区)外进口[①]。

产品生命周期曲线如图3-1所示。

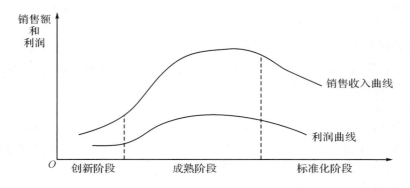

图3-1　产品生命周期曲线

3. 产品生命周期理论的评价

产品生命周期理论的优势在于:产品生命周期理论从时间和空间的角度把新产品的发展分为3个阶段,动态分析了产品的发展周期和销售地区选择,为跨国公司国际分工和产品周期选择提供了理论依据。该理论摒弃了垄断优势理论和内部化进行理论的分析框架,把跨国公司的对外直接投资和国际贸易有机结合起来论述,完善了对外直接投资理论的内容。

产品生命周期理论也有局限性:第一,该理论研究的是特定时期的具有创新优势的美国跨国(地区)公司的对外直接投资活动,随着中小型企业参与对外投资活动,投资主体逐渐多元化,该理论无法解释其他类型的对外投资活动;第二,跨国公司也会选择在国(地区)外进行创新、生产非标准化产品,或对研发的新产品在国(地区)外市场进行改造和多元化生产,这点不适合产品生命周期理论。

---

① 冷柏军,张玮.国际贸易理论与实务.[M].2版.北京:中国人民大学出版社,2019.

(四)国际生产折中理论

1.国际生产折中理论的提出

国际生产折中理论(the eclectic theory of international production)于1977年由美国经济学家约翰·H.邓宁(以下简称邓宁)首次提出的。1981年,邓宁在《国际生产和跨国公司》一书中,通过对跨国公司国际生产格局形成基础的系统分析,建立了国际生产折中理论。

2.国际生产折中理论的内容

(1)所有权优势

所有权优势是指一国(地区)企业拥有或能够获得的其他企业所没有或无法获得的资产及其所有权。大型跨国(地区)企业在知识产权、品牌等无形资产方面,以及生产设备、厂房等有形资产方面都具有资产所有权优势。交易性所有权优势指企业在全球范围内开展跨国经营、合理配置资源、规避风险、降低企业总体交易成本方面体现出的优势。

(2)内部化优势

内部化优势体现在企业为了避免因外部市场的不完全性导致交易成本增加,而通过内部化交易以维持优势。企业的内部化能够实现企业资源的有效配置,扩大跨国公司的生产规模,保持跨国公司的所有权优势。

(3)区位优势

区位优势指企业本土之外的市场相对于本土市场在环境方面对企业生产经营的有利条件。包括与东道国有关的有利因素,比如东道国广阔的消费市场、当地低价的生产要素资源等。而投资国自身在这些方面不具有优势,所以对东道国进行投资更有利,例如投资国的运输费用高、生产要素价格高等。

3.跨国经营的3种优势

邓宁提出把企业对外直接投资活动的因素分为所有权优势、内部化优势和区位优势三种,它们之间互相联系。邓宁把这三种优势联系起来作为判断企业是否应该选择跨国经营方式的依据和条件,认为企业想要进行跨国直接投资活动,就必须要同时拥有三种优势。同时将对外直接投资活动、出口贸易和非股权资源转让这三者根据有无三种优势进行区分和判别,表3-2说明了三个条件与经营方式选择的关系。

表3-2　供应国际市场的方式选择

供应市场的方式	优势		
	所有权	内部化	区位
对外直接投资	有	有	有
出口	有	有	无
非股权资源转让	有	无	无

4.国际生产折中理论的评价

国际生产折中理论从企业优势的角度分析了国际直接投资的动机,说明了企业在何时可以进行对外直接投资,对企业行为具有指导作用。该理论运用多种变量分析了国际直接投资的主客观条件,注重综合和客观的动态分析,具有一定的实用性和科学性。对微观企业来说,国际生产折中理论指导企业用整理观念考虑各方面的因素,进行对外直接投资活动。

国际生产折中理论的局限性:该理论仅从企业的微观优势进行分析,缺乏从国家宏观层面等角度分析对外直接投资行为。该理论指出只有同时具备3种优势的企业才能够进行对外投资活动,但在实际投资活动中,一些进行对外投资活动的企业并不同时具备3种优势,该理论缺乏对这一类现象的解释。

(五)比较优势理论

1.比较优势理论的提出

比较优势理论(theory of comparative advantage to investment)是由日本一桥大学经济学家小岛清在1978出版的《对外贸易论》中提出的。小岛清认为,之前的国际投资理论都重视对海外投资企业进行微观经济分析和公司管理研究,而忽略了对宏观经济因素的分析,尤其是对国际分工原则作用的分析。

2.比较优势理论的基本命题

比较优势理论对对外直接投资的分析,是围绕表3-3的3个命题展开的。

表3-3　比较优势理论的基本命题

命题	内容
命题一	生产要素的差异导致比较成本的差异
命题二	相对利润率的差异与相对成本的差异
命题三	美国和日本对外直接投资方式的不同

第一,生产要素差异方面,例如,两国的劳动和资本要素的价格和投入比率存在差异,会导致两国生产比较成本的差异。第二,具有相对成本优势的企业,在利润率上也会拥有相对优势。第三,美国将资本看作一种特殊的生产要素,资本的垄断优势产生了具有垄断能力的跨国(地区)企业;日本将资本看作一种一般生产要素,产生了劳动资源稀缺的边际产业。

3.比较优势理论的内容

小岛清认为,投资国的对外直接投资应该从已经处于比较劣势的产业开始,投资国从边际产业进行投资,投资国丰富的资本、技术、经营技能与东道国较为廉价的劳动力相结合,在投资国具有比较劣势的产业在东道国又具有比较优势。有关"边际"的概念包括边际性产业、边际性企业和边际性部门,指在投资国已经处于劣势的产业、企业和部门,如日本的劳动密集型产业处于劣势地位,被称为边际产业。这种按照边际产业的投资会使投资国和东道国的双方状况都变好,而且会形成更合理的国际分工和贸易发展格局。相反,如果国际直接投资是像美国那样从处于比较优势的汽车、电子计算机、医药产品等垄断性的新产品开始的,这种对投资国来说具有比较优势的产品,若过早地投资到国外,容易使投资国丧失产业优势,减少了优势产业对国内经济的支撑作用;同时,这种对外直接投资也不适合东道国的消费水平,难以被东道国的吸收,没有利用东道国的资源优势。

4.比较优势理论的评价

比较优势理论突出了两个方面内容:第一,比较优势原则从比较优势和国际分工的角度分析对外直接投资活动,将国际直接投资活动与国际贸易联系起来,较好地解释了第二次世界大战后日本的投资活动。第二,比较优势理论从东道国和投资国生产要素、企业利润率和经营方式方面的差异进行分析,较为具体地阐释了对外直接投资活动。

比较优势理论也有不足之处。该理论重在解释20世纪六七十年代的日本企业投资状况,基于日本企业的边际产业和扩张的活动进行分析,对于不同时期和不同国家(地区)的企业对外直接投资活动不能够予以解释。该理论与国际贸易理论中的比较优势理论内容相似,但国际贸易和国际投资在投资环境、基本要求和生产经营等方面都不相同,国际投资的条件要比国际贸易复杂得多。

第二节　大数据时代国际商务理论的发展

对国际贸易理论的研究自17世纪以来就一直是经济学家研究的前沿问题,国际贸易理论经历了古典贸易理论、新古典贸易理论、新贸易理论、新兴古典贸易理论和新兴贸易理论这5个阶段,逐步完善成为成熟的理论体系。大数据理论是随着经济发展、数据更新而产生的前沿理论,"大数据"这一名词在20世纪80年代由美国人提出后直至2008年9月《自然》(*Nature*)杂志发行了一期以"Big data"为主题的专刊后才得以广泛传播。此后,理论界虽以大数据为研究主题,从不同视角、学科、交叉学科领域对其进行探索,但这些研究主要集中于对其概念和特点的探讨,而将大数据与国际贸易学这两个前沿理论进行融合的研究文献很少。大数据与国际贸易融合的理论正在不断发展,尚未形成较成熟的融合理论。本节从大数据对国际贸易理论的影响这一角度出发,探究目前大数据与国际贸易理论融合的发展趋势。

一、大数据提供了贸易动因的新来源

深入研究各个阶段的国际贸易理论可以发现,不论是哪一阶段的贸易理论、不论国家(地区)之间进行哪种层次的贸易,进行国际贸易的主要动因都是贸易主体之间的比较优势,理论的主要差异在于贸易主体的具体比较优势来源不同。已有的理论或从技术、要素禀赋等供给的角度,或从相互需求、产品生命周期等需求的角度论述了贸易主体的优势来源。

数据作为信息的重要载体,是企业创造价值和获得利润的重要原材料,是知识竞争的重要支点。在大数据时代逐渐实现了巨量信息的归纳整理和信息传递壁垒的清除,拥有海量规模数据的国际贸易企业拥有信息优势,在国际市场上更具有竞争力。大数据为国际贸易主体带来新的优势来源,主要包括:国家主体层次,庞大的数据资源储备被各国提到战略高度,将成为新的知识基础设施,夯实国家的综合竞争力;行业或企业主体层次,大数据为企业带来了新的商机和发展机遇,并作为新的、重要的生产因素成为行业或企业发展的新动力,提升了企业的核心竞争力。这些新的比较优势的培育,将成为新的贸易动因,推动了贸易的进程。

二、大数据促进了贸易方式的多样化

传统的国际贸易主要是实体贸易,贸易主体通过漫长的旅途到达特定交易地点以供选择或进行面对面的磋商,最终双方达成贸易约定。这种贸易方式使得贸易的成本和风险较大,国际贸易的交易时间也较久。

随着大数据技术的飞速发展,国际贸易中进行交易的商品的相关特性以商品参数的形式呈现,买方不再必须到达卖方所在地才能了解产品的相关特征,而是直接通过大数据平台传递的商品的相关资料,实现了商品参数的可传递性;利用大数据进行数据整理和分析消费地市场的需求状况,能够准确根据消费地需求特征进行生产和交易,避免了交易中不必要的成本和风险,实现消费市场需求的精确分析;大数据的使用使电子货币成为目前主流的交易形式,贸易主体不再拘泥于面对面的现金支付,而是利用交易货币的电子化实现远距离、时间易调节的交易方式。这些大数据带来的巨大变化已突破了传统交易的时间、地域限制,使得交易流程数据化。

此外,大数据技术的推广促进了跨境电子商务和在线国际贸易平台的构建,完善了国际贸易的供需链条。在大数据时代,国际贸易突破了传统实体贸易的形式,发展出了跨境电子商务或可称为在线国际贸易的新型虚拟网络贸易平台,这种贸易平台的强劲发展丰富了国际贸易的方式,成为实体贸易方式强有力的补充。

三、大数据充实了国际贸易的内容

在传统的国际贸易中,商品货物贸易、服务贸易和相关的要素流动占据国际贸易的全部内容,人们或许注意到了由贸易所产生的贸易主体间的信息流交换,但也未将其放在与商品、服务、要素等贸易内容同等重要的地位以作为独立的研究对象,而是将其笼统地掺杂在贸易商品或服务商品内做细小的分析研究。

大数据的产生革新了这一现象。大数据时代背景下所衍生的数字贸易、信息贸易的兴起正是基于日益频繁及扩大的国际贸易对信息流重要性的强调及价值分析,认为贸易信息中所包含的市场定位分析、消费者行为分析、生产商及供应商行为分析等内容与具体商品信息同等重要。一旦某一国家(地区)或企业能够掌握这些信息,那么其市场决策及预测的有效性便可大大提高。因此,许多知名企业纷纷加入数据库收集及分析的行列中,大数据也朝着产业化方向发展。许多大型跨国(地区)企业在进行市场分析与产品定位等决策前,花费大量成本进行数据采集及购买,这也成为商品成本的构成部分。数字信息贸易已成为国际贸易不可或缺的内容。

四、大数据在一定程度上改变了世界贸易格局

第二次世界大战以后,国际贸易利益分配便形成了南北两极分化的格局,发达国家凭借其先进的技术或资源因素占据着贸易优势地位,主导着世界贸易长达一个多世纪,其优势呈长期保持态势。近百年来,许多发展中国家曾尝试多种改革手段,企图实现贸易额的快速增长、贸易条件的改善和贸易地位的提升,但一直收效甚微。

大数据时代的到来带来了新的机遇,在大数据发展的大环境下,国际贸易并没有太多强调国家的天然资源基础,而是依赖于数据信息技术的开发和利用,其优势的获取能力具有后天的可培育性,这为发展中国家的赶超提供了理论依据。同时,大数据信息的充分识别和挖掘能够帮助发展中国家实现对国际市场消费需求的合理定位和预测,从而降低供求失衡的风险,实现资源的最合理配置。这样,发展中国家在新一轮的贸易竞争中有望提升其竞争力,获取贸易地位的提升,进而改变世界二元贸易格局。

五、大数据带来了新的贸易风险

大数据作为一种符号,在拥有大量科学标识符号所共有的优点之余,也存在致命的隐患。大数据企业会设置提取数据信息的技术壁垒,大数据作为即时、快速的信息,其高速的流动性在便利贸易流通、拉近贸易主体距离之余,也增加了贸易信息扩散或被贸易对手恶意攫取的风险,这将带来不可预估的贸易损失。更为严重的是,贸易的数字信息中包含有大量与居民生活、国家安全、军事防卫等安全相关的信息,这些信息一旦被恶意破解、攫取和利用,将对国家关系、国家安全提出挑战。在大数据背景下,贸易安全应该是国际贸易理论关注的重点。

第三节 大数据背景下国际商务理论面临的挑战

现代国际贸易理论的演进,是用理论解释现实经济中新国际贸易现象的时代要求。回顾历史,15世纪初重商主义兴起,追求更快速的商品生产和工商业资本的增加,成为当时一股不可抗拒的潮流。第一次工业革命之后,英国生产力得到极大发展,世界上大量的生产原料运往英国,使得英国成为国际贸易中的原料进口国和产成品的主要出口国,一举成为世界上的第一经济强国和世界工厂。当时的英国学者提出了一系列的国际贸易理论,如国家应较少干预国际贸易,国际贸易由市场调控;同时提出了国际分工的理论,如前文提到的亚当·斯密的绝对优势理论和大卫·李嘉图的比较优势理论。自由贸易理论成为英国主要的国际贸易理论。随着第二次工业革命的展开,交通运输工具的巨大变革使世界范围内贸易流通的障碍不断减少,越来越多的国家(地区)被卷入世界市场和国际贸易流通中,国际分工引领下的贸易超越国家(地区)界限的现象在世界范围内进一步延伸。国际贸易从过去局部的、片段的、不连贯的、一国(地区)或几国(地区)的交易行为,变成了全球范围内的交易行为,国家(地区)之间以自身丰裕的生产要素交换相对稀缺的生产要素,各国(地区)因要素价格均等化而分别获益的新古典贸易理论随之产生。在二战结束后,国际贸易表现出新的特点与

格局,跨国公司迅速发展,国际分工出现了"水平分工"的现象,这些现象对传统国际贸易理论形成了挑战,并成为新贸易理论发展的背景。如今大数据时代悄然而至,其特点与催生的新现象也必将对传统国际商务理论形成挑战。

一、大数据时代国际商务区别于传统国际商务的特征

(一)数据成为驱动国际商务和跨国(地区)公司活动的关键资源

随着数字经济在全球的推进,以及5G、人工智能、物联网等相关技术的快速发展,数据已成为影响全球竞争的关键战略性资源。尤其是在全球经济衰退、局部地区动荡等现实情况的影响下,世界经济运行的不稳定与不确定性因素持续增加,此时数据驱动的国际商务将成为破解商品和资本全球流动受阻困局的新思路。随着数据挖掘、数据处理和数据算法等技术的不断进步,数据已经逐步深入生产过程。国际商务企业能够利用大数据管理生产从而实现"零库存",利用消费者个性化数据实现定制化生产,利用产品售后反馈数据来提升研发设计水平,利用生产线数据的采集、挖掘、分析和反向控制来优化生产流程,大数据与国际商务的紧密融合使得数据成为驱动国际商务和跨国(地区)公司活动的关键资源。

2020年4月9日,中共中央、国务院《关于构建更加完善的要素市场化配置体制机制的意见》对外公布,数据作为一种新的生产要素类型,首次被正式写入中央文件,与土地、劳动力、资本、技术等其他生产要素并驾齐驱。然而数据要素具有与土地、资本、劳动等传统要素不同的特点,因此不能简单地用分析传统要素的思路分析数据这一要素。数据作为数字化的载体,具有非排他性、边际成本趋近于零、网络外部性等特征。数据可以无限复制给多个主体同时使用,并且其传播几乎不需要成本。根据摩尔定律和梅特卡夫法则,数据产品的使用者越来越多,对原来的使用者而言,其效果不仅不会如一般的经济财产,人越多分享到的利益越少,反而其效用会越大,也就是说,其价值越高[①]。因此,数据所有权和数据的自由流动作为国际商务和投资的决定性因素也变得越来越重要。

(二)数字化平台迭代为大数据时代国际商务的运作核心

近年来,依托于互联网、大数据和云计算等信息技术的跨境电子商务迅猛发展,作为新型贸易方式,跨境电子商务推动着全球贸易的互动交换、资源共享与商业模式创新。2023年,我国跨境电子商务进出口额达2.37万亿元,占货物进出口总额的比重达5.7%,成为我国贸易发展的重要推动力。不同于传统的贸易活动过分依靠中间商,大数据催生的专业性数字化交易平台充当了国际贸易活动的中介,实现了供需双方的直接对接,有效缓解了信息不对称的问题,降低了市场开拓、信息搜寻等成本。通过平台中汇集的庞大数据及企业自身整合数据的能力,供需双方都能够更便捷地寻找到合意的交易对象并直接确定交易细节。另外,供需方还可以通过对需求端数据的深入挖掘进行更为精准的市场定位和制定更加科学的产量决策,甚至实现定制化和零库存生产[②]。然而,以平台为核心的交易环境将会加速形成"赢家通吃"的高度垄断市场结构。通常来说,成交量本身是需求方遴选产品的重要标准,

① 冯科.数字经济时代数据生产要素化的经济分析[J].北京工商大学学报(社会科学版),2022,37(1):1-12.
② 张宇,蒋殿春.数字经济下的国际贸易:理论反思与展望[J].天津社会科学,2021(3):84-92.

而平台数据的可视化则加剧了企业的先行者优势。供给方一旦凭借着某种优势获得领先的市场地位就会产生规模经济,使得其可以不断通过这种优势巩固自己的市场地位,呈现出强者愈强的马太效应。

(三)消费者正在参与大数据时代国际商务的价值共创

随着经济社会发展,消费者需求偏好的个性化和多元化趋势日益明显。数字技术的发展让消费者对商品和服务的个性化需求得以显现,而个性化需求又进一步作用于国际贸易的发展。得益于数字化贸易平台和社交平台等媒介,信息基础结构进化成为去中心化的网络,传统贸易中的信息不对称情况得到了有效的改善,信息获取、加工和传播效率、范围和效果大幅提高,消费者在交易中拥有了更大的影响力和话语权[①]。传统贸易中的消费者偏好往往被过分简化,而数字时代企业能够通过大数据和云计算等技术根据价格偏好、个人品位、便利性等对消费者特征进行刻画。例如,某跨境电子商务平台通过客户的网络浏览记录和购买记录等对客户的收入、家庭结构、购买偏好等进行消费行为分析与预测,并从消费者进入网站开始,在其列表页、单品页、购物车页等多个页面部署了5种应用不同算法的推荐栏为其推荐感兴趣的商品,从而提高商品曝光率,促进交叉销售额和总体销售额的增长。引入大数据进行精准营销后,平台下单转化率增长了66.7%,商品转化率增长了18%,总销售额增长了46%[②]。

二、大数据对传统国际商务理论的挑战

大数据时代经济发展日新月异,而国际贸易理论相对其他经济学理论而言变化较慢。正如保罗·克鲁格曼所言:"对国际贸易的研究在经济学中被广泛认为是一个很保守的领域,在北美经济学急躁的大环境下,它表现出一种罕见的对知识传统的崇拜,这是它传统的显著标志。"同时,传统的国际商务理论大多数是在不存在数字和信息技术或这些技术尚处于初期的情况下提出的,已经明显滞后于从国际商务和跨国(地区)公司活动中观察到的丰富事实[③]。跨国(地区)企业进行了数字化变革,并且生产技术越来越多地使公司能够在不受位置限制的外部实体的帮助下,建立基于平台的业务。这些现象已超出了现有的国际商务理论的解释范围,大数据思维对传统理论产生了巨大挑战。

(一)比较优势理论

比较优势理论以生产可能性边界不发生变化(技术不变)和边际收益递减为前提假设。随着大数据与国际商务的融合发展,这两个假设条件都出现了新变化:一是生产可能性边界可能失效。生产可能性边界是大卫·李嘉图比较优势理论的主要分析工具,而技术不变是生产可能性边界的重要前提,但是随着科技的不断发展,其对贸易的推动力不可小觑。大数据等信息技术将生产可能性曲线图像的两轴由一国(地区)推向 n 国(地区),将使得社会生产

---

① 濮方清,马述忠.数字贸易中的消费者:角色、行为与权益[J].上海商学院学报,2022,23(1):15-30.

② 中国信息通信研究院.大数据白皮书(2020年)[EB/OL].(2021-02-08)[2023-12-21].http://www.caict.ac.cn/english/research/whitepapers/202101/P020210208532254738267.pdf.

③ 柴宇曦,张洪胜,马述忠.数字经济时代国际商务理论研究:新进展与新发现[J].国外社会科学,2021(1):85-103,159.

率大大提高,从而致使生产可能性边界失效。二是边际收益递减规律的适用范围发生了变化。在大数据背景下,由于数据信息具有可复制性、非排他性等特点,其成本不随使用量的增加而增加,从而出现了边际收益递增的现象,而且这种现象还会因网络效应的作用得到强化。

(二)要素禀赋理论

虽然传统国际贸易理论逐渐将一种生产要素拓展为资本、土地等多种生产要素,但仍未充分考虑大数据这一时代背景及数据这一关键生产要素。现代互联网和大数据不断融入国际贸易和经济社会发展的背景对赫克歇尔—俄林理论的发展也提出了新的挑战。数据、知识和信息等动态的要素变化使得劳动、资本、土地等传统生产要素在国际贸易中的作用大大减弱,比较优势也随之发生改变。但数字要素内生化会导致比较优势从贸易的原因转变为贸易的结果,即由于数据自身的虚拟性、可复制性和非排他性等特点带来的零边际成本使得一国(地区)一旦在数据和数字技术上拥有微小的比较优势,就可以借助规模经济效应不断强化这种优势,使得要素报酬均等化机制近乎失灵。

(三)交易成本理论

交易成本理论认为,只要进行交换活动就会产生交易成本。交易成本是指完成一笔交易时,交易双方在买卖前后所产生的各种与此交易相关的成本。由于互联网和信息技术的发展,大数据技术贯穿整个国际贸易活动过程,商品和商业信息搜寻成本下降,国际贸易中数据和信息处理速度提升,传统繁杂的国际贸易程序大大简化,国际贸易交易时间大大缩短,库存构成成本下降,售前、售中和售后服务的成本降低,从而降低了国际贸易的总体成本,提高了制造业的生产效率和参与国际贸易活动的效率。

(四)平台经济理论

随着平台经济的蓬勃发展,平台经济理论成为近年来关注的热点问题之一。平台经济是一种虚拟或真实的交易场所,其本身并不生产产品,但可以促成双方或多方供求之间的交易。与传统经济相比,平台经济以双边市场为载体,双边市场以"平台"为核心,通过实现两种或多种类型顾客之间的博弈获取利润,具有增值性、开放性、外部性等特点。跨境电子商务平台在进行交易、结算、配送等环节时汇聚贸易流量,产生贸易大数据。依托平台可使单一、分散的个体生产者、中间商和消费者获得或共享更多更便捷的信息、资源和服务。大数据将汇集成若干生产者、中间商和消费者的选择。这种由个体和新群体形成的贸易流量,将突破现有的贸易壁垒,冲击现有的贸易规则与治理体系,推动贸易规则与治理体系的重构。

(五)规模经济理论

规模经济理论是解释行业内贸易的重要工具,大数据的应用大大丰富和拓展了规模经济的概念。规模经济不只与生产商有关,还与消费者有关,可称之为需求方规模经济,它是指随着某种商品市场规模的扩大,顾客对该商品的评价不断上升,导致市场规模的继续扩大和厂商收益的迅速增长。大数据时代加速了消费者流量和消费者评价等信息随着商品市场规模的扩大而不断集聚的趋势,而且这种随机游走的信息会使消费者个人行为聚合成一种贸易流量,并由此产生消费者集成的经济规模和贸易规模。大数据与国际商务结合带来的规模效应要远远大于传统经济的规模效应,因为生产商规模经济与消费者规模经济的有机结合会产生双重作用:消费者需求的增加不但降低了生产成本,同时也使产品对用户更有吸引力,从而进一步增加了消费者的需求。此外,大数据为国际贸易中的产品差异化和个性化服务等内部规模经济提供了更多可能。一方面,生产企业和供应商通过互联网和跨境电子商务平台可以更清晰了解到消费者的差异化需求,从而生产出满足消费者多样化需求的差异化产品;而另一方面,消费者也可以通过互联网和平台了解不同供应商在价格、产品性能、包装等各方面的差异,从而决定自己的购买选择。信息流的畅通加快了企业与消费者之间的信息沟通和交流,国际贸易的规模也得以不断扩大。

(六)生产区位与贸易格局

由于生产要素无法跨境流动,传统的国际贸易理论并未将企业区位决策纳入分析框架。随着全球经济开放程度的提高和要素可流动性的增强,企业可以通过国际直接投资选择生产区位,国际贸易和国际投资不再是彼此独立的,二者共同决定了全球范围内的生产及贸易格局。一方面,大数据的应用加速了国际投资热点的迁移。现代意义上的国际投资,被认为始于英国。17世纪的英国已经开始了工业化建设,到18世纪,其繁荣的商业经济催生了伦敦金融中心,国际投资活动也开始以工业品为基础展开。直到20世纪,投资热点才开始出现变化,逐步向商业领域、农业领域倾斜。到了21世纪,高新技术产业和房地产成为投资人最青睐的领域。国际投资的热点区域也经历了殖民地—发达国家(地区)—发展中国家(地区)/部分发达国家(地区)之间的变化,当前投资的热点区域为英国、美国、日本、德国,以及东亚和南亚国家,热点领域为传媒、房地产、信息技术等,未来的变化则依然不可预知。另一方面,国际贸易的产业分工已经完全突破了传统意义上基于横向产品类别的产业间分工和基于纵向产业链条的产业内分工,且在大型跨国(地区)企业的主导下,依托交易平台形成复杂的网络化分工与产业生态体系。这一方面使得产品生产的复杂程度和国际化程度大幅增加,从而使世界上任何一个国家(地区)都不再具有脱离全球分工体系独自实现发展的可能。然而,这也将导致贸易品的"国(地区)界"概念变得更趋模糊,界定其"原产地"或者"民族属性"对一国(地区)在分工体系中的地位进行具体的评判会更加困难且无意义。

思考题

1. 国际贸易经典理论有哪些? 主要内容是什么? 理论的优点与局限性是什么?
2. 大数据背景下的国际商务与传统国际商务的区别有哪些?
3. 大数据对国际贸易理论的挑战是什么?

目 第三章小结

第四章
大数据与国际贸易

导入案例

"外贸公社"助力国际贸易发展

改革开放以来,中国的外贸行业随市场经济体制改革和外贸体制改革获得了良好的内部发展环境。随着知识经济时代的到来,在全球科技产业化浪潮中,中国也在不断寻求国际贸易的新发展。从中国供应商的角度来看,中国的外贸企业数量庞大,但中小企业居多,而中国可选择的外销工具很少,中小企业有强烈选择新的外贸渠道和拓展工具的需求。从买方的角度来看,中国81%的零售商和批发商都有寻求新的供应商的需求,74%的买家需要找能够替代的供应商,同时46%的买家也面临供应商突然倒闭的忧虑。这些情况表明中国的外贸正亟须寻求新的发展道路,尤其是在互联网时代,大数据的地位变得越来越重要,在这一背景之下,一个叫"外贸公社"的平台应运而生。

"外贸公社"这一在线平台集跨境贸易、海关数据、客户管理等于一体,依托独特的产品服务解决方案,帮助中国企业在 Tradespar 平台上发布企业信息,利用以海关数据为依托的交易型大数据主动开发客户,是目前全球唯一一家主被动相结合的双向推广电商社交平台,采用多元化整合营销方式推动国际贸易的发展。平台上有32万注册会员,320万件产品,拥有57个国家实时更新的海关数据,每天有全球21万名买家访问,年撮合贸易额超过50亿美元,大大促进了中国贸易的发展。

【资料来源:整理自外贸公社官网[EB/OL].[2023-08-06].http://landing.tradesparg.com/cooperate.html.】

【学习目标】
1. 了解大数据背景下传统国际贸易面临的困境和机遇
2. 掌握大数据给国际贸易带来的风险及推动大数据与国际贸易结合的对策
3. 了解跨境电子商务的含义及其演进阶段,了解中国电子商务的发展态势
4. 了解大数据背景下跨境电子商务面临的机遇,掌握大数据与跨境电子商务的创新模式
5. 掌握数字贸易的内涵及特征,了解数字贸易的类别
6. 了解数字贸易的发展态势,掌握大数据与数字贸易相结合的典型应用场景

第一节　大数据与传统贸易

　　经济全球化大潮使国际贸易呈现出新的发展趋势,大数据背景之下传统国际贸易面临着发展困境,同时大数据也为传统国际贸易发展带来了机遇。与大数据技术的结合是传统国际贸易在新形势下发展的一大路径,大数据技术的应用能够为贸易动因提供新的来源,使得国际贸易的方式呈现多元化的格局,但也会为贸易各方带来一系列的风险。本章将对大数据背景下传统贸易面临的困境、机遇和风险进行探讨,并就推动大数据与传统国际贸易的结合提出政策建议。

一、大数据背景下传统国际贸易的困境与机遇

(一)传统国际贸易发展困境

1.企业对于大数据认识有限,重视程度不够

　　虽然互联网的普及推动了数据技术的广泛应用,但是当前传统的国际贸易仍然占据主流地位,归根结底还是因为多数企业对于大数据技术的认识有限,重视程度还不够。部分企业在国际贸易中还是依赖传统的交流方式、传统的交易模式,对大数据的利益和风险评估不够准确,不愿意突破传统限制,缺乏大胆创新、突破的意识,使得在国际贸易中大数据技术难以得到推广,进一步限制了国际贸易的突破性发展。

　　与此同时,受制于对大数据的有限认知,企业的自主创新水平和创新管理能力都受到了极大的限制。大数据技术的应用是大势所趋,也是推动国际贸易发展的创新因素,但在现实中,仍然有许多企业缺乏足够的自主创新能力,难以应对科技创新和产业变革的浪潮。无论是在企业的内部组织管理还是外部市场调研,抑或是产品生产方面,都沿用传统的模式,没有突破企业和行业的局限,探索企业的创新转型之路。这使得企业尽管身处大数据时代,其国际贸易仍然难以得到进一步发展。

2.复合型人才缺乏

　　当前,大数据与国际贸易的结合发展尚处在兴起阶段,虽然有大数据技术人才和国际贸易人才,但是缺乏对二者融合发展了解充分、技能完备的人才。有部分人员对二者有一定的认识,但是大数据与国际贸易结合并不是纸上谈兵,仅仅拥有一定的知识储备是不够的,还需要在国际贸易的实际操作中熟练运用大数据技术。然而,目前大多数贸易企业都缺乏这种高层次的尖端人才,大部分企业人员还是依赖传统的国际贸易经验处理相关的流程,而不能利用大数据技术高效地完成国际贸易流程的各个环节。人才的缺乏不仅降低了国际贸易各个环节的完成效率,还使得企业在竞争日益激烈的国际贸易中难以获得比较优势和强大的竞争力,阻碍了企业的发展。

3.政策体系尚未完善,体制机制仍需健全

由于国际贸易大数据技术发展较晚,相关体制机制仍有待完善。以数字商务行业为例,数字商务多边规则的制定为数字商务、电子商务和国际数字监管等法律规范提供了坚实的基础,但还缺乏一个详细而完整的数字商务制度标准,许多规则和政策有一些延迟。目前,世贸组织尚未在多边层面发布任何专门针对数字贸易的规则,在世贸组织框架内只有孤立的协议文本或附件。由于缺乏对数字技术发展精准的判断和预见,现存的多边数字贸易规则在文字设计和功能上都面临着新的挑战。此外,各国在大数据国际贸易相关政策和规则方面存在较大差异,在网上支付、互联网安全、隐私保护等方面缺乏合适的国际统一标准和通用规则,需要进一步完善。

4.贸易保护主义不断上升

2008年金融危机以来,全球贸易保护主义抬头,贸易争端增多,逆全球化思潮犹存。据全球贸易预警机构(Global Trade Alert,GTA)的统计,2017年以来,各国制定的保护主义措施不断增多,仅在2018年,就有超过2000项贸易防御措施。相反,全球贸易促进措施自2009年以来却大幅减少。国际贸易尤其受到互联网技术和大数据应用推广的影响,对当前国际贸易形势的分析表明,与以往相比,技术性贸易壁垒更加广泛和常态化,加剧了全球范围内的贸易冲突。

近年来,贸易摩擦的范围不断扩大,并逐渐从传统市场向新兴市场蔓延,包括但不限于工业产品等传统行业,甚至蔓延到依托大数据发展的信息服务贸易和电子信息产业等。例如,由于我国产品在国际电子信息市场的份额迅速增加,欧盟将在执行电子废物及有毒危险物质两项处置指令后,推出电子产品进口EUP(Energy-Using Product,《用能产品生态设计框架指令》)标准。此外,欧盟也在考虑引入与欧盟和发展中国家之间的贸易协调相关的"劳工标准"。大数据技术的运用不仅促进了相关产业的发展,也在一定程度上带来了世界范围内一系列与技术性贸易壁垒相关的政策,从而增加了贸易公司的风险。

(二)大数据重塑国际贸易的未来

1.大数据为贸易动因提供了新的来源

(1)降低交易成本

传统国际贸易的交易成本主要由人工成本、物流成本和信息成本构成。

人工成本一方面包括人力成本,另一方面包括材料成本和财务支出。传统国际流程烦琐复杂,且这一全套流程都需要人工完成,对资金、人力和物力的要求很高。因此,传统国际贸易方式的交易成本非常高,已成为制约国际贸易发展的一大难题。大数据技术的应用,依托强大的大数据平台,让买卖双方在平台上完成订货、收货、结算等相关环节,大大简化了国际贸易的方式和流程,从而降低了人工成本,提高了国际贸易规模,也为国际贸易发展注入了新动力。

物流成本也占国际贸易费用的很大一部分。相关数据显示,我国每年物流成本占国际航运成本的20%,其高昂的成本严重制约了国际贸易的发展。在大数据技术的支持下,分散

式轻物流模式依托大数据技术建立的供应链平台,大大降低了国际贸易的物流成本。特别是供应链平台,通过分析境内港口与国际(地区间)港口之间、货主与货代之间的信息,收集整合市场动态信息、贸易信息和物流数据资源,进而准确地分析市场趋势和供应状况。通过形成分散轻量化物流模式和全球供应链体系,全面构建物流运输体系;通过优化供应链体系和物流运输体系,降低物流业成本,优化资源配置,促进国际贸易流程优化。

信息成本主要是指国际贸易双方进行信息交易的成本。由于国际贸易规模大,跨境联系较为困难,大部分买方和卖方都习惯使用电子邮件进行沟通,使得信息传播不够全面、畅通和及时,导致贸易往来双方之间信息传递错误率居高不下,大大降低了国际贸易订单的成单率,极大地阻碍了国际贸易的发展。而在大数据平台的保障下,由于数据信息的全球化和透明化,交易过程能够被买方和卖方及时掌握,从而有效减少贸易摩擦。利用大数据平台还能够准确记录重要文件和内容,保存交易记录和信息,减少人工记录错误的可能性,避免重大损失。此外,企业还可以利用大数据进行科学分析,及时掌握市场发展趋势。

(2)增加交易机会

传统的国际贸易经营模式较为单一,局限性强。在开展国际贸易之前,除非此前有过贸易往来或是有靠谱的代理商,否则由于国别、地理位置的限制,进行贸易的买卖双方对彼此的商业信用、经营状况、货品质量等都缺乏一定的了解,因此相互试探的现象在整个贸易过程中屡见不鲜,严重限制了贸易规模、降低了贸易效率。而在当下,有赖于大数据平台的支持,双方可以充分了解彼此的业务情况、信誉水平,对贸易双方的产品研发、生产销售等有全方位的了解,在贸易双方相互信赖的前提下开展贸易往来,从而实现贸易量和贸易效率的双提升。

除此之外,分析大卫·李嘉图的比较优势理论可以知晓,国际贸易产生的基础与动因来自贸易主体之间的比较优势。而在大数据背景下,信息实际上也是国际贸易的一大要素禀赋,对于各个企业来说,增加各自比较优势的关键因素来源于精准的市场信息。借由大数据技术,企业可以获得精准的市场信息,找准自身的市场定位,制定精准的营销策略,更准确地进行决策,在这一前提下,企业获得了贸易的比较优势,提高了自身的市场竞争力,从而更有信心参与到国际贸易中来。因此,依托有效信息的支撑,在提高企业比较优势的基础上,大数据能够在提高企业参与国际贸易积极性的同时,在市场导向层面,增加国际贸易的交易机会,提高国际贸易的整体活力。

(3)规避贸易壁垒

贸易壁垒是对境外商品和服务交换的人为限制,主要与一国(地区)实施各种限制从境外进口商品和服务的措施有关。贸易壁垒主要由关税和非关税壁垒构成,关税和非关税壁垒都是制约国际贸易发展的重要因素。

当前,全球各国(地区)出于保护本土产业发展的目的,在贸易保护主义的引领下,或多或少都实行了一定的贸易保护措施,贸易壁垒就是其中的一项重要措施,包括关税、进口配额、外汇管制等。国际贸易的流程本身就极为复杂,在出口国(地区)需要检验检疫、出口清关,在进口国(地区)也同样需要检验检疫、进口清关。在经过境内生产商、出口商,境外进口商、批发商、零售商、消费者等层层环节和重重关卡后,无论是高额的关税还是进出口配额、进口许可证等,都为国际贸易的顺利完成设置了重重阻碍,不仅使得国际贸易的流程更加复杂,还在一定程度上降低了进口商和出口商等相关商家的福利效应,削减了买卖双方的实际利益。许多进口商和出口商因规模与效益难以平衡而对国际贸易望而却步，这种情况也进一步减少了国际贸易的规模。近些年来，电子商务逐渐盛行，跨境电子商务也得到了发展，各类B2C贸易平台也开始兴起，跨境的B2C贸易平台可以省去国际贸易的中间商环节，大大缩短了贸易的时间，境内贸易公司在全球通用的电子商务平台上架商品，可以随时让世界各地买家下订单采购，而卖家在接单后进行发货。与中国传统的进出口营销模式比较，跨境电子商务的"小包裹"邮寄走的是"私人物品"，与"集装箱"等形式的商品渠道有所不同，从而能够更加灵活地处理小批量多批次的订单。

2.大数据使贸易方式呈现出多元化的格局

（1）数据信息成为外贸新元素

依托大数据的信息元素实际上已经成为国际贸易中比较优势的一大重要来源，信息贸易也在逐渐发展成为国际贸易的重要内容。不仅如此，数据信息也已成为外贸的新元素，在一定程度上推动了国际贸易格局的不断优化，使得国际贸易方式呈现出多元化的格局。

全球经济正逐步地由工业经济向信息经济过渡，作为信息技术产物的电子贸易也开始蓬勃发展。尤其是进入20世纪90年代以后，由于通信技术的发达，电子贸易步入了信息时代，而信息技术要素就成为影响21世纪电子贸易方向与发展趋势的最主要因素。随着电子商务的出现及网上零售的发展，贸易的运营方法出现了本质的改变。全球网络信息技术在全球各区域间的流动推进着贸易的信息化，开启了贸易可持续发展的新途径。

（2）大数据能够转变国际经济贸易格局

二战后，世界两极分化。世界先进的科学知识和技术都掌握在部分西方发达国家的手中，在利益的驱使下，垄断了高科技的国家（地区）逐渐在国际贸易中起主导作用，并获得了国际贸易中的大部分利益，进一步促进了这些国家（地区）经济和科技的发展。在科学技术不断发展的情况下，随着经济全球化进程的推进，以往在国际贸易中处于弱势的许多发展中国家也在谋求新的发展机遇，这一机遇正是大数据所带来的。找准时机、借助大数据的优势搭乘上科技飞速发展的快车是当前许多发展中国家（地区）促进国际贸易发展、提高在国际贸易往来中话语权的重要途径。但是，科技发展的差距仍然是阻碍发展中国家（地区）参与国际经贸往来的一块巨石，要想持续提升贸易额、扩大在国际贸易中的优势，发展中国家（地区）仍需着重发展科技，为大数据的发展提供适宜的条件。随着大数据的出现和贸易方式的更新发展，西方国家（地区）在国际经济和国际贸易中的绝对主导地位在一定程度上被打破，使发展中国家（地区）能够更好地参与国际贸易。在大数据的应用之下，各国（地区）都能够利用信息资源对全球市场进行分析，获取和评估市场供需信息，对境内的研发和生产进行相应的调节，从而更好地优化境内资源分配格局，也有助于全球资源的有效利用，避免了资源的浪费。大数据在国际贸易中的应用改善了各国（地区）在国际贸易往来中的不平等现象，提升了发展中国家（地区）在国际贸易中的竞争力，在一定程度上转变了国际经济贸易的格局，推动了世界经济贸易的多元化发展。

二、大数据背景下国际贸易面临的风险

在互联网时代，大数据帮助传统国际贸易走出了现有的发展困境，为国际贸易开辟了新的发展机遇，进一步推动了传统国际贸易的转型升级，为国际贸易带来了诸多积极的影响。

但同时我们也不能忽视它对国际贸易的负面影响,由于大数据本身的特性,它的应用会给现有的国际贸易模式带来各种挑战。挑战必伴随着风险,包括宏观环境中的政治风险、数据泄露带来的操作风险、国际贸易失衡加剧等。

(一)宏观环境下的政策风险

无论是传统的国际贸易,还是新形势下依赖大数据技术的国际贸易,贸易摩擦都避无可避。贸易摩擦是指国家(地区)间因贸易不平衡而引起的摩擦,通常是一国(地区)持续顺差,另一国(地区)持续逆差,或一国(地区)贸易活动影响或损害另一国(地区)的产业。贸易争端主要包括一国(地区)对另一国(地区)采取的反倾销措施、反补贴措施和保障措施3种形式,已成为阻碍国际贸易发展的重要因素,不利于各国(地区)的长远发展。两个贸易国(地区)的关系在一定程度上也影响了世界形势,不利于世界经济的稳定发展。

正如本章第一节所述,大数据降低了国际贸易的成本,而降低成本可以扩大国际贸易的规模,从而引发反倾销贸易争端。倾销是产品出口国(地区)以低于正常价值的价格将产品出口到另一个国家(地区),而反倾销则是针对在境内市场上倾销境外商品所采取的抵制措施。尽管《关税及贸易总协定》明确界定了反倾销的相关问题,但现实中各国(地区)各行其是,仍将实施反倾销措施作为贸易争端的重要手段。大数据技术的应用降低了国际贸易的成本,在一定程度上降低了产品的价格,增加了不同国家(地区)采取反倾销措施的可能性,从而增加了国际贸易的风险,损害了贸易国(地区)的利益。

(二)数据泄露带来的操作风险

在大数据时代,数据泄露是各个行业、企业乃至个人都会面临的风险。数据的泄露不但侵犯了公民个人隐私、企业隐私,甚至还会侵害企业的商业利益,给国际贸易带来了极大的风险。

首先,黑客恶意窃取数据的风险在不断增加。为了提高生活和工作的便利,使得大数据的使用效能最大化,政府和行业组织都在着力提升大数据的流动性,提高数据使用的便捷性,而由于数据的这种流动性,使得黑客窃取信息更加容易。黑客能够采取各种令人防不胜防的手段攻击网络与服务器,除非企业拥有强大的防火墙抵御黑客入侵,否则难以避免这种损失。

其次,由于大数据与国际贸易结合发展尚处在探索时期,企业员工对于大数据平台、数字化贸易不够了解,容易在操作过程中由于失误造成数据泄露。在现实操作中,如在发送电子邮件的场景中,计算机会随时对数据进行备份,导致在文件发送后收件人的计算机中会留存一份数据副本,而发送电子邮件的网页的相关服务器也会随之拷贝数据,数据被拷贝的数量上升,数据泄露的风险也随之增加。除了黑客、员工的因素外,通信过程也会产生数据泄漏。我们的日常工作和生活离不开通信,尤其是在通信软件普及率和使用率日益上升的今天,我们与QQ、微信等通信软件的捆绑也愈发紧密,一个小小的手机可能会通过通信软件探听个人隐私,利用软件的漏洞盗取顾客的信息,从而造成了大范围的数据泄露。大数据作为一种信息快速传递的工具,具有流动性快的特点,随之而来的是交易信息的无序传播和竞争对手恶意盗窃的风险,给交易双方带来不可预测的高额损失。此外,贸易数据中可能包含大量涉及民生、国防的敏感信息,如果被恶意破解窃取,后果不堪设想。因此,国际贸易公司在使用大数据技术时必须注意信息安全,尽可能避免其负面影响。

最后,由于大数据的可获得性,在国际贸易中还会存在电信诈骗的可能。诈骗犯通过一些渠道获得贸易企业的相关信息,甚至是极其隐秘的商业信息或是私人信息,通过获得企业人员的信任进行诈骗。作为新兴媒介的大数据,也让犯罪分子找到了新的犯罪途径,甚至出现了对大数据进行交易的暗网市场,这也使得电信诈骗的成功率越来越高。

国际贸易信息泄露事件

(三)加剧了国际贸易的不平衡性

互联网虽然已经普及开来,但仍可视为一种新兴技术。互联网技术的发展与国家(地区)的经济发展水平高度相关。现阶段,随着大数据的应用范围逐渐变得广泛,国家(地区)间的差距也逐渐变得明显。

发达国家(地区)在互联网技术上拥有明显优势,其经济发展水平较高,对于科技的投入较多,互联网技术的发展迅猛,在国际上处于领先水平,甚至在一些技术方面拥有垄断优势。大数据、云计算等相关技术本身就是英美等国家优先研究并开始发展的,它们拥有发达的大数据技术,依托强大的发展基础,在国际贸易领域运用大数据技术也更为得心应手,因此发达国家的大数据贸易发展也更为迅速。早在20世纪70年代,美国海关就已形成数据资讯信息产业,公开全国进出口贸易提报单数据,经过加工后广泛应用在海运、国际贸易、金融信贷等领域。与之相比,多数发展中国家(地区)还停留在传统的国际贸易模式中,由于缺乏对大数据技术的深入了解和熟练掌握,部分国家(地区)的创新能力不足,更加难以支撑大数据与国际贸易的结合发展。对于较为贫穷落后的国家(地区)而言,互联网技术仍然稀缺,政府的财政多投入到实体经济方面,在互联网技术方面的投入较少,甚至为零,使得互联网技术在落后地区的普及率极低,更遑论应用到国际贸易方面。另外,由于大数据不仅数量大、类型多、价值密度较低,并且运转速度快、时效要求高,若是没有与之相匹配的技术和设施,即便投入巨额资金也无法获得及时有效的信息,这会造成进一步的损失,而目前许多国家(地区)的基础设施还较为落后,难以适应大数据的迅猛发展。随着国际贸易的发展和大数据的不断普及,若是没有相应的举措,国家(地区)间的差距只会越来越大,使得马太效应愈发明显,发达国家(地区)优势更加稳固,而发展中国家(地区)反而可能承受更大的损失和风险,不仅不会随大数据技术发展而获得优势,原有的优势可能还会受到削弱,利益受到损害。此外,发达国家(地区)由于掌握了先进的互联网技术,更容易掌握国际贸易最新的数据信息,造成在国际贸易中数据信息的不对称性,使得国际贸易更加不平衡。

三、推动大数据与国际贸易结合发展的建议

(一)提高企业对大数据的认识和重视程度

外贸企业由于其特殊性,与国际贸易市场密不可分,要想利用大数据提高贸易效率,就必须提前做好准备,提高认识。为了科学有效地利用大数据相关技术,提升外贸企业的国际影响力,外贸企业必须对关键信息技术有清晰的认识。在"互联网+"时代,大规模信息技术的广泛应用加速了国际经济和国际贸易的发展。因此,外贸企业必须充分认识到大数据技术的重要性,在大数据和经济全球化的共同影响下,传统的国际贸易模式已经明显落后于当

前国际贸易的发展速度。应深入了解大数据技术及其在国际贸易领域的应用,为数据化发展提供广阔的空间,突破企业发展的瓶颈。在此基础上,企业应当借鉴行业的成功经验,在技术、市场、管理等方面进行深度、全面的自主创新,并与信息技术各领域相结合,全方位提升企业的竞争力,才能沉着应对全球经济转型带来的巨大挑战。

此外,企业必须吸收先进思想,学习先进技术。特别是发展中国家(地区),自身的理念和技术处于弱势,更应积极学习和采用发达国家(地区)的先进技术,不断完善和优化境内相关基础设施,例如着力提升电子签名、数字证书等关键数字网络基建水平,从而优化大数据与国际贸易融合发展的营商环境,推动大数据在国际贸易领域的创新发展。

(二)重视相关人才的培养

无论何种行业,人才都是核心要素和资源。行业发展、大数据技术发展和国际贸易的发展都离不开对人才的培养。

第一,应当创新人才的引进方式,以灵活多样的方式制定吸引优秀人才参与的积极政策。创新人才柔性流动方式,吸引境内外优秀人才参与到大数据和国际贸易的结合发展中来。要建立健全完善的人才激励制度,通过建立专项人才奖励基金、技术入股等方式,对在大数据与国际贸易融合发展方面做出突出贡献的人才给予丰厚的奖励,激发人才创新创造的活力,从而为国际贸易发展营造良好的创新氛围。除此之外,还应当建立完备的人才档案库。通过在全球范围内广泛搜集大数据行业、国际贸易行业高端人才信息,建立人才储备库,为大数据与国际贸易的融合发展储备强大的人才库,打造优秀的产业融合人才军团。

第二,要创新人才培养方式。通过不同的人力资源开发渠道和途径,制定创新的、多层次的人才培养体系,从而为大数据与国际贸易结合发展的人才培养打下坚实的基础。一方面鼓励企业与高等院校建立联系,依托高校的智力储备培养企业人才;另一方面可以邀请境外优秀人才,使企业从市场、技术、管理、文化学等方面获得最新、最直接的知识和经验,提高外贸企业在管理方法、战略逻辑、发展思路等方面与国际市场的衔接性。除了企业内部的交流培训,人才的培养还要实施"走出去"战略,鼓励人才参加各类各级比赛、展览、会议等,通过与各行各业的人才进行合作交流,实现技能切磋,促进思路开拓,提升创新水平。对于核心人才、高技能人才等尖端人才,提供针对性的深造机会。除此之外,一个科学的、完善的人才培养体系离不开人才的绩效评价标准体系,对人才的创新成果需要采用合理、科学、全面的评价标准,辅以相应的绩效奖励机制,才能全面考核人才的能力,激励人才自我提升和发展。

(三)利用大数据进行金融创新

由于全球大数据和国际贸易发展不平衡,发展中国家创新发展大数据和国际贸易显得尤为关键和重要。金融行业的特殊性就在于其以大量的数据为支撑,因此在国际金融领域进行国际贸易的创新也是顺应了金融行业发展的需要。国际金融机构对于国际贸易发展而言十分重要,它是国际贸易发展的重要基石,在国际贸易和国际金融的结合领域利用大数据进行创新能够丰富国际贸易的路径,更好地应对大数据给国际贸易带来的挑战。国际金融机构在客户生成数据方面优势明显,这对国际贸易非常重要,可以极大地促进国际贸易的发展。因此,国际贸易公司必须利用大数据技术进行金融创新,才能实现更好的发展。他们需要以金融大数据为基础,准确分析国际贸易客户的需求,更好地满足客户和市场需求,获得竞争优势,在交易中获利。国际贸易公司应在未来发展中探索更好的金融创新和发展战略,促进其持续健康的发展。

由于大数据流动性强,在利用大数据进行金融创新时,必须加强外贸金融与交易流程的协同,提高贸易的安全性。政府和金融机构要强化合作,通过电子数据交换系统实时监控交易过程,并围绕知识产权保护,依托电子商务和金融结算系统的功能,促进中小金融机构在外贸交易和征信过程中的实时合作,提升外贸的竞争力。

☰ 航运业大数据综合服务平台——"航付保"

(四)完善相关的政策体系,加强政府宏观调控

政府需要不断完善政策体系、健全体制机制,促进大数据和国际贸易的融合发展,并加强宏观调控。在大数据和国际贸易发展方面的政策和机制主要包括财税政策、产业政策、法律体系等。

大数据和国际贸易发展离不开政府的顶层设计,在推动大数据和国际贸易融合发展方面,政府是重要的引导和支撑力量,其中财税政策是推进大数据在国际贸易中应用的重要政策。大数据技术是一种新兴技术,是互联网时代高科技的产物,因此政府需要加大在大数据技术方面的财政投入,一方面,可以设立大数据与国际贸易融合发展的专项资金,激励人才进行大数据与国际贸易融合发展的相关研究。另一方面,对于应用大数据的外贸企业,可以进行一定的税收减免或者财政补贴,提高外贸企业应用大数据进行国际贸易的积极性,从而推动大数据的广泛应用。

国际贸易要想在大数据背景下获得长足发展,政府需要对企业和产业进行一定的调整,对国际贸易的未来发展进行长远的规划,制订合适的发展方案。对于企业,需要重视企业发展模式的创新,不断优化企业内部管理流程,扩大企业规模,更好地在企业规模扩张及发展模式创新中运用大数据技术。而在产业方面,需要重视调整产业结构,推动产业结构升级。在当前国际贸易竞争复杂的形势之下,只有进行产业结构的调整升级,积极融入大数据技术,推动高附加值产业、新兴产业、信息产业的发展,才能在激烈的国际贸易竞争中提高优势。

大数据与国际贸易的融合发展需要坚实的制度支撑。目前,大部分法律法规都是针对所有领域和行业,许多国家(地区)尚未出台直接针对大数据和国际贸易的相关法律法规。因此,有关部门应当积极出台政策,建立健全交易平台监管、信息安全、税收征管等法律制度。当前,大数据与国际贸易结合发展的势头良好,需要建立国际公认的规则,建立税收征管信息系统,加强税收监管。在国际贸易中应用大数据,最重要的是明确数据的生成,主要包括两个方面:一是确认数据的所有权和依法使用的权利;二是进行数字网络身份的双边或多边相互认证。因此,解决数据跨境自由流动问题的主要原因在于数字版权验证。最后,各国(地区)政府可以设立国际大数据机构进行国际贸易合作,加强国家(地区)间的交流。设立相应的机构,一方面可以实现人才、技术、资金等资源要素的自由流动,加强国际交流与合作,提高国家(地区)间关系的密切程度;另一方面,通过发达国家(地区)对发展中国家(地区)的支持,或者是提供先进的理念和技术,或者是提供完整的发展方案,促进发展中国家(地区)的发展,缩小国家(地区)间的差距。

第二节　大数据与跨境电子商务

大数据的应用随着互联网的发展越来越普遍和深入,随着网络经济的兴起,国际贸易的形式也越来越多样化,与大数据和互联网的联系愈加紧密,并诞生了新的国际贸易方式,即跨境电子商务。由于互联网的可连接性,全球的贸易往来能够突破时间和地域的限制,任何用户都能够借助网络获取到其他国家(地区)的商品信息,并在平台中进行商品的购买,最后通过跨境物流收到商品。这一形式使得跨境商品交易变得更加快捷和便利,因此,跨境电子商务在全球逐渐流行。本书第一章提到了国际贸易能够通过跨境电子商务的交易方式在一定程度上规避贸易壁垒,降低贸易成本,本章将对跨境电子商务的含义、特征、演进及我国跨境电子商务的发展态势进行介绍,分析大数据时代跨境电子商务面临的挑战和机遇,以及大数据对跨境电子商务商业模式创新的影响及其具体的创新模式。

一、跨境电子商务概述

(一)跨境电子商务的含义

人们对于跨境电子商务与电子商务的含义有着不同的认识和表述。一种观点认为,电子商务自产生之日起,就是以互联网为背景,以全球市场为目标的,而跨境电子商务是电子商务在国际贸易中的具体应用,它与一般电子商务的含义完全一致。从这个角度来看,并没有区分电子商务和跨境电子商务的必要。

而另一种观点则认为,跨境电子商务是相对于一般电子商务的应用而言的,它特指利用电子商务手段在国际贸易这一领域的应用,跨境电子商务与一般电子商务存在明显的区别,进行跨境电子商务比进行一般电子商务要复杂许多。还有部分文献和专门的应用系统使用"国际贸易电子商务"的概念来表示电子商务在国际贸易领域中的应用,以此来避免人们对跨境电子商务产生歧义。本书比较赞同第二种观点,即跨境电子商务特指电子商务在国际贸易这一特定领域的应用。

首先,在跨境电子商务交易中,参与交易的各方必须来自不同的国家(地区),即交易本身要跨越"关税区"。其次,交易双方摒弃了传统的交易方式,使用现代信息和网络技术进行交易。再次,从跨境电子商务交易各方的角度来看,除了大宗企业对企业交易(即business to business,B2B),还有企业对消费者的交易(即business to consumer,B2C),以及来自不同国家(地区)的个人之间的交易(即consumer to consumer,C2C)。最后,在跨境电子商务的交易对象中一种是有形商品,即货物贸易。对于货物贸易,可以通过跨境电子商务完成货物的促销、谈判、订购、租船和订舱、保险、验货、报关和付款,但货物的配送仍然需要以传统方式进行;另一种是无形商品贸易,包括计算机软件、电影和电视产品、电子书和其他数字产品,以及各种服务产品。对于无形商品贸易,跨境电子商务即可完成所有国际商务交易环节,包括商品分销。此外,从电子商务的广义定义来看,跨境电子商务还应包括电子数据交换(electronic data interchange,EDI)和其他非基于互联网的电子交易手段。

随着电子商务的发展,我们可以从广义和狭义上理解跨境电子商务。

从广义上讲,跨境电子商务是指通过互联网进行的跨境商品和服务交易的过程。这涉及电子商务在国际市场的延伸及电子商务在国际贸易中的应用。广义的跨境电子商务是传统国际贸易过程的数字化、电子化和网络化,涉及货物电子商务、电子资金转账、电子货运单据等。

从狭义上讲,跨境电子商务是指跨境网上零售,即来自不同关税地区的贸易商用互联网进行跨境采购和支付,通过跨境物流交付货物并完成交易的过程。这是一种新的国际贸易形式。狭义的跨境电子商务本质上是一种在线零售业务,是发展国际贸易的一种新方式。无论交易形态如何变化,它最终将回归商业和零售的本质,即为境外消费者提供高品质的产品和良好的购物体验。

(二)跨境电子商务的特征

跨境电子商务作为一种国际贸易新形式,世界海关组织给出了它的4个关键特征,如表4-1所示。

表4-1 跨境电子商务的特征

特征	内涵
物流处理时效高(time-sensitive goods flow)	借助平台优势减少了线下处理物流单据的环节,提高了物流处理时效
大量小包裹(high volumes of small packages)	突破了传统大宗商品交易的限制,满足消费者个性化、多样化的需求,具有碎片化、高频次、小批量的特征
参与者未知(participation of unknown players)	网络平台能够有效保护贸易双方的信息,买卖双方可以在互不透露真实信息的前提下进行交易
需要退货/退款流程(return/refund processes equired)	很多跨境电子商务平台提供低成本甚至免费退换货服务,鼓励了消费者的包围式(bracketing)购买行为

从跨境电子商务的4个特征可以看出,其突破了传统国际贸易的限制,提升了国际贸易往来的效率。传统的国际贸易往往耗费大量的人力物力,在物流方面耗费许多时间,降低了消费者的满意度;跨境电子商务的物流单据在网上即可完成填写,物流的信息在平台上一目了然,既提高了物流效率也便于消费者查看。由于成本高昂,传统国际贸易的交易货品多为大宗商品,交易量大,多在企业之间开展;而跨境电子商务将交易的主体扩大到个人消费者,满足小批量交易需求,也扩大了交易商品的涵盖范围。跨境电子商务的退货、退款流程更加满足了消费者的需求,但是这一特点也会给商家带来一定的损失。消费者在不确定产品尺寸是否合适,或者产品实物自己是否喜欢的情况下,会同时订购多个产品,收到货物试用或试穿后,再退掉不适合的。这样,较高的退换货率增加了跨境商家的成本,造成了很大的经济损失。因此,跨境电子商务需要制定详细的退换货流程,一方面,保证消费者的权益和利益;另一方面,正确的退换货处理流程可以帮助商家防止诈骗行为,提高客户满意度,更好地进行库存选择和筛选产品生产商或供应商等。可以说,没有退换货流程作为保障,跨境电子商务交易很难快速发展。

(三)电子商务的演进

目 亚马逊的发展历程

电子商务诞生于20世纪60年代,并在90年代迅速发展。其启动和快速增长主要由以下因素驱动:计算机的快速发展和广泛应用、网络的普及和成熟、电子支付方式的普及和应用、政府的支持和推动。从EDI技术出现至今,全球电子商务的发展过程可以大致分为4个阶段:起步阶段、快速扩张阶段、艰难发展阶段和稳定发展阶段,如表4-2所示。

表4-2 电子商务的发展阶段

阶段	时间	特征
起步阶段	1960—1990年	EDI模式的出现及成熟,使电子商务的范围逐渐扩展到国际贸易和金融领域。
快速扩张阶段	1991—21世纪初	电子商务逐渐放弃过去完全依赖EDI技术的路径,基于互联网的电子商务受到高度重视,并开始迅速发展
艰难发展阶段	2000年	电子商务与金融投资联系日益密切,投资的持续增长导致相关企业规模快速增长,产品产能大大超过市场实际需求,导致库存增加,利润下降,超过1/3的网站消失
稳步发展阶段	2001年至今	联合国贸易便利化与电子商务中心、结构化信息标准促进组织正式批准了ebXML(e-business extension makeup language,电子商务扩展标记语言)标准,相关政策逐步建立,电子商务稳步发展的环境日趋成熟,配套的物流、支付等问题得到了基本的解决

(四)中国跨境电子商务的发展态势

1.交易市场进一步扩大

就买方市场而言,中国的人口众多,消费市场庞大,随着经济水平的提升中国国民的购买力也日益强大。中国的跨境电子商务发展起步早,发展迅猛,在淘宝、京东等电子商务平台的带领之下,网购的观念逐渐深入人心,消费习惯日趋成熟,消费者对跨境电子商务的接受能力也更强。此外,在中国电子商务发展日渐成熟的前提下,中国的物流产业也不断发展,完善的物流体系为中国跨境电子商务的发展保驾护航。而就卖方市场而言,科技的发展推动了产品的多元化发展,中国产品的种类不断增多,品质不断提升,中国出口产品在国际市场上的竞争力也不断提高,中国的跨境电子商务交易市场也逐渐从传统的美、德等国家扩展到俄罗斯、阿根廷等国家。无论从买方市场还是卖方市场来看,中国的跨境电子商务交易的市场和渠道都在进一步扩大,交易规模也逐渐扩大。

2.交易主体将进一步增多

传统的国际贸易交易主体仅限于大型外贸公司,而电子商务领域多为中小微企业和个人消费者。跨境电子商务将传统国际贸易和电子商务结合,如将大型传统国际贸易的B2B、B2C模式与电子商务结合,为中小微企业和大型跨国(地区)公司提供交易的平台,带动境内的中小型外贸企业的发展。

3.交易产品种类将更丰富

随着跨境电子商务的发展,越来越多的行业加入其中,这也在无形之中丰富了跨境电子商务交易产品的种类。科技的发展也将给产品的研发和生产带来无限可能,新型产品尤其是数字化产品也将加入跨境电子商务的交易。据eBay(易贝)统计,未来跨境电子商务将延伸到汽车、家具等领域。有数据显示,近七成的卖家计划将现有产品种类进行扩充,而有近六成的卖家则表示将拓展产品的生产线。交易产品种类的丰富也将进一步扩大中国在跨境电子商务交易市场中的份额。

4.传统外贸企业将成跨境电商主流

跨境电子商务不同于一般电子商务,其数量少、频率高的特点与现有的清关、验货、结汇和减税等方式不符。随着监管体系的完善,跨境B2C将继续发展。同时,跨境电子商务也将成为传统外贸公司的主要营销渠道,使传统外贸公司直接与境外消费者接触。

5.跨境电子商务产业链将逐步完整

目前,我国跨境电子商务以平台为主,而未来,企业自行搭建交易平台的产业链将逐步形成。从电子商务产业链上游的产品方面来看,3C电子产品、服装等传统优势品类借助自身标准化及便于运输等优势表现强劲,户外用品、健康美容产品和汽配等新品类随着消费者需求的增长而快速增长;产业链中游则是平台电商与自建网站相互博弈、协同发展,跨境电子商务平台将进一步整合,逐步完善服务功能,更多的制造业企业会入驻跨境电子商务平台;从产业链下游来看,成熟发达的经济体是中国出口电商的主要目标市场,并将保持快速增长的态势,不断崛起的新兴经济体将为中国的出口电商提供更多更新的市场机会。

6.跨境电子商务综合服务业将兴起

跨境电子商务平台的发展也将进一步推动与之联系紧密的跨境电子商务服务业的兴起。跨境电子商务是国际贸易的一种表现形式,其包含了国际贸易的全流程,从贸易的发起到支付、物流、保险等方面都需要与之对应的服务方,因此将跨境电子商务平台与服务业进行结合是跨境电子商务发展的必由之路,也是现实的选择。跨境电子商务平台与服务业结合形成的跨境电子商务综合服务平台,不仅能整合行业信息和产品信息,为贸易双方提供原始数据,还能提供包括结算、保险、信贷、物流等一系列环节的服务,贯穿贸易往来的全流程,将全面提升贸易各个环节的效率,降低贸易的成本。跨境电子商务综合服务平台依托强大的数据库和技术支撑,提高了贸易往来的信息化、数字化水平,让贸易双方在相互了解企业相关情况的前提下进行交易,强化了跨境电子商务的信用体系建设。此外,平台还提供网上融资的功能,为中小微企业网上融资提供便利,提升了外贸企业整体的竞争力。

二、大数据时代跨境电子商务的挑战与机遇

(一)大数据时代跨境电子商务面临的挑战

1.海量的数据信息挑战

第一个挑战是数据的筛选。借助于互联网的优势,云计算、人工智能等数字技术帮助电商企业获取了海量的顾客信息,但是大量的数据堆积对企业来说也是一种负担,增加了电商企业筛选数据的各类成本,例如时间成本和人工成本,不利于企业提高运营效率。此外,市场上的数据信息五花八门,企业难以精准判断数据的准确性和有效性,笼统地搜集数据可能会纳入许多无效的数据,干扰企业的判断和决策。就企业而言,为了提高决策的准确性和高效性,应从源头抓起,重视大数据的价值和作用,提升筛选数据的能力,从而达到数据与决策的精准价值匹配。第二个挑战是处理分析数据。只有大数据是无法在激烈的市场竞争中占据优势的,因此对大数据的分析和处理能力应该成为企业竞争力的核心。经过精准的数据筛选,企业留下的才可能是有效的信息,但若是仅依靠传统的分析方法处理数据,会使得数据的效用大打折扣,无法适应企业创新发展的需要。在数字技术日趋精进、数字人才日益涌现的今天,企业应抓准时机转型,引入高精尖的专业人才为企业提供高新技术支持,快速有效地精准处理数据,充分释放数据的潜在价值,从而提升企业科学管理和决策的能力,加速企业的创新转型,更好地应对大数据时代海量数据的冲击。

2.数据安全性的挑战

不论是国际贸易还是电子商务,在数字技术的助推下企业都能更加快速和便捷地获取数据。同样,二者也同时面临着数据安全性的挑战。本章第一节中也已提及,数据的泄露会给国际贸易带来极大的风险,电子商务也是如此。数据包含着大量信息,包括隐私的和公开的,无论哪一种都代表着个人和企业的利益,数据的泄露给企业、个人会带来不可估量的损失,因此数据的安全性一直是各类用户最关心的问题。数据的可获得性也给犯罪分子带来了可乘之机,许多不法分子会利用软件、平台的漏洞窃取用户的信息,从中牟取暴利。无论是企业还是政府都应当重视数据的安全性,切实加大对数据的保护力度,借助先进的科学技术和完善的体制机制保护信息的安全,保障消费者和企业的利益。在信息遭到泄露和侵犯的情况下,政府应增强对此类侵权案件的打击力度,提高对潜在犯罪分子的威慑力,为数据营造一个安全、可靠的环境。

(二)大数据时代跨境电子商务的发展机遇

1.大数据技术与跨境电子商务选品

(1)助力科学选品

与传统电子商务相比,跨境电子商务要更加重视不同国家(地区)间的消费方式及消费观念的差异。供应商在预测消费者偏好并进行选品时,要结合不同的文化背景进行分析。由于跨境电子商务的发展离不开海量信息数据的收集,大量数据会在跨境电子商务的交易

中产生,例如消费者在电商平台上留下的浏览数据、订单交易数据、搜索记录数据、产品评价数据,供应商在使用电商协同软件时会留下运营管理数据等,国际电商企业便可利用大数据技术对这些数据进行存储、清洗、挖掘、分析,预测出哪些产品会成为爆款,将这些产品信息反馈给供应商,从而助力供应商科学选品。运用大数据技术进行选品的市场分析可以让商品信息可视化,电商平台可对供应商信息做到有效的追踪和分析,从而对消费者偏好预测加以有效利用。不仅可以为消费者提供符合其预期的产品,或根据消费者的需求提供个性化、高品质的产品,还能较有效地解决产品同质化严重的问题。例如,亚马逊公司利用大数据技术完成了Big-tracker选品库的建立,每当供应商将产品搜索条件输入搜索引擎时,就可以看到该产品的全部数据,如平均销售量、平均销售价格、产品排名等。产品信息对于供应商来说是可视化的,这样一来,可以为供应商科学选品与分析自身产品的竞争力提供较好的参考价值。

(2)助力供应商按需定制服务

在大数据技术出现以前,跨境电子商务企业的数据处理能力往往较弱,商家对客户的诉求难以掌握,平台上商品同质化严重,质量参差不齐,同一型号商品价格差距好几倍,这对客户选择产品造成了较大困惑。如今,大数据技术飞速发展,跨境电子商务企业可以对用户的访问、收藏、评价等数据加以分析,从而更加了解消费者对产品的偏好。供应商可以将客户诉求与商品类型进行匹配,逐步完善所供应的产品,增强用户与商家之间的有效沟通,帮客户"按需定制",实现对客户的精细化服务,以满足消费者的个性化需求,以此提升客户的满意度和品牌价值。大数据技术的应用促进了跨境电子商务向着更高水平和方向发展。

2.大数据技术与跨境电子商务精准营销

(1)个性化营销,对消费者进行精准定位

由于跨境电子商务具有虚拟性,因此,供应商不仅要注重产品质量,形成良好的品牌效应,还应加强产品的营销推广,这是跨境电子商务企业成功的重要因素。能否对目标市场中消费者的数据资源加以有效利用,根据消费者的独特消费习惯和偏好建立起目标消费者模型,逐渐成为跨境电子商务企业能否运用大数据技术实现精准营销推广的关键。

跨境电子商务的用户群体来自全球各个不同的国家(地区),消费群体范围广而且存在不确定性,每个国家(地区)的文化传统和消费习惯的不同,因此,即使是同一类别的商品,人们也会因喜好程度及对品质、价格、物流方式等要求的不同而产生不同的诉求。在跨境电子商务平台进行个性化推荐时,完全基于商品和大众用户的推荐策略就不太合适。比如在跨境电子商务平台上购买一台同型号的电视机,欧洲等发达国家的消费者可能更关注的是服务体验,比如下单方便、送货快捷、送货到家、上门安装等,对价格可能不太敏感;而东南亚地区的消费者可能更关心的是性价比,促销、折扣等对他们的吸引力度更大,至于是不是晚几天收到货、能不能送到家等,他们并不是特别关注。因此,在推荐策略方面差异性就很大。这就要求必须在快速获取用户的海量行为日志的前提下,有针对性地分析用户所在国家(地区)的整体数据,对不同区域的用户群体构建起消费模型体系,基于大数据描绘出精准的用户画像,最终基于这个模型和画像来进行精准营销,给目标用户推荐合适的目标商品。此外,跨境电子商务企业也可以将大数据技术用于目标消费群体识别与客户需求偏好预测等方面。在消费者偏好预测的基础上,可实现对目标用户的精准广告投放和媒体宣传,因地制宜、因人制宜地实施营销推广,从产品的包装、价格、名人效应等不同角度为不同消费者制订个性化的营销方案,同时在广告中考虑获取商品的便利性等因素,使目标客户在平台上能够方便快捷地找到预期的产品。跨境电子商务针对性地锁定目标客户,实施个性化营销,大大提升了交易的成功率,同时降低了消费者的搜索成本、人力成本,提升了客户的满意度和品牌形象。

(2)以客户为中心,进行无障碍沟通

传统电商企业通常以电话、种类繁多的广告、微信等形式与消费者进行沟通与营销推广,这种形式往往过于单一,没有真正考虑到消费者的真实需求,往往将消费者看成被动接受者,没有做到与消费者的有效互动,使得消费者对产品的认知往往趋于表面,很难得到消费者对产品的有效反馈。而根据此类反馈制定的销售策略和对产品的改进很难取得较大成效,无法实现预期的销售结果。同时,电商卖家对于各种传统的营销手段无法实现精准的评估,简单地以广告量取胜、以海量的广告向消费者进行轰炸的营销方式不仅造成了较大的资源浪费,而且忽视了消费者的个性化需求,无法提升营销的质量和效率。随着互联网技术的不断发展,电商企业与客户沟通变得越来越便捷和密切。一方面,电商企业不断完善客户的信息资料库,为客户完善用户画像,为其提供更有针对性的服务;另一方面,企业在用户那里得到了关于产品、服务的反馈,有助于电商企业自身产品的升级,更加"以客户为中心",满足客户的多元化需求。

跨境电子商务企业改变了传统单一的向客户推介信息的方式,利用大数据技术创新推介方法,完成了企业与客户无障碍沟通体系的构建。跨境电子商务企业越来越关注客户的准确活动时间,做到了在不打扰客户正常工作学习、生活的前提下与客户进行高效的交流和沟通,了解客户的消费心理和诉求;跨境电子商务企业不断加强对客服人员的沟通技巧培训,改变了传统机械单调提问的方式,真正关注客户的实际购买与使用需求,了解并反映客户的痛点,提升了客户对商品及品牌的满意度与忠诚度。

3. 大数据技术与跨境电子商务物流

(1)优化配送方案,提高跨境电子商务物流时效

相比于境内电商的高效物流体系可以实现从下单到收到商品的"隔日达",甚至"当日达",跨境电子商务由于受到保税仓距离的影响,在物流时效性方面大为逊色。跨境电子商务的物流业务是通过境内的保税仓来发货的,而当前拥有保税仓的跨境电商试点城市和跨境电子商务综合试验区数量上虽然比前几年有了很大的提升,但也无法遍布全国所有城市,所以当消费者选择购买的商品所在的保税仓离消费者的地理位置非常远时,就需要等待较长的时间才能收到货物,有可能是3~7天,也有可能是更长的时间,这对用户的购买体验会有较大的影响。而大数据的发展让跨境物流可利用大数据技术整合物流资源,为客户提供最优运输路线与多式联运的综合性物流解决方案,这样可以较大提升物流配送时效,同时为物流企业降低物流成本,提升运力。在大数据技术飞速发展的今天,企业能否合理运用大数据技术进行数据有效整合分析、提供最优物流解决方案、缩短物流时间来提升客户体验已经成为跨境电子商务企业能否在激烈的市场竞争中保持优势的关键。

(2)改变跨境电子商务的配送模式

如今,跨境电子商务企业可采取的配送模式多种多样,如国际物流、海外仓、物流联盟、

邮政小包、第三方物流配送等。第三方物流与物流联盟是跨境电子商务企业最常采用的配送模式。境外仓模式往往对跨境电商企业要求较高,它需要企业投入大量资金并拥有强大的数据计算能力,其建立在较为完善的全球物流体系的基础之上。如电商巨头亚马逊为了储存货物,已在全球建立了50多个运营中心,在消费者未下单之前就能够通过其"预测性发货技术"将客户所需商品运至距离其最近的运营中心,这大大减少了发货及运输的时间。跨境电子商务海外仓配送模式已成为大势所趋,跨境电子商务企业要创新运用物流信息技术,对各类型物流数据进行整合、关联性分析,全面连接客户、商品、物流信息资源,努力提升物流配送效率,优化物流配送方式,提升消费者的购物体验。

4.大数据技术与跨境电子商务企业运营管理水平

仅依靠销售能力是无法维持跨境电子商务企业的盈利水平的,需同时有效降低内部成本,特别是采购、生产、库存、销售、物流等一系列供应链环节的成本,因此,利用大数据技术对供应链各环节实施有效的预测与监控,对于内部成本的控制,提升企业内部运营管理水平,增强综合竞争力意义巨大。

利用大数据技术进行内部成本控制往往分为3个部分,即事前预测、事中控制和事后分析。电商企业在供应链各个环节会产生海量数据,对这些数据应加以预处理,进行筛选、清洗、归纳和转换,之后利用Hadoop,HPCC与Storm等处理工具进行更加深入的分析。首先,事前预测环节需要利用大数据技术对历史各项成本进行有效的分析,提出可以优化的环节,进而,未来对各项成本的精准预测将成为衡量成本是否得到有效控制的标准之一;始终着眼于控制总体运行成本与各环节运行成本的关系,对总体运行成本影响较大的环节进行大数据分析,采取针对性策略减少关键环节成本,从而使总体成本得到有效控制;在前一环节结束后,电商企业应利用大数据技术对供应链各环节的实际成本和实际总成本进行核算,对成本控制手段进行评估分析,总结相关经验,为企业今后的运营管理提供指导意见。

考拉海购的
成功营销

在大数据技术与各行业不断融合的今天,大数据技术在跨境电子商务目标客户识别、用户画像刻画、精准营销实施、物流配送优化方面将发挥越来越大的作用,大数据技术帮助企业提升了运营管理水平,推动了跨境电子商务的可持续发展。

三、大数据与跨境电子商务商业模式创新

(一)大数据对我国跨境电子商务商业模式的影响

跨境电子商务与传统的外贸行业在货物、信息和资金这3个方面存在一定的区别,但是相较于传统的外贸行业,跨境电子商务在近几年的发展当中与大数据的联系更为紧密,大数据融入跨境电子商务的各个环节,为其发展注入了新动能,成为推动我国跨境电子商务商业模式创新的助推器,大大推进了我国跨境电子商务的发展进程。

1.信息要素全面升级

随着互联网信息技术的不断发展,大数据依托互联网的优势逐渐渗透到各行各业当中,

成为经济社会的重要信息资源。作为数据存在的信息已经成为国际贸易中的新型标的物，在跨境电子商务中也是同样，大数据不仅是互联网的核心要素，也成为跨境电子商务的核心要素。互联网大数据将世界联系成了一个整体，将海量数据借助网络的力量应用到跨境电子商务的交易中，而云计算、物联网等技术更进一步提升了互联网处理数据的能力，使得信息要素成为跨境电子商务交易中的核心资源。信息要素的升级推动了数字化社会发展的进程，大数据的应用也为跨境电子商务商业模式的创新提供了新的可能。

2.增加产品服务的个性化和多样化

大数据在跨境电子商务的应用下能够进一步推进产品服务的个性化和多样化，提升产品在国际市场的竞争力。传统的电商企业积累了大量的顾客信息和产品信息，但是由于没有先进大数据技术的支撑，大量信息无法进行准确地识别和处理，且分析信息需要高昂的人工成本和时间成本，往往收效甚微、事倍功半，投入与产出不成正比。大数据与跨境电子商务的有机融合能够为企业识别、处理和分析信息提供先进的技术支持，通过对海量产品信息和顾客信息的分析，实现产品供需的精准匹配，不仅能够对产品类型进行精细化区分，还能根据不同消费者的需求提供个性化的产品和服务。而消费者也能够了解到市场上供给产品的特点，更好地依据个人偏好选择产品和服务。在大数据的支持下，跨境电子商务能够实现定制化服务，有效地提升产品研发和市场营销的效率。

3.跨境电子商务决策和管理效率显著提升

利用先进的大数据技术和工具，跨境电子商务企业能够收集大批量的市场信息，尤其是顾客信息，海量的数据信息在高效地处理和分析之下能够帮助跨境电子商务企业精准分析市场需求和顾客要求，而数据的实时性则能帮助企业更好地依据市场的需求进行产品研发战略的制定，提升决策效率。

就企业的组织架构而言，数据的应用使得企业在管理方面也能实现数字化。传统的企业管理大多依靠人事部门对员工进行管理，这种管理模式较为粗糙，受人的主观影响大，且需耗费不小的人工成本，在市场竞争日益激烈的环境下，这种模式不利于企业的长足发展。而依托大数据进行管理一方面剔除了人的主观因素，更为科学化、全面化，并且能够根据数据的实时情况进行动态检测和调整；另一方面其降低了企业管理的时间成本和人工成本，提高了企业的利润，实现了企业管理的最优化，有利于企业的可持续发展。

(二)跨境电子商务商业模式的创新

大数据与跨境电子商务的结合推动了其商业模式的创新，就具体模式而言，主要包括国家战略发展创新、数据资源战略创新、平台业务战略创新及全球化战略创新，其特征如表4-3所示。不同的模式都充分发挥了大数据在资源整合方面的重要作用，为跨境电子商务的发展挖掘出了新的增长点。

表4-3 跨境电子商务商业模式

模式	特征
国家战略发展创新	数据资源逐渐转化为企业生产经营的重要资源,通过大数据应用优化上下游产业链,形成可持续发展的生态圈,结合国家"一带一路"倡议,将境内产能进行优化,与境外市场无缝对接,形成新的价值增长点 企业在进行商业模式创新的过程中,不仅仅要考虑顾客的需求和用户体验,还需要通过大数据的手段形成正向的引导,使得顾客本身清楚地认识到企业提供的产品和服务的价值及其价值形成的逻辑
数据资源战略创新	匹配上下游合作商,带来更多商机 提供供应链信息,降低采购成本 精准传递组织内部信息,实现组织架构扁平化管理,降低管理成本 以更低的成本、更快的速度、更精准的营销模式给企业带来新的利润增长点
平台业务战略创新	这是基于大数据分析的精准营销策略和供应链体系的整合解决方案,由产业集群和共享经济带来的创新的盈利模式 结合企业平台优势,利用自身大数据应用与互联网技术优势,结合企业商业合作伙伴的支持和供应链上下游企业的统一协作,共同构建平台战略优势
全球化战略创新	B2B平台大多进行大宗商品交易,具有庞大的现金流和数据流 随着大数据技术的应用,BI(business intelligence)商业智能管理系统将原有分散的不同数据源整合到了一起,提升了平台交易额,B2B供应链的金融服务逐渐成为撬动B2B交易的创新支点

第三节 大数据与数字贸易

本章的第一、二节详细介绍了大数据对传统国际贸易的影响和大数据背景下跨境电子商务的发展,无论是传统贸易还是跨境电子商务,都伴随着各个贸易主体的信息流交换,但在以往人们并未对其有过多的重视,而是将其与国际贸易的商品等掺杂在一起做笼统的分析。而在大数据时代,人们越来越意识到信息的重要性,信息贸易、数字贸易都包含大量数据,二者间有着天然不可分割的紧密关系,本节将介绍大数据应用背景下的信息贸易和数字贸易的相关内容。

一、信息贸易

(一)概念辨析

信息贸易广义上是指以信息及其服务为商品进行交换的经济活动。在国际贸易中,信息贸易与商品贸易、服务贸易相并列,既可以理解为包括计算机、通信设备等信息技术产品的贸易,也可以理解为包括数据库、网络信息、软件、音像制品、专利许可证、技术核心、文艺作品、咨询服务、专家服务等在内的信息服务贸易。在大数据领域,为了与商品贸易作区分,我们往往采用后一种理解。

该类产品的名称叫贸易信息,它指的是从事商品流通活动所需要的各种有用的消息、情报、数据、报表、指令、信号的总称。它是贸易活动中的一种知识产品,与其他商品一样,具有使用价值和价值。贸易信息主要包括商品供给信息、商品需求信息、市场竞争信息、企业内部信息。

(二)信息贸易的种类

1.信息产品贸易

信息产品贸易指的是与信息产品有关的一切贸易形式和活动,包括计算机、自动数据处理设备、通信设备、半导体等在内的一系列资本密集型和技术密集型产品贸易,而根据本书第二章所介绍的国际贸易理论,信息产品贸易的比较优势主要体现在自然禀赋、规模经济、组织结构等方面。

信息产品的可复制性和非排他性使其具有边际成本为零的特点,因而在国际贸易中发挥的作用与普通的产品大不相同。尤其在互联网时代,信息产品凭借其可复制性强、使用效率高等特点,相较于普通的产品在国际贸易中有更大的竞争优势。比较优势理论认为,国家(地区)之间通过分工可以提高贸易双方国家(地区)的福利,但是在大数据时代,国际信息产品作为高技术密集型的优势产品,国际分工可能只对生产信息产品的国家(地区)带来较大好处,而给生产普通产品的国家(地区)带来负的福利效应。例如美国微软的Windows操作系统,即使出口到其他国家(地区),也只需要将语言进行本土化,而无须进行较大的改动,但是进口国(地区)的消费者却需要为此付费。对于出口国美国来说,微软的员工并没有为此付出更大量的劳动,技术优势使其在劳动付出方面的成本远远小于其他生产普通产品的国家(地区)所需付出的劳动成本,因此,生产信息产品的国家(地区)拥有绝对的比较优势,能够从国际贸易中获得较大的福利效应。

2.信息服务贸易

信息服务贸易指的是与信息服务有关的一切贸易形式和活动。现代信息服务贸易分为两大类:有形信息服务贸易和无形信息服务贸易。有形信息服务贸易指软件服务、音像娱乐制品服务贸易、部分高级技术服务贸易和其他知识产权产品服务贸易。无形信息服务贸易则包括跨境数据流服务贸易、电信服务贸易、工程咨询服务贸易、技术培训与教育服务贸易,以及金融信息等商业信息服务贸易等。

作为国际贸易的一个新领域,信息贸易显然具有一定的国际性,与一般服务贸易不同,信息服务贸易关系到国际竞争力提高的问题,且对各国经济竞争力的影响日益增强。国际信息服务贸易的历史最早可追溯至20世纪初的跨国许可证贸易,到了50年代,国际信息服务贸易开始初具规模,真正的发展则是从70年代开始的。1978年,美国信息贸易总值已占国民生产总值的1.29%,并长期保持着顺差地位;1987年10月,美国信息学会提出要研究信息贸易及其发展问题。20世纪末,中国信息服务贸易年产值超过200亿元,信息服务贸易迅猛发展。韩国更是将信息服务业置于国家战略高度全力推动,产业规模迅速扩张。在未来,信息服务贸易将在现代信息技术的广泛应用下,更加趋于国际化。

(三)信息贸易的发展趋势

在国际贸易中,信息贸易发展速度快、市场规模大,是经济竞争的新焦点,它有以下发展趋势:①从有形的硬件贸易转向无形的服务贸易;②从发达国家(地区)间水平式的信息贸易转向发达国家(地区)与发展中国家(地区)间垂直式的信息贸易;③在信息资源禀赋上,信息富国(地区)与信息穷国(地区)之间的差距扩大了;④居于信息优势的国家(地区)在政治、经济、外交方面得到的好处日益增多。

在互联网快速发展的背景下,依托大数据技术的强大支撑,信息服务贸易也逐渐成为国际贸易的重要组成部分。近年来,国际贸易市场交易方式发生了重大变化,出现了"虚拟市场"。电子商务通过网上"虚拟"的信息交换,开辟了一个崭新、开放、多维、立体的市场空间,突破了传统市场必须以一定地域存在为前提的条件,全球以信息网络为纽带连成了一个统一的"大市场",促进了世界经济全球市场化的形成。信息流动带来的资本、商品、技术等生产要素的全球加速流动,促进了全球"网络经济"的迅速发展。在这种网络贸易的环境下,各国(地区)间的经贸联系与合作得以大大加强。

二、数字贸易

(一)概念介绍

数字贸易是信息和通信技术发挥重要作用的一种贸易形式,它不仅包括以信息和通信技术为基础的实物贸易,还包括通过信息和通信网络(语音和信息网络)传输的数字服务贸易,如数据、数字产品、数字服务等。此外,数字贸易可分为数码产品贸易及与数据流有关的贸易。

最早对数字贸易进行概念界定的国家是美国。2013年7月,美国国际贸易委员会(United States International Trade Commission,USITC)首次提出,数字贸易是指通过互联网转让商品或服务的商业活动。同时指出,数字贸易作为一个新的、极其复杂的课题,在内容和范围上都在不断演变。2017年8月,USITC对"数字贸易"做出最新界定,将其定义为"通过互联网及智能手机、网络连接传感器等相关设备交付的产品和服务",涉及互联网基础设施及网络、云计算服务、数字内容、电子商务、工业应用及通信服务等6种类型的数字产品和服务。

2017年,经济合作与发展组织(Organization for Economic Co-operation and Development,OECD)对数字贸易的具体内涵进行了界定,从贸易的属性、交易对象和涉及的参与者3个维度对数字贸易进行了详细的划分,得到了数字贸易广义上的定义,如图4-1所示。

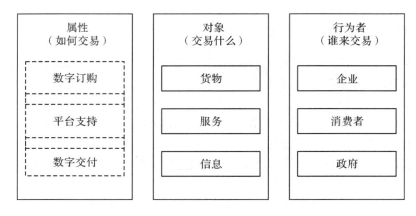

图4-1　大数据研究者及其主要观点

资料来源：OECD. Measuring digital trade: towards a conceptual framework[C]. Working party on international trade in goods and trade in services statistics, 2017.

　　就数字贸易的属性而言，可以将其分为数字订购型、平台支持型和数字交付型。数字订购型的数字贸易直接通过专门的计算机网络进行实物商品或者服务交易，因此不包括电话、传真等形式所达成的交易。平台支持型的数字贸易指的是通过中介平台间接进行的交易，例如本章第二节所提到的跨境电子商务。而数字交付型的数字贸易则指直接通过信息及通信技术网络远程提供的服务产品。与狭义的数字贸易相比，广义的数字贸易将通过数字方式和信息通信技术（information and communication technologies，ICT）方式进行实物商品交易的形式也囊括进来。从交易的对象来看，数字贸易的交易包括了货物、服务和信息，和传统国际贸易相比引入了"数据"这一新型的国际贸易标的物。而就行为对象而言，数字贸易的交易者包括企业、消费者及政府，将个人消费者纳入交易对象降低了贸易的门槛，进一步扩大了贸易的规模，也更新了现代国际贸易的商业模式。

目 数字供应链 示例

（二）数字贸易的特征

　　数字贸易的特征主要包括数字高技术性、非竞争性、颠覆性和跨界融合性（见表4-4）。其中数字高技术性是数字贸易的基本特征，非竞争性是数字贸易区别于传统贸易的一大特征点，而颠覆性和跨界融合性则体现了数字贸易在大数据应用下对产业数字化转型和产业延伸交互的重要作用。

表4-4　数字贸易的特征

特征	具体内涵
数字高技术性	数字贸易的基本特征。安全有序的跨境数据流动是数字贸易的内在驱动力，数字技术是数字贸易的底层支撑
非竞争性	数字产品的边际成本较小，可供多人同时使用，不具备市场竞争力；但是拥有数字技术的企业可以占据先发优势

特征	具体内涵
颠覆性	数字产业能够突破时空和产业的界限,在三大产业之间贯穿渗透,并成为连接各个产业的重要纽带;数字要素作为新型生产要素实现传统产业的数字化转型
跨界融合性	一方面体现在"研发+生产+供应"的数字化产业链方面,通过产品的产业链上下游企业的数据互通,实现全产业链的数字化,提升产品生产的精准对接和供需匹配,提高产品生产的效率;另一方面则体现在"生产服务+商业模式+金融服务"的数字化产业链方面,实现产品生产和服务的全方位融合,打造新型数字化产业生态

(三)数字贸易的分类

数字贸易主要包括贸易方式数字化和贸易对象数字化。其中,贸易方式数字化是指信息技术与传统贸易开展过程中各个环节深入融合渗透,贸易对象数字化是指数据和以数据形式存在的产品和服务贸易。

在国际贸易领域,贸易方式数字化主要包括跨境电子商务、在线支付、智能物流和数字监控。在大数据技术的支持下,数字化已应用于国际结算领域,成功实现了网上支付,进一步简化了国际贸易流程。在智慧物流方面,目前我国对外贸易中智慧物流的应用范围广泛,涵盖不同类型的企业、行业、产品和不同的区域。一是外贸公司根据特定外贸行业产品的独特性和共性问题,设计行业特定的智能物流系统;二是物流企业(尤其是国际物流企业)降低企业成本,提高自身竞争力,重点关注物流资源的整合、物流过程的协调,以及监控与预测的研究,提高自身物流信息化水平;三是政府和实力雄厚的IT企业为外贸相关服务企业提供公共信息、技术服务等增值服务,构建公开、透明、共享的信息平台。总体来看,智慧物流促进了我国外贸的便利化,在一定程度上降低了外贸成本。此外,数字化进一步推动了数字监控的发展:在大数据平台、云计算等基础上,可以对网上交易进行实时监控,在一定程度上降低了国际贸易的风险。

贸易对象数字化主要针对数字服务,其内容包括数字产品贸易和数据流本身产生的贸易。简单来说,数字产品贸易是有形的,大体上它属于货物贸易这样一个大的范畴;数据流本身产生的贸易是无形的,大体上属于服务贸易范畴。数据流形成的贸易要从3个方面去把握:①数据是要素,数字经济、价值转换和效率提升都是基于数字要素这个基础;②数据有价值,只有发生交易,才能体现数据要素价值,进而促进工业化升级;③要素市场需要服务,数字催生新技术,转化成商品,搭建新平台等,需要创新传统服务方式,现在的任务是要推进政府数据和社会资源的开放共享,确保服务增值和运营效率的提升。

(四)数字贸易发展态势

1.ICT服务贸易先导性作用凸显

广义的数字贸易包括了以ICT进行交易的贸易方式,而由于ICT的便利性和低成本,ICT服务贸易在国际贸易中的先导性作用愈发凸显,成为带动数字贸易发展的重要动力。

借助网络技术的优势,ICT服务凭借自身天生的高数字化水平,将服务贸易的展示、交付和结算都在线上完成,大大提升了贸易的效率。随着信息技术的不断革新发展,全球信息通信网络日益完善,国家(地区)间的网络互联互通水平不断提升,以软件服务和信息服务贸易为代表的ICT服务贸易增长迅猛。数据显示,2010—2019年,全球ICT服务出口年平均增长率达到了8.7%。此外,ICT服务贸易还能通过为各类数字服务企业提供技术支持,带动辐射其他商品贸易和服务贸易的发展。

2.数字平台成为重要推动力

平台型数字商务代表了数字商务的很大一部分,联合国《数字经济报告(2019)》指出,近年来,全球涌现出大量基于数据驱动模式的数字平台,成为数字经济发展的重要引擎。数字平台不仅可以提供数字服务和数字产品,还可以以中介的形式为双方提供在线交易场所。交易方不仅可以通过平台提供的标准流程识别和执行合约,降低成本,还可以利用平台的风险保障等配套服务,减少风险。这使得整个交易过程更加便捷,交易更加安全。随着数字化和全球化水平的提高,国际数据交换更加顺畅,平台的业务范围也逐渐从平台公司所在国家(地区)扩展到全球,如微软、亚马逊、谷歌、阿里巴巴等。跨境业务可以充分发挥平台整合数据资源的作用,实现国际数据连接,构建全球数字生态系统。借助平台服务,国际贸易框架将进一步优化,全球数字服务分工将进一步细化,数字贸易平台将推动中国数字贸易服务深层次、宽领域发展,不断推进产业升级和服务流程细化。

**义乌小商品城
数字贸易"货款宝"**

3.经济服务化与服务数字化构建新增长动能

数字贸易具有跨界融合的特征,能够促进全产业链的深度融合。由于数字贸易的这一属性,伴随着实体产业的服务化趋势,服务这一要素在经济中的比重不断增加,经济向服务化趋势发展的态势更加明显,而建立在大数据基础上的数字技术进一步细化了服务的分工,改变了服务的生产和提供方式,使得大部分服务能够复制、存储,大大降低了服务供给的边际成本。数字贸易所带来的经济服务化和服务数字化将颠覆人们对传统服务贸易的认知,简化数字服务贸易的流程,提高数字服务贸易的效率,从而拓宽数字服务贸易的范围。商务部数据显示,2015—2019年,中国可数字化交付服务贸易规模从2000亿美元增长到2722亿美元,占服务贸易总额的比重从31%增长到35%。根据联合国贸易和发展会议(United Nations Conference on Trade and Development,UNCTAD)的数据,2016—2018年,中国数字化交付服务出口总额从933亿美元增长到1314亿美元,在服务出口总额中的占比从44.5%提高到49.3%;到2022年,我国可数字化交付的服务进出口额达2.51万亿元,居全球第五位。

4.数字技术拓展数字贸易全新场景

现代科技飞速发展,数字技术的不断突破和发展为数字贸易拓展了全新、可靠的场景。当前世界正进入数字经济飞速发展的时期,随着5G、ICT、区块链等数字技术的不断成熟与普及,与国际贸易相关的传统行业改造赋能的工作将持续加深。

受ICT技术的驱动,传统国际贸易尤其是服务贸易催生了海量数字化需求,数据能够传递比价格更加多元、更具有时效性的市场信息,推动了资源配置方式的革新。而5G技术凭借自身的互联网化和极强的拓展性,有效推动了贸易服务、产业机构与数字技术的深度融合。依托5G技术诞生的5G网络服务具有高速率、低时延、高可靠、广覆盖的优势,不仅能满足人们日常生活、工作、娱乐等方面的高质量需求,还渗透到物联网等领域,与农业、工业、交通、医疗等深度融合,实现真正的"万物互联",并催生新的数字服务产业的出现,激发数字贸易的潜能。2019年,美国、瑞士、韩国、德国、中国等国家的通信运营商纷纷推出后5G服务,专业信息服务商His Markit分析指出,中国将在5G建设中占据主要地位。中国信息通信研究院发布的《数字贸易发展白皮书(2020)》指出,华为、中兴通讯等公司与全球范围内的多家运营商建立了合作关系。

5.数字贸易经济引发国际经贸治理新挑战

贸易的数字化也对国际经贸的治理和监管提出了新的要求。一方面需要加强对数字内容、数字服务的保护和监管,另一方面则要应对数字贸易过程中税收问题的挑战。

在数字贸易中,大量数据随着数字服务和消费而产生,在数据的产生和应用过程中对其归属的认定极易产生争议,这要求对数字贸易的相关平台进行监管责任的认定。对数字贸易的交易过程中产生和使用的数据进行归属认定不仅关系到数字服务的生态和模式,更重要的是数据与消费者个人的隐私息息相关,尤其是"大数据杀熟""信息茧房"等问题的频出,导致消费者对数据算法公司所秉持的价值观和道德感愈加重视,这也对数字贸易监管者提出了更高的要求。此外,数字贸易中数据作为新型贸易标的物,同样拥有其自身的知识产权。数字贸易的发展推动了数字内容和数字服务的传播,数字贸易中所交易的数字产品及提供的数字服务需要进行明晰的产权界定和完善的产权保护。由于数字贸易中存储的数据和产品与互联网密不可分,可存储性、可复制性使其容易被不法分子窃取、剽窃,因此,对于数字贸易中的数字化产品和服务要重视其数据和算法的安全性,强化知识产权保护。

数字贸易作为贸易的一种类别,税收问题也是其无法回避的问题,对数字贸易的税收监管也成为当前全球各国亟须解决的共同问题。传统的国际贸易一直沿用的是目标地征税原则,但是就数字贸易来说,这种原则的适应性有待商榷。首先,数字贸易所交易的商品不仅包括有形商品,还包括无形的数字商品,对于这种特殊商品的征税尚未有统一的标准,也给海关增加了不小的难度。其次,许多数字贸易的流向难以准确界定,容易产生逃税避税的问题。2016年,美国的南达科他州就曾出现电商企业逃税的问题,有4家电商企业被提起诉讼要求缴纳欠下的税款。在数字贸易的背景下,数据信息的流通性过快,往往几秒钟数据已经变得面目全非,难以准确识别。信息不透明度的加深也进一步阻碍了对数字贸易税收的实时监管,导致国际上逃税问题层出不穷,给国际贸易的数字化带来极大的挑战。在未来,有望通过国际合作和联系,达成国际共识,借助现代科学技术加强对数字贸易的税收监管,例如数字认证、数字密钥等,以全球通用的标准应对数字贸易税收面临的新挑战。

(五)数字贸易的应用场景

1.数字贸易+农业

世界上大部分国家(地区)的农业生产模式基本上都属于小农经济,受土地规模的影响难以实现大规模机械化生产,随着近几年人工智能、物联网和云计算等大量数字化技术在中国农村的推广,"数字贸易+农业"的智慧农业形式在中国土地上遍地开花,大量农户凭借技术创新和差异化种植获得了新的竞争机会,不仅提高了土地的产值、降低了生产成本,还实现了高品质、多样化的农产品生产。智慧农业的普及也让数据成了最重要的生产资料,成为农业生产的重要因素,推动了行业、产业和企业的飞速发展。2020年,中国智慧农业市场规模达268亿美元。数字技术为农业产业链的交易端、仓储物流端、金融服务端带来了解决方案,从而进一步大幅提升了产业链的价值。"数字贸易+农业"的形式让中国的农产品在国际贸易中的竞争力得到了提升,扩大了贸易的规模,也将为全球农业经济与农产品贸易版图带来巨大的改变。

2. 数字贸易+制造业

数字贸易在制造业领域的一大典型应用是服务型制造。数字贸易中服务贸易的占比最大,而服务型制造是制造与服务融合发展的新型制造模式和产业形态。工业化进程中产业的分工协作不断深化,催生制造业的服务化转型,而新型信息通信技术等数字化技术的深度应用也进一步加速了服务型制造的创新发展。数字贸易深化了服务在制造业投入和产出中的应用,增加了服务要素的比重,不断引发数字服务的需求。在投入方面,以ICT服务为代表的生产性数字服务被广泛应用于制造企业的研发设计和生产制造等环节。以工业互联网为例,其通过互联网平台将设备、生产线、工厂、供应商、产品及客户串联起来,利用数字化技术手段重塑和完善产业链,形成生产要素的流通闭环,并优化升级了企业的生产流程,推动出口产品结构由单一产品向"产品+服务+标准"并重的转变,进而推进数字贸易服务化转型,增强贸易创新发展的内生动力。而从产出角度看,制造企业将生产过程中积累的专业工业知识转化为各类数字服务,由提供产品向提供全生命周期管理转变。例如,德国西门子公司凭借其在电子电气工程领域的优势,推出基于云的开放式物联网操作系统(MindSphere),帮助客户利用机器设备完成物联网海量数据的采集、存储、分析和应用。

3. 数字贸易+金融业

国际金融公司的
数字化金融转型

金融行业天生就与数据密切相关,其具有与生俱来的数字化发展潜力,也因此,金融业与大数据、互联网、云计算等数字技术的融合渗透程度要远远超过其他传统行业。在实际应用中,基于ICT技术的金融业务在跨国(地区)金融机构中盛行,通过数字技术将金融拓展为金融科技,提供数字化金融产品和服务。例如,高盛集团开启了科技赋能打造现代全能银行战略,持续对人工智能和区块链等前沿科学进行研究,打造了互联网直销银行GS Bank、网贷平台Marcus等自营互联网金融机构。与此同时,在国际支付方面,许多国家(地区)尝试发行主权数字货币,这将对国际支付体系造成冲击。

无论是数字贸易还是信息贸易都比较重视供应关系及市场要素,认为市场环境和供应关系这两个要素的重要性超过了产品本身。这便要求不同行业必须全面地把握相关的信息,从长远的角度出发来合理地预测市场发展情况,从而帮助企业更好地预测市场,为企业更好地发展和经济规模的扩大奠定良好的基础。同时,获得低成本优势和寻求产品差异性是信息贸易和数字贸易在国际贸易中竞争优势的来源。数字技术的应用大大拓展了数字贸易的场景,与农业、制造业和金融业等传统行业的融合拓宽了数字贸易服务的范围,加快了产业的融合,有利于打造数字化的全产业链条。

　　总而言之,在国际经济贸易领域中应用大数据技术,能有效充实国际经济贸易的内容,借助信息优势和技术优势对国际经济贸易的发展起到推动作用,为从事国际经济贸易的企业提供了机遇和挑战。

思考题

　　1. 大数据背景下国际贸易面临哪些困境和机遇?

　　2. 大数据给国际贸易带来了哪些风险? 如何推动大数据与传统国际贸易的结合?

　　3. 跨境电子商务的基本含义是什么? 其特征是什么? 其与国际贸易和境内电子商务有什么区别?

　　4. 我国跨境电子商务发展态势如何?

　　5. 大数据技术如何影响跨境电子商务选品?

　　6. 大数据是怎样影响跨境电子商务企业商业模式创新的?

　　7. 信息贸易指的是什么? 它有哪些类别?

　　8. 狭义和广义的数字贸易的内涵分别是什么? 他们有什么区别?

　　9. 数字贸易的发展态势如何? 有哪些典型应用场景?

▤ 第四章小结

第五章

大数据与国际金融

导入案例

厦门国际银行上线福建大数据交易所"数据经纪人"首个应用场景

2023年5月25日,厦门国际银行上线福建大数据交易所"数据经纪人"首个应用场景——国行数字消费服务,并推动率先应用于兴安贷+、好康贷等数字消费类贷款产品,实现对借款人信用资质的有效评估,为实体小微企业提供更加高效的金融服务。

作为福建大数据交易所首批"数据经纪人",厦门国际银行总行和分行相关部门联合成立的专项工作组入驻福建大数据交易所,以"国行数字消费服务"作为首个数字金融应用场景,创新性应用数据建模、区块链存证等技术,实现从0到1的数据交易实践突破。这也是厦门国际银行福州分行助力新市民安居乐业和促进本地消费提升的创新性举措。"我们将以此为起点,持续深化与福建大数据交易所的数据赋能应用场景合作,打造具有自身特色的本地化数字金融服务,将金融活水更好地引入地方经济建设和实体经济发展中,为服务经济高质量发展创实效、建新功。"厦门国际银行有关负责人表示。

数据要素是数字经济的核心资源,也是银行数字化转型的重要支撑。厦门国际银行坚持数字化、智能化引领的理念,不断加快数字化转型步伐,充分应用金融科技手段建立高效可靠的数据资产管理体系。近年来,该行通过建立大数据应用平台、搭建企业级金融数据模型、引入数据挖掘、决策引擎和外部数据管理平台等各类数据服务工具,持续提升数据服务与分析应用能力。目前,厦门国际银行通过数据服务快速响应市场变化与产品创新,已形成了业务数据化、数据资产化、资产服务化、服务业务化的银行数字经营模式的闭环,为全面推进银行数字化转型提供核心数据能力。截至2023年一季度末,该行已引入新市民身份识别、个人社保、公积金、工商、司法、税务等超21类外部数据服务,单月查询服务次数超千万次,围绕客户营销与风险防控等重点场景,逐步深化大数据应用。

下阶段,厦门国际银行将与福建大数据交易所开展长期合作,遵循"长期合作、优势互补、安全可控、创新发展"的基本原则,共同探索和挖掘公共数据、社会数据和数字金融的融合应用及可持续协调发展,赋能普惠金融。

【资料来源:厦门国际银行上线福建大数据交易所"数据经纪人"首个应用场景[EB/OL].(2023-09-04)[2024-02-13].https://www.xib.com.cn/xib/gygx/gxdt/20230904 15375700978/index.shtml.】

【学习目标】
1. 了解如何利用大数据进行国际收支统计工作
2. 熟悉将大数据应用到外汇领域中存在的障碍
3. 理解大数据应用到外汇中的思路

4. 掌握大数据时代下国际金融存在的问题

5. 学会利用大数据发展国际金融

第一节　大数据与国际收支

一、相关概念

(一)国际收支

国际收支是国际金融体系中最常用也最为重要的概念之一,在不同情况下,它具有不同的含义,随着国际经济联系的扩大和发展其定义也在不断丰富。

1.狭义的国际收支

一个国家(地区)在一定时期内,由于政治、经济、文化等各种对外交往而发生的、必须立即结清的、来自其他国家(地区)的货币收入总额与付给其他国家(地区)的货币支出总额的对比即为狭义的国际收支,它具有两个特点:一是以支付为基础,只有现金支付的国际经济交易才能计入国际收支;二是外汇的收支,必须立刻结清。

2.广义的国际收支

二战之后,国际经济活动出现了新的发展,无论是对外贸易收支还是外汇收支,都无法准确全面地定义国际收支,因此,只有广义的建立在全部经济交易基础之上的国际收支概念才是一个完整反映一国(地区)对外经济总量的概念。

国际货币基金组织对国际收支做了如下定义:所谓国际收支是指以统计报表的方式、对特定时期内一国(地区)的居民与非居民之间的各项经济交易的系统记录。

(二)国际收支平衡与失衡

均衡指的是影响国际收支的各种行为力量相抵消以后形成的某种稳定状态,而平衡指的是各账户会计意义上的相等。

国际收支平衡或失衡,主要是针对自主性交易而言的,若一国(地区)国际收支不必依靠调节性交易而通过自主性交易就能实现基本平衡,就是真正的国际收支平衡;反之,就是国际收支失衡[①]。由于它反映的是一国(地区)对外经济活动,因此也被称为外部平衡或失衡。

1.自主性交易

自主性交易指的是个人或企业出于某种主观目的而进行的交易。自主性交易通常包括经常项目、资本和金融项目中除去储备资产外的其他项目代表的交易活动。这类经济交易是为了一定的经济目的而自主进行的,各个投资者和交易者事先并未考虑国际收支平衡问

---

① 马润平.金融学[M].北京:中国金融出版社,2015.

题,具有自发性和分散性的特点。

2.调节性交易

调节性交易是指中央银行为了调整国际收支差额、维持国际收支平衡、维持货币汇率稳定而进行的各种交易。它是在自主性交易项目出现差额时,由政府出面,动用本国的黄金、外汇等官方储备,或者通过中央银行、国际金融机构借入资金来弥补自主性交易带来的收支差额。此类交易是在自主性交易后发生并进行的,其目的在于调整自主性交易差额,具有集中性和被动性等特点。

(三)国际(地区间)收支平衡表

国际收支平衡表也称国际收支差额表,它是系统记录一国(地区)在一定时期内所有国际经济活动收入与支出的统计报表,一国(地区)与其他国家(地区)发生的一切经济活动,不论是否涉及外汇收支都必须记入该国(地区)的国际收支平衡表中。各国编制国际收支平衡表的主要目的是全面了解本国(地区)的涉外经济关系,并以此进行经济分析,制定合理的对外经济政策。

国中国国际收支
平衡表示例

由于国际收支平衡表所包含的要素非常多样化,在大多数情况下,这些要素都是各国(地区)根据其不同的需要,按照各种具体情况而定制的,因此在内容上它们有很大的不同,但在基本结构上还是大致一致的,可以分为4大类,即经常项目、资本和金融项目、储备资产、净误差与遗漏。考虑到教材的实用性,本书会以我国的国际收支平衡表为例进行说明。

1.编制原则

境内国际收支平衡表是以国际货币基金组织《国际收支和国际投资头寸手册》第六版规定的各项原则进行编制的,记录的是境内居民与非境内居民之间的交易。货物和服务的出口、收益收入、接受的货物和资金的无偿援助、金融负债的增加和金融资产的减少都是国际收支平衡表中的贷方项目;而货物和服务的进口、收益支出、对外提供的货物和资金无偿援助、金融资产的增加和金融负债的减少则是国际收支平衡表中的借方项目[1]。

2.国际收支平衡表的项目类型及含义

根据《国际收支和国际头寸手册》第六版,国际收支平衡表的项目类型包括经常账户、资本账户和金融账户、净误差与遗漏。

(1)经常账户

经常账户包括货物和服务、初次收入和二次收入。

货物是指通过中国海关的进出口货物,以海关进出口统计资料为基础,根据国际收支统计口径要求,出口、进口都以商品所有权变化为原则进行调整,均采用离岸价格计价,即海关统计的到岸价进口额减去运输和保险费用;出口沿用海关的统计,出口记在贷方,进口记在

---

① 逯宇铎.国际市场营销学[M].2版.北京:机械工业出版社,2009.

借方①。

服务包括运输、旅游、通信、建筑、保险、金融服务、计算机和信息服务、专有权使用费和特许费、各种商业服务、个人文化娱乐服务,以及政府服务,贷方表示收入,借方表示支出②。

初次收入包括职工报酬、投资收益和其他初次收入三部分。

二次收入指居民与非居民之间的经常转移,包括侨汇、无偿捐赠和赔偿等项目,表现为货物和资金两种形式。贷方表示外国对中国提供的经常转移,借方反映中国对外国的经常转移。

(2)资本账户和金融账户

资本账户是指居民与非居民之间非生产非金融资产的取得和处置。

金融账户是指中国对外资产和负债的所有权变动的所有交易,包括直接投资、证券投资、金融衍生工具、其他投资和储备资产。

(3)净误差与遗漏

国际收支平衡表采用复式记账法,由于统计资料来源和时点不同等原因,造成借贷不相等。如果借方总额大于贷方总额,其差额记入此项目的贷方;反之,记入借方。

二、大数据在国际收支中的应用

各种不同的外汇业务工作是以国际收支统计为基础的。外汇数据化、信息化在提高外汇管理工作效率的同时,也为我国的外汇管理相关人员带来了巨大的挑战,主要包括:大数据提高了国际收支统计工作的透明度,使得社会对国际收支统计工作的关注度上升;工作方式亟待调整;统计队伍面临转型;如何对海量的交换数据进行准确的分析和监控等。2015年7月1日,国务院办公厅发布了《关于运用大数据加强市场主体服务和监管的若干意见》,明确要求充分利用大数据、云计算等现代信息技术,促进市场公平竞争,释放市场主体活力,提高政府服务水平,进一步优化发展环境。这标志着中国大数据时代的到来。

大数据已经被逐步应用在国际收支统计工作中,包括主体申报、政策制定、信息监管等环节。国际收支统计稽查人员可以通过相关支付统计和收款系统,对大量申报数据的真实性、准确性和完整性进行核验。由此可知,将大数据应用于国际收支统计系统这一想法越来越得到重视,要做好国际收支统计工作,不仅要有大数据的思维方式,还要掌握领悟大数据的技术方法,从而进一步提高外汇管理效率,提高外汇管理局的检测、分析、服务能力③。

(一)大数据对国际收支的影响

1.金融机构数据的集中处理迫使申报管理方式转型

"互联网+"的发展使越来越多的分散业务向集约业务转变。伴随着电子银行取代银行网点,智能客服取代人工客服,数据后台处理中心逐渐成为各个银行的大数据中心,很多银行的国际收支统计申报业务已经由后台处理中心统一处理,包括数据的报送、修改,甚至是核查、跟踪、反馈模块数据等。由于对数据进行集中处理,经办银行的国际收支申报部门及

① 钱大业.货币银行学[M].上海:上海科技教育出版社,2005.
② 朱庆华.国际经济学[M].济南:山东人民出版社,2011.
③ 宋依玲.对大数据时代国际收支统计工作的思考[J].金融经济,2015(12):219-220.

一线网点都不同程度地减少了对国际收支统计申报业务的了解和跟踪,对数据状态也不再关心,相应的国际收支申报属地管理也面临着架空的局面①。

2.大数据影响国际收支统计工作方式

在大数据浪潮的背景下,数字化的跨境资金流动记录、直接与间接申报数据、抽样调查信息等大大增加了国际收支统计部门收集数据的方式方法,统计工作方式也势必发生调整。一方面,人们对数据的需求层次、质量要求、细化程度不断提高,数据波动的背后都隐藏有经济金融政策的综合影响,单一的数字分析已经无法适应当前国内外政治经济飞速变化的形势需求;另一方面,面对大量的申报数据,可疑涉外收支交易情况的获取难度加大,熟练掌握外汇非现场监测方法,加强非现场数据筛查,有的放矢开展现场核查,在数据的处理分析方面变得更加重要。

3.大数据对国际收支统计数据质量提出更高要求

根据国家外汇管理局湖南省分局对国际收支近年来的外部分析和验证,发现国际收支申报中存在大量错误,错误类型包括交易代码和附言错误、交易对手国错误、申报主体错误、基础信息缺漏等16项,银行不积极落实"三个发展原则"的要求集中送报申报信息,柜员没有个人收支申报操作权,无法确保国际收支统计数据的真实性和准确性。此外,国家外汇管理局对《涉外收支交易分类与代码》(2014年版)中的交易代码、交易附言和索引解释进行了进一步的调整。除了统计口径和数据对比的变化外,银行出纳员适应新交易代码、交易附言等项目的程度差异,也对国际收支统计质量产生了一定的影响②。

(二)大数据强化国际收支审计工作

国际收支业务监管工作面对海量的外汇交易数据和日益增多的事后监管、数据核查分析工作,其内部审计环境已经发生了变化,大数据的应用及工作信息化使得国际收支的内控缺失认定更加困难,而现有的外汇风险防控模式又难以与大数据管理模式相适应,此时,计算机辅助审计技术就显得尤为重要。

外汇管理各业务处于交错复杂的多维数据环境,获取更深层次的细分领域信息较为困难。计算机辅助分析技术凭借其快速的处理能力和自动化的操作方式,使得"大数据"分析成为可能,并能够快速地对数据进行分类、分层、关联和聚合,帮助审计人员发现数据的更多细节,找到审计的关注点,使得大数据更好地服务于国际收支监管体系。

1.审计内容

目前可以将国际收支业务分为三大类:数据质量控制、监测分析和银行管理。除了现场核查审计辅助数据一般不涉及系统操作,剩下内容可以使用计算机进行辅助审计(见表5-1)。

---

① 王娜.数字经济发展推动国际收支统计转型[J].青海金融,2019(10):27-29.
② 宋依玲.对大数据时代国际收支统计工作的思考[J].金融经济,2015(12):219-220.

表5-1 国际收支业务事中事后监管事项梳理表

国际收支监管事项	具体监管事项	审计内容	是否利用计算机辅助技术开展审计
数据质量控制	间接申报非现场核查	是否将非现场核查发现的错误或疑问数据及时督促境内银行进行反馈或修改,并跟踪数据修改情况	是
	间接申报现场核查	是否每年至少对辖内4家银行进行现场核查,核查结束后是否对核查情况进行集体评价和审议,核查档案是否齐全	否
	直接申报非现场核查	是否按期完成对辖内申报主体当期报送数据的非现场核查,并督促其进行整改	是
	直接申报现场核查	是否按期完成对辖内直接申报主体的现场核查,核查档案是否齐全	否
	结售汇统计非现场核查	是否按期对辖内报送的结售汇数据开展非现场核查,并督促问题银行进行整改	是
	结售汇统计现场核查	是否按期完成对辖内银行报送的结售汇数据的现场核查,核查档案是否齐全	否
	银行卡境外交易信息统计非现场核查	是否至少每月对辖内法人机构报送数据进行1次核查,并对发现的错误或疑问数据及时督促其进行反馈或修改	是
	贸易信贷统计调查	抽样调查数据是否准确,对发现的错误或疑问数据及时督促申报主体进行修改	是
监测分析	国际收支形势分析	国际收支形势分析数据与系统数据是否存在较大偏差	是
	进出口企业问卷调查	是否及时对企业报送问卷的及时性和准确性进行审核	是
银行管理	结售汇市场准入变更、退出	银行结售汇备案是否合规、备案资料是否齐全	否
	银行考核	是否按规定及时准确地将银行执行外汇管理规定情况纳入考核	是

2.审计思路

根据内部审计工作的需要,利用数据挖掘工具对被审计对象信息系统中的数据库文件进行采集,并对原始数据进行转换、整理,通过运用比对、检查、抽样、判断等技术方法进行人工分析,从中发现异常和错误,从而实现审计目标。其主要环节包括:提出需求、数据采集、数据预处理、数据分析和成果利用5个阶段(见图5-1)。

图5-1 国际收支业务监管计算机辅助审计主要流程

3.审计数据采集

由于目前大多数外汇业务系统没有预留审计接口,为获取相关审计数据,主要采用以下两种方法进行数据采集:一是利用应用系统的数据查询导出功能进入被审计对象相关业务系统进行数据查询和采集;二是运用总局跨境资金流动监测与分析系统中的嵌入式数据分析模块,自行从后台数据库采集数据。

4.审计方法

(1)系统登录查询法

这种方法就是登录系统查询审计所需的关键数据信息,审核员查阅和核实系统所需的各类信息,以查明被审计对象有没有及时、准确地发现被监管对象的问题,并及时对相关银行进行监督和整改。

(2)数据分析法

该方法主要适用于统计类业务,使用各种计算工具对数据进行二次加工处理,从而发现异常线索。

(3)编写结构查询语言法

该方法主要适用于系统数据全面完整的业务,审计人员可通过跨境资金流动监测与分析系统中的明细查询和汇总查询功能,编写结构查询语言,筛查出审计期内的可疑业务,为审计取证提供参考[①]。

(三)大数据时代做好国际收支统计工作的重点

1.加强国际收支申报宣传

大数据时代的到来使得国际交流越来越紧密,因此国际收支申报所涉及的范围和人群也不断扩大。各级外汇管理部门要建立长效机制,把国际收支的统计、报告和公布作为一项长期的经常性工作。不断探索国际收支统计的形式和方法,大力宣传国际收支申报义务,让群众了解到国际收支申报的重要性,推动群众积极主动地参与其中。可以利用广播、报纸、电视等媒体进行宣传,扩大宣传面;此外,我们还必须提高数据发布频率,进一步提升国际收支统计的透明度,密切与公众的联系,使大数据的效能最大限度地发挥出来[②]。

2.加强职能部门间的合作

各级外汇管理部门要加强与中国人民银行、银保监会、海关、商务部等部门的密切联系,建立稳定高效的数据交流与合作机制,密切关注国际贸易、投资和资本流动的新动向,及时了解金融衍生品发展的新趋势及其对国际收支的影响,争取金融衍生品对国际收支统计的支持。同时,要主动加强与有关国际金融机构的沟通,相互反思和借鉴国际收支统计标准应用过程中出现的新问题、新成果,进一步改进国际收支统计工作方法[③]。

① 杨瑾.计算机辅助审计在国际收支业务监管中的应用探索[J].西部金融,2019(11):49-51.
② 隋健,庞治强.提高国际收支统计申报质量[J].中国外汇,2013(23):78.
③ 宋依玲.对大数据时代国际收支统计工作的思考[J].金融经济,2015(12):219-220.

3.加大统计数据监测利用

根据我国的实际特点,建立完善的国际收支分析框架及全面精确的指标体系;积极开展区域性的国际收支统计工作,在数据质量可靠的情况下力求分析结果的准确性,同时,信息共享和相互监督可以通过建立协同监督平台和签署备忘录来实现。除此之外,还可以对金融、市场监督、税务、物流、年检、网站信息、竞争对手进出口等信息数据进行挖掘、验证和组合,实现"在线追溯",提高数据真实性、完整性和及时性,充分利用国际收支涉外收付款统计系统和跨境资金流动监测与分析系统,全方位、多角度、持续性地掌握跨境资金的流量、流向、性质和背景,高效高质地履行好监测分析工作[1]。

4.加强国际收支统计队伍建设

要做好国际收支统计工作,人才建设是其中不可或缺的一环。积极适应大数据时代的要求,培养具有理论水平、精通统计实践、能够适应大数据时代的优秀人才,成为必然。各级外汇管理部门要积极营造国际收支统计人员敢于创新、敢于交流、敢于脱颖而出的创新环境;加快复合型人才培养,注重人才轮换交流,改善统计员的知识结构,培养既懂经济统计又善于监测分析的综合型人才;加强对外汇机构和金融机构国际收支统计人员的职业培训和指导,深入解读新的汇率政策和国际收支统计标准,提高业务素质和水平[2]。

第二节　大数据与外汇

一、相关概念

(一)汇率

汇率又称汇价、外汇牌价或外汇行市,它是两国(地区)货币的相对比价,或者说是一国(地区)货币折算成另一国(地区)货币的比率;外汇是一种特殊商品,而汇率就是这种特殊商品的价格[3]。汇率具有双向表示的特点,既可以用外币表示本币的价格,又可以用本币表示外币的价格。

(二)外汇

外汇是指以境外货币表示的并可用于国际结算的信用票据、支付凭证、有价证券及外币现钞。外汇的含义可以分为狭义外汇和广义外汇。

狭义的外汇指的是以外币表示的可用于国际结算的支付手段,有以下几个特征:一是外汇不包括相对性(外)本币、黄金。二是可国际支付性。在支付方式上,外汇一定是某种国际

---

① 刘素珍,袁志方.基层人民银行国库支持社会反腐的路径分析[J].金融经济(理论版),2015(12):220-221.

② 同上.

③ 陈建忠,曹金飞,余敏丽.国际金融[M].4版.北京:电子工业出版社,2017.

结算的工具;在支付能力上,外汇必须是真实的。三是可兑换性。非自由兑换的外币所表示的支付手段不能被视为外汇①。狭义的外汇概念强调对外汇兑,主要用于银行业务,通常指外汇票据(汇票、支票、本票)和外汇存款,其中外汇存款是主体。

广义的外汇是指以外币表示的可以用作国际清偿的支付手段和资产,概念强调对外债权,适用于国家(地区)的外汇管理,包括境外货币、外币支付凭证、外币有价证券、特别提款权及其他外汇资产②。

(三)外汇市场

外汇市场是进行外汇交易的场所,是国际金融市场的有机构成部分。在外汇市场上,各种经营外汇业务的机构和个人,通过各种通信工具进行外汇买卖。

自2015年以来,由于外部环境的不确定性增加,以及中国经济进入"新常态",中国外汇市场多次经历了资本外流导致人民币贬值的负螺旋。中国逐步形成了外汇领域微观监管的"三大支柱"框架,以确保外汇市场的稳定运行,即实需管理、行为监管、审慎监管。通过制定谨慎的指导方针,我们可以避免由个体风险引起的系统性风险③。

二、大数据监管在外汇市场的应用

互联网背景推动了经济全球化,大数据背景更是推动了我国外汇业务在各方面的进展,无论是外汇存贷款还是外币兑换等业务都出现了新的发展机会。大数据技术能对海量数据进行快速有效的分析处理,将其用在汇率标准或其他外汇业务数据处理中最合适不过。所以,可以说大数据技术有利于提高外汇业务管理水平。但同时,两者的结合对后者来说可能也是个挑战,如果不能使外汇业务的经营事项和注意点与大数据集中背景相适应,外汇业务管理就容易出现各种问题④。

从大数据监管在外汇市场中的应用现状来看,其具体的应用情况可以从以下两个方面来体现:第一,利用大数据技术采集外汇信息,保证信息的真实性,并在采集的过程中监管信息。通常来说,大数据监管在外汇市场中的采集工作内容主要包括业务信息的采集、跨境数据的采集和银行外汇信息的采集。业务信息的采集主要是通过专业部门录入的,其数量和信息量较少。跨境数据通常是共享的,其主要内容包括进出海关的信息,通过海关记录进行的数据交换,其信息的情况和基本的规范流程需要进一步地加强和研究。而银行外汇信息,其内容主要包括已经涉外的交易信息、银行的账户信息、销售信息和用户信息。同时,银行外汇信息的监管还包括对外负债情况的信息,以及现金和外币存取情况的信息。第二,安排脱离现场的监管工作。目前在大数据监管技术的应用下,外汇市场的管理工作可以通过外汇业务的信息采集凭条和涉外资金的监管平台来进行,通过大数据技术的应用,可以让外汇市场的监管工作突破空间限制,实现远程监管。这种通过导入外汇框架的模式,能够在导入的过程中分析外汇信息和挖掘交易风险点,进而使外汇数据的价值被最大化地利用。

① 陈建忠.国际金融[M].3版.北京:电子工业出版社,2012.
② 叶立新.货币银行学[M].北京:科学出版社,2009.
③ 张潇.大数据技术助力外汇领域微观监管[J].信息系统工程,2020(12):32-33.
④ 何冰.大数据背景下的银行外汇业务管理分析[J].中国国际财经(中英文),2018(3):242.

三、大数据监管应用到外汇市场所面临的问题

(一)内部监管数据整合深度不够

从目前的发展趋势来看,大数据监管技术主要应用于外汇系统的内部,即针对内部数据处理系统进行革新,强调的是对数据的深层次整合、多维度拓展。通过这种方式可以实现外汇数据的有效利用,提高外汇信息价值性和效益性。但是,目前各级外汇管理部门按照属地管辖原则,区分国际收支中经常账户和资本账户的业务条线,实施从总局到分局再到中心支局的系统管辖,各个部门之间较为独立,信息的独立性强,工作内容有所重叠,缺乏对信息数据的共享,导致地区之间、业务系统之间监管数据内部整合深度不够。各系统之间的相关信息存在数据统计口径不一致,关联度不高的情况,信息之间缺乏相互校验。如资本项目系统中直接投资流入与流出、外债提款登记、还款登记等数据与国际收支系统数据中相应交易编码项下数据统计均存在一定差异,这就使得仅存于内部的大数据技术不能更好地实现部门数据信息的分阶段管理,不利于大数据监管决策,从而导致监管工作的开展效果不佳。

(二)采集数据的过程较为困难

在外汇市场中,数据信息的采集工作是应用大数据监管技术的先决条件和前提依据,数据信息不仅能够影响外汇市场监管的质量,还能直接影响外汇市场的实际发展,是需要格外重视和关注的。但是,在现阶段的外汇市场监管过程中,数据的采集工作较为困难。一方面,现阶段的外汇服务平台的应用情况存在问题。比如在进行信贷调查和数据记录时,外汇服务采用的是手工录入的形式,这一形式难免出现问题和纰漏,具有较大的风险性。同时,对于银行来说,其主要的数据来源是自身的业务数据,而这些业务数据并不是银行核心系统的直采数据,而是通过银行的报送数据平台收集而来的,在源头上不能杜绝底层数据与统计数据不一致的现象[1]。另一方面,大数据监管技术的应用离不开外汇市场,而外汇市场有着一定的复杂性和多样性,其交易的主体和数据的报送流程较为复杂,其数据处理的形式较为多元,进而使得大数据监管技术在应用过程中难以分析整合相关数据,对数据信息的分析效果较差,分析效率低下[2]。银行数据采集流程如图5-2所示。

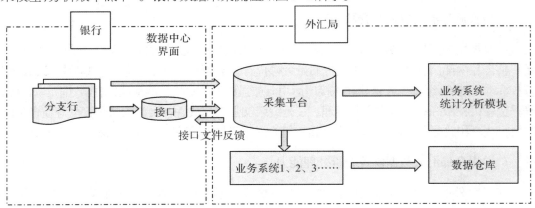

图5-2　银行数据采集流程

① 袁峻伟.刍议大数据监管在外汇市场中的应用[J].中国外资,2020(8):5-6.
② 赵娜,张双英.外汇市场大数据监管探索[J].中国金融,2020(16):72-73.

(三)外汇检查电子化进程缓慢

这主要是因为相关的电子数据利用率低。外汇业务产生的数据是海量的,利用大数据技术将其采集整合到一起,但对其进行利用或管理,得需要定期定量完成数据的传输。这对于外汇检查任务来说,意味着这些数据在利用上存在一定的时滞性。在利用它们时,这些数据可能已经成为历史数据,还需要一定时间来完成这些历史数据的整合,这对外汇业务处理效率来说起不到积极作用。另外,外汇业务的这些数据在永久储存之前,还要经过多重审核,主要审核部门是分支局,分支局拥有数据的审核权,但并不完全拥有数据的使用权,导致其无法自由使用外汇数据[①]。

1.应用机制存在漏洞

大数据时代的到来让我们所掌握的数据越来越庞杂,同时数据管理也变得更加复杂,这要求我们必须在数据安全和信息访问权限方面制定更加严格的标准。首先,数据信息满足了外汇管理业务发展的需要,这在一定程度上降低了管理成本。其次,信息安全的重要性也变得越来越重要。因此,系统数据必须准确且安全。应该清楚的是,任何数据的丢失和损坏都将严重影响外汇交易的正常运作。目前,国内外汇市场对大数据的应用没有明确的规定,数据规范应用的制度和监管流程还不完善,这使得大数据监管技术的广泛推广和应用存在一定的难度。

2.缺乏专业的人才和技术

大数据监管技术应用到外汇市场是个"技术活",其应用体系有着较高的技术要求,为了确保系统的更迭速度,要投入很多人力物力。但是,我国的大数据人才储备严重不足,使得外汇市场应用大数据监管技术缺乏必要的人员基础。与此同时,由于大数据技术发展时间较短,技术发展有时跟不上实践需求,无法有效分析整理数据。因此,大数据监管技术发展模式应用到外汇市场依旧处于初级阶段[②]。

四、外汇市场大数据监管效率的提高

(一)实施外汇大数据监管数据采集

一是加快内部数据整合。破除地区与地区之间、业务条线之间的人为壁垒,加快数据整合、系统整合和内部信息共享。二是数据质量大幅提升。需要进一步规范金融机构数据接口的规划和标准化建设,逐步扩大企业联机接口运用。加强数据校验和日常管理,加强数据质量管控,确保金融机构做好数据日常校验管理。三是继续加强与海关、税务、市场监督管理等监管部门的材料共享和数据交换,通过建立界面接口等方式采集数据,降低人工成本,提升信息含量。

(二)提升外汇大数据监管分析处理能力

在国家外汇管理局层面建立大数据应用模式、应用规划,有组织地开展大数据应用探

① 何冰.大数据背景下的银行外汇业务管理分析[J].中国国际财经(中英文),2018(3):242.
② 袁峻伟.刍议大数据监管在外汇市场中的应用[J].中国外资,2020(8):5-6.

索。加强对分局外汇监管人员的快速数据分析培训,特别是对聚类分析等比较成熟的应用模式有计划地开展短期、中长期统计技能培训。针对国际收支形势变化的复杂性和多变性,充分利用分局一线人员的业务专业性,利用机器学习算法构建模型,如监督学习、无监督学习模型,同时对个人分类监管名单、地下钱庄和虚假交易负面主体信息等方面开展实时监测,提升外汇管理效率。

(三)完善大数据应用平台及应用场景

一是加快本外币一体化跨境监管分析平台建设,对分散采集、集中处理、高效运算的跨境资金流动实施大数据监管,形成完备的数据仓库,实现包括个人、企业和金融机构等主体的本外币、全时间、全方位、立体化监管。如将本币数据纳入跨境流动分析平台等。二是完善外汇管理局网上应用服务平台建设,推动网上"政务服务"平台在数据采集、统计分析和数据挖掘等方面的应用,实现外汇传统业务、"互联网+"与大数据监管的深度融合。三是探索人工智能在外汇微观监管领域的应用。如在外汇非现场检查分析系统中,创建历史案例电子数据库,利用人工智能提取知识和关键信息特征,开展异常跨境流动行为的线索排查和分析预警等。

五、大数据分析方法在外汇管理领域运用的具体思路

随着信息化、网络化的发展,大数据技术的广泛应用帮助我们找到更具价值的信息,它可以快速有效地从各种外汇信息中提取有价值的数据,进行统计分析。基于大数据技术构建外汇管理系统是符合当前要求的,可以采取的措施如下。

(一)打造大数据监管中心,探索构建各类监管模型

设立大数据监管中心,整合各业务系统数据及互联网外部数据,构建各类监管模型,多层次、多角度、全方位地对各类主体交易数据实施监管及风险防控,探索实现主体监管、本外币一体化监管等,提升监管效率。

一是交易数据监管。将当前各项法规、政策、制度数字化,建立合规性核查模型,通过对交易信息进行模拟仿真测试,获取交易数据的边界条件,判断交易的合规性,自动报告不合规交易。二是交易风险预警。通过对以往违规的交易进行分析建模,结合当前的经济金融形势,对每笔交易进行风险分级,自动报告高风险的业务数据。相关部门核查后,继续对模型进行完善。三是主体监管。以企业或集团公司为主体,整合利用全方位数据,运用神经网络等技术对主体的投融资、结售汇、资金管理与调配等内部交易行为进行分析,了解不同类别主体的异同点,对主体进行适当性分析评测,及时识别潜在违规行为。

(二)预测汇率、跨境收支走势,了解并引导市场预期

通过收集影响汇率变动、跨境收支相关因素信息,建立模型预测汇率、跨境收支走势,并通过机器学习等方法,自动或人工调整模型,不断提升预测结果的准确性,同时掌握市场预期,及时进行引导。

一是汇率走势预测。整理收集通货膨胀、利率、政府债务、市场心理等影响汇率变化的信息,通过回归等各类模型方法,分析某一项或多项信息与汇率之间的关系,预测特定时间

段汇率走势。二是全国或地区跨境收支形势预测。整理收集行业价格、汇率、经济金融形势等外部信息,观测、分析经济金融形势、汇率、人民币即期交易差价等对地区跨境收支或进出口的影响,预测跨境收支或进出口走势的变化。三是掌握人民币汇率市场预期。收集网络上关于人民币汇率的相关信息、搜索频率等,通过文本分析等方法了解人民币汇率走势的市场预期,便于适时采取引导措施。①

(三)舆情实时监测,快速预警反馈

整理收集互联网各大网站的信息资源,尝试从数据情感分析角度对文本评论数据加以判断并分析所隐藏的信息。

一是获取政策反响。收集各大网站对某项政策的相关评论,通过深度学习、语义网络等多种数据挖掘模型,对数据做出分析,从数据角度反映政策执行效果及反响。二是设立舆情监测平台。运用数据仓库、文本分析、机器学习、神经网络等技术手段对金融敏感信息、舆论情况、政策解读反响等进行实时监测、分析,全面覆盖公共新闻网站、行业网站、微博等信息平台,在第一时间捕获相关舆情,并及时发送分析报告,合理引导市场预期。

(四)对外汇服务平台进行动态、可持续、有序改造

逐步建立一套高效率的外汇综合信息平台,这是一个可分散采集、集中存储、快速处理的平台,基于大数据技术,做好顶层设计,建立起行之有效的运行机制。也应该注意外汇数据采集的规范,根据不同的数据主体、金融机构、企业和个人,建立面对不同的主体、覆盖不同领域,并且实时更新的外汇大数据,为实现信息互通、网络互联、信息共享奠定基础。在实施过程中要注意规范应简单易行,尽量不给外汇主体增加过多的负担。

(五)外汇管理部门科技人员的转型问题

在信息技术的基础上,培养出一支既懂技术又懂业务的专业队伍,提升数据加工和使用效率,充分挖掘更大的信息价值。

一是转变理念,充分利用大数据进行分析,提升监管效率。一方面,注意从大量的数据中发现数据内部的关联与逻辑关系,并且归纳总结出相应的规律。另一方面,外汇管理部门的职能发生了转变,从制定规则的角色转变成风险判断的角色,这就需要从数据中找到规律和关联,并且识别风险。这也要求有关部门转变观念,在传统的框架之外,探索新的理念,引入前沿技术,进行分析,提高监管效率。

二是以区域为试点开展大数据分析工作。大数据分析已经运用于市场,但是在外汇管理方面还不成熟,没有完整的体系,选取部分试点进行研究,尝试与外部地区合作,借鉴成功的经验及各类监测预警和预测模型,不断探测大数据分析在外汇管理中的作用。

▣ 大数据提高
外汇管理效率

---

① 徐珊,李慧强.对大数据分析在外汇管理领域运用的思考[J].金融纵横,2017(9):87-92.

第三节　大数据与国际金融市场

一、国际金融市场的相关概念

金融即资金的融通,金融市场即指由资金融通所形成的各种关系的总和。根据市场经营范围和地点的不同可分为境内金融市场和国际金融市场。境内金融市场的交易是在境内居民之间进行的,国际金融市场的交易在居民和非居民、非居民和非居民之间进行的。

从广义上讲,国际金融市场包含了各种国际金融业务活动的场所和关系,具体包括国际外汇市场,国际货币市场,国际资本市场,国际黄金市场,国际金融期货、期权市场及其他国际金融衍生品市场[①]。

在广义的国际金融市场中,国际外汇市场是各国(地区)货币兑换流通的场所,其规模和效率直接决定了其他市场的生存发展,是国际金融市场的前提和基础。狭义的国际金融市场是指国际经营借贷资本即进行国际借贷活动的市场,包括国际货币市场和国际资本市场。国际金融市场的分类如表5-2所示。[②]

表5-2　国际金融市场

分类标准	类别
以融资对象为标准	资金市场、外汇市场和黄金市场
以融资期限为标准	短期资本市场、长期资本市场
以市场功能为标准	发行市场、流通市场
以地理范围为标准	地方性金融市场、全国性金融市场和国际性金融市场

二、国际金融市场的作用

国际金融市场有利于促进资金跨境流动。具体来看,很多大型跨境企业在经营的过程中,随着其生产地的变化,其商品出售情况也会发生变化。所以,在这种情况下,对于企业在国际范围内的资金要求也就越来越高。在跨境企业生产和商品流通中,国际金融市场在一定程度上可以提升其流动资金使用效率,促进国际贸易的健康发展。与此同时,国际金融市场拥有市场优势,能够推动国际融资的顺利进行,为国际贸易发展提供良好的市场环境。

国际金融市场为国际融资提供了一个畅通的平台。通常情况下,国际金融市场对于国际融资活动的渠道畅通发挥着促进作用,为国际上任何一个国家(地区)提供资金流动环境。所以,国际金融市场不仅可以推动发达国家(地区)的经济发展,同时对于发展中国家(地区)的经济增长也起到了很大的助推作用。

① 李朋林,赵延明.金融学[M].北京:中国矿业大学出版社,2012.
② 潘百翔,王英姿.国际金融[M].2版.北京:北京大学出版社,2017.

三、大数据时代下国际金融市场中存在的问题

(一)金融机构管理模式存在问题，专业人员的技术水平较低

一方面，在大数据时代背景下，国际金融机构的管理模式需要创新发展，解决和弥补以往模式中存在的问题和不足。当前金融机构管理模式存在诸多问题，例如，由组织的复杂性导致的多重财务杠杆极大地提高了经营风险；由业务的综合性导致的利益冲突极大地增加了管理风险；在金融全球化程度不断加深的背景下，金融机构更容易受到外部环境的影响和制约等。但就目前来看，一些国际金融机构在管理方面并未有效应对这些情况，影响了国际金融的创新发展。另一方面，大数据时代的到来，对相关工作人员技术水平的要求也在提高，传统的人力资源管理部门缺少对工作人员大数据应用能力的培养等，这些都影响了国际金融在大数据时代下的健康发展。

(二)大型数据的分析与应用水平不够

从目前来看，我国金融行业在大数据时代下，缺乏对其他行业数据信息的收集和分析。虽然我国金融行业积极面对大数据时代的到来，应用大数据技术分析境内外金融市场的变化情况，但是很多时候，并没有整理和分析其他领域的信息内容，缺少一个全面性的数据集中管理模式。与此同时，对于大型数据所带来的大量数据信息也没有做到科学管理，缺乏对其的分析工作，影响了国际金融决策的科学性，不利于我国金融行业的可持续发展。

(三)大数据时代下的网络风险问题

由于数据信息量大，可以有效解决数据信息的不对称问题，大数据经常被应用于各大金融机构。但是如果管理方法不得当，管理模式不规范，不仅无法发挥大数据的积极作用，还会为自身的金融发展带来很大的风险，威胁数据信息的安全，对于国际金融的健康发展产生严重的不良影响。

(四)数据的基础设施不完备

大数据时代对数据信息的基础设施提出了更高的要求。由于我国数据基础设施还存在不完善之处，信息技术分析水平也有待改进，导致大量信息在传递的过程中产生阻碍，影响了国际金融中各个流程的正常运转，进而影响了国际金融的健康发展。[①]

四、大数据时代下国际金融市场的发展措施

(一)改变金融机构的发展模式，提高专业人员的技术水平

一方面，随着大数据时代的到来，我国需要积极转变金融机构发展模式。对于一个国家(地区)的金融行业发展来说，金融机构的管理水平起到了关键作用。在国际金融市场中，为了更好地发挥我国金融机构的功效，我们要不断汲取其他国家(地区)金融机构在发展过程

① 刘玉英.大数据时代的国际金融探讨[J].当代旅游,2018(9):20,22.

中的经验和教训,提高自身的国际市场活跃度,以及国际竞争力。在这一过程中,我国金融机构需要提高管理水平,拓宽业务模式,实现与其他国家(地区)金融机构的有效匹配,更好地融入国际金融市场之中。与此同时,要加大对金融机构的创新力度,建立大型的数据研究室和数据分析平台,例如,在金融企业内建立一个大型数据创新研究室,以此来提升数据分析水平和应用能力。

另一方面,要不断地提高相关工作人员的大数据应用能力。国际金融行业若想在大数据时代下健康发展,离不开相关人才的支撑,所以需要提高对其的培训力度,培养更多大数据应用人才,提高他们的数据处理能力,更好地运用大数据来分析国际金融的变化情况,为国际金融的创新发展提供智力保障。

(二)提升大数据的分析水平,促进大型数据的集成

在大数据时代下,为更好地发展我国国际金融,需要促进大型数据的集成管理与发展。大型数据的集成,不仅包含了金融行业的数据内容,还要结合其他领域的信息,使国际金融管理人员能够掌握全方位的数据信息。从目前来看,很多不同行业、不同领域、不同渠道的数据信息,都在最大化地与标准数据进行有效的融合,所以我国国际金融机构需要建立一个全面且完整的数据标准体系,为客户提供清晰的视图。与此同时,大型的数据也会带来大量的数据信息,传统的分析模式已经无法解决这一问题,所以要更新数据技术分析流程,创新数据管理工作,更好地应对海量的数据信息。此外,我国国际金融机构等还要提高数据的收集能力,能够在大量数据中获取到有利的信息,提升数据分析水平。我国国际金融机构还要运用与大数据相关的专业工具,建立数据逻辑模型,做到在大量数据中搜集到促进科学决策的信息,保证我国国际金融业在国际市场中决策的正确性和科学性,促进我国国际金融业的健康发展,提高我国在国际市场的竞争力。

(三)完善国际监管体系

我国国际金融业在国际金融市场发展的过程中,需要增强对风险的管理工作和控制力度,保证数据信息的安全。随着经济的全球化发展,各国(地区)在经济上进行密切往来的同时,国际金融领域的联系也越来越紧密,所以我的国际金融业更容易受到国际金融格局的影响。[①]所以,首先需要有效管理国际金融系统,通过大数据技术,各国(地区)的国际金融管理机构把自身的金融情况分享在金融管理平台上,加强国际金融业之间的交流与沟通。同时,各国(地区)先进优秀的金融管理手段也可以分享在平台上,保证各国(地区)国际金融业的共同进步。其次,我国的国际金融管理机构还要与其他国家(地区)进行合作,加强金融联系,建立科学有效的风险预警机制。这一过程中不仅可以提升应对风险的水平,还能促进国际金融市场的平衡发展。最后,我国国际金融机构还要建立一个专门收集国际金融业信息的部门,应用大数据技术全面收集其他国家(地区)的金融信息,并进行有效的分析,保证我国国际金融业的发展能够得到实时的金融信息。所以,我国国际金融业为了更好地在国际市场中发展下去,需要充分应用大数据技术完善国际金融信息管理体系,制订合理的经济发展计划,推动我国金融经济的快速持续发展。

---

① 欧阳晨曦.国际金融经济形势对我国经济的影响探讨[J].纳税,2017(12):88,90.

(四)完善大数据的基础设施

在大数据时代背景下,我国国际金融业不仅要发挥传统金融机构的作用,还要通过大数据技术创新发展金融管理模式,全方位、多层次进行发展。一方面,对于软性基础设施需要提高管理水平。[1]具体来看,关于金融行业和大数据处理的工作,要保证人才充足,为我国国际金融业的发展提供技术支撑和智力保障。与此同时,还要提高内部控制水平,保证用户的数据信息不外泄。另一方面,需要保证硬性基础设施的完善。我国应该采用基础IT设备来对金融信息进行集约化管理,为其发展的需要提供便捷模式。同时,还要建立完善的信息安全防范系统,提高身份认证和数据证书认证的管理力度,增强认证工作的安全性。此外,还要建立健全信息安全等级保护制度,为我国金融数据的安全提供可靠保障。

▤ 大数据预警
跨境金融风险

思考题

1. 什么是国际收支? 大数据对国际收支有何影响?
2. 简述大数据时代背景下做好国际收支统计工作的对策。
3. 举例说明大数据背景下国际收支的审计方法。
4. 论述大数据监管在外汇市场上的应用现状、存在的问题及解决方式。
5. 简述国际金融市场的作用。
6. 论述大数据背景下国际金融存在的问题并给出解决方法。

▤ 第五章小结

---

① 宋楠.试论大数据时代的互联网金融创新及传统银行转型[J].时代金融,2018(8):101.

第六章

大数据与国际投资

导入案例

瑞技中国与Digital Realty签署战略合作备忘录

2022年4月27日,瑞技科技((ByteBridge)与里瑞通(Digital Realty)在中国上海达成战略合作意向,并签订谅解备忘录。基于双方的全球布局优势,瑞技科技与里瑞通将充分整合各自资源,共同打造企业境外数据中心一站式部署解决方案,为出海发展的中国企业降本增效,提升竞争优势。

瑞技科技是一家行业领先的全球IT解决方案服务商和系统集成商,其团队遍布28个国家和地区的40个主要城市。自2012年从硅谷创立至今,瑞技科技为近1500家企业提供服务,交付了超过4000个项目。2013年,瑞技科技中国团队成立,致力于以IT赋能中资企业出海发展。里瑞通被国际知名数据公司IDC、高德纳咨询公司等权威机构认证为全球数据中心领导者和云网络领导者。里瑞通在全球拥有超过280个数据中心,遍布全球25个国家和地区的49个主要城市。

如今,越来越多的中国企业希望以IT驱动业务的增长,并逐渐将目光聚焦到广阔的境外市场。布局境外业务,数据流畅度是业务竞争力的基础,企业需要满足当地合规要求,实现快速部署交付、安全稳定运营。里瑞通作为全球领先的数据中心平台提供商,瑞技科技作为全球领先的数据中心"交钥匙"服务提供商,双方强强联合,将为中资企业出海提供从数据中心选址、空间设计、产品供货、全球物流,到实施、运维、搬迁的"一站式"解决方案。

【资料来源:钟经文.瑞技中国与Digital Realty签署战略合作备忘录[EB/OL].(2022-04-28)[2023-12-28].https://caijing.chinadaily.com.cn/a/202204/28/WS626a61d6a3101c3ee7ad3084.html.】

【学习目标】

1. 了解大数据在企业国际投资中的作用
2. 学习理解大数据在国际投资方式选取中的应用
3. 掌握大数据与国际投资的风险

第一节　大数据与国际投资环境

一、国际投资的概念及国际投资环境的内涵

(一)国际投资的概念

国际投资是指投资者为获取预期的效益而将资本(资金)或其他资产在各国(地区)进行投入或流动。按照资本运动特征和投资者在该运动中的地位来划分,国际投资有3类:①投资者投于境外的企业并对该企业的管理和经营进行控制的直接投资;②通过金融中介或投资工具进行的间接投资;③以上两类投资与其他国际经济活动混合而成的灵活形式投资[①]。

(二)国际投资环境的内涵

国际投资环境是指以东道国为核心的制约和影响国际投资资本运行的基本条件的总和。按要素可划分为政治环境、经济环境、法律环境、社会文化环境和自然环境。投资环境会影响东道国吸引外资的能力。良好投资环境的基本特征是:政府稳定,对外资企业不施加不适当的干预;经济发展稳定,境内市场容量较大,基础设施完善,配套服务良好;法律稳定,法规健全,歧视性条文少;文化统一程度高,社会各阶层相对融洽,与母国的文化阻隔不太大;自然资源较丰富,少崇山峻岭或其他地理阻碍,水资源、气候等适合生产需要。

二、大数据对国际投资环境的影响

(一)大数据带给国际投资的新契机

1.加快经济一体化的速度

国际投资的发展依赖于信息技术的发展,大数据的出现和应用,有助于投资方快速发现投资契机,也有利于需求方针对性寻求经济方面的援助和支持。如美国的地产投资领域,早期大批资金注入纽约、布鲁克林,随着土地资源渐渐枯竭,当地地产投资回报率虽然仍旧很高,但投资的机会已经不多。大数据则显示,在纽约地产渐趋低迷的情况下,温哥华、奥克兰等地楼市火爆,美国多余的资金开始向加拿大、新加坡、欧洲,以及中国、日本倾斜,使房产市场形成了全球同步发展的态势,一体化明显。

此外,海量数据从根本上改变了国际投资决策的逻辑,更加注重投资效率和效果。传统的跨国公司投资决策主要依赖有限的信息、历史投资收益、主观经验等方法,会产生一些错误和延误,导致投资策略的定位不准确。通过使用大数据进行国际投资分析,决策能力将显著提高。

---

① 刘海云,刘国云.中国与塞尔维亚税收差异及境外投资风险管理研究[M].北京:中国社会科学出版社,2019.

第一,大数据分析样本明显不同于以往的信息分析样本。大数据可以从研究对象中获取所有样本,而不是通过传统的分析方法对人口进行随机抽样后得出样本的一般特征。因此,大数据分析更全面,错误更少。第二,大数据相关性分析颠覆了传统的因果分析方法,根据数据的结果进行判断,从而弱化了传统的因果关系。利用大数据进行投资决策比传统方式简单,减少了对决策者主观经验的依赖,更加注重结果导向。第三,投资决策后评估已转向预测确保国际投资的成功率。国际投资通常涉及巨额资本投资,一旦投资失败,将导致巨大的经济损失。在大数据的背景下,尽可能收集一些领先指标,如通过客户咨询的产品类型、数量和功能的变化,得出未来市场需求的变化,从而有效地引导国际投资的方向。

跨国公司可以利用大数据抓住机遇,获得主导地位。通过完善的大数据采集和处理系统,跨国公司可以比其他公司更快、更准确地发现国际投资机会,抓住机遇进入新兴市场,在竞争较弱的市场中获得高额利润。一旦竞争对手发现市场并进入,先进入的运营商已经获得了占有者的竞争优势,新进入者将不得不承担更高的进入成本。这样,拥有大数据决策系统的跨国公司将加快对投资机会的响应,利用大数据优势做出最佳决策,提高公司的核心竞争力。

2.提升全球范围内的资源整合效率

资源整合是现代经济社会发展的基本特点,也是企业乃至国家(地区)应对竞争的主要方式。在大数据技术的支持下,资源整合的情况还会进一步提升、加快。较为典型的如我国"国家电网公司",作为国有企业,国家电网公司具有资金方面无与伦比的优势,且在技术上拥有足够多的人才和研发能力,这使得国家电网公司在短短的16年时间里快速将投资覆盖到拉丁美洲、非洲等地。从本质上看,这一发展态势与大数据密不可分,利用大数据,企业可以快速有效地捕捉投资契机,快速整合自身资源,占据竞争主动,甚至可以牺牲少量收益,率先占领市场。

在大数据的驱动下,跨国公司可以在全球范围内构建强大的产业链集群,所有研发、供应链、生产、营销和售后环节都可以无缝衔接、紧密协调。在产品设计中,消费者行为的大数据来自不同渠道,有传统渠道,也有新媒体渠道,如在线社区、Twitter(推特)、Facebook(脸书)、微信等,以便更全面地了解不同群体的消费者行为,设计更贴近人心的产品和服务。此外,研发债券不仅要调动公司内部的研发力量,还要调动更多的外部力量,如专家、学者,甚至客户参与创新,以产生意想不到的价值和结果。跨国公司与各国(地区)供应商共享供应链管理系统,统一分析和处理与供应链相关的各种大数据,如询价、订单、终端销售、库存、营销活动、消费者反馈和需求预测等,让供应商真正做好准备。

大数据还可以极大地提高跨国公司的全球生产率。无论在哪里,物联网都可以跟踪原材料、半成品和成品的状态,远程监控生产过程并发布指令,从而减少错误、浪费和运营维护成本,最终实现生产与需求的最佳动态匹配。在营销和售后环节,大数据的应用无穷无尽。根据大数据分析各营销平台的有效性,可以使广告投放更加准确,减少无效投放。大数据还可以根据不同群体的特点对不同媒体进行细分,建立立体化、多元化的营销策略,提升品牌价值,提高用户忠诚度。

此外,大数据还可以通过定期跟踪用户的使用习惯来预测用户的未来需求,在合适的时间提出个性化的产品建议,最终达到购买目的。

3.有助于大型跨国企业的战略布局

大数据是一种实时变化的信息化资产,这种变化可能体现在宏观方面,也可能体现在微观方面。

通过大数据,跨国公司可以建立强大的投资决策系统,快速准确地指导跨国公司的全球投资布局。不同来源的大数据在交叉验证后提高了数据的准确性。同时,跨国公司投资决策系统不断调整算法,根据一次次迭代的结果进行改进,以提高系统的适应性和准确性。该系统对大数据进行实时、连续地处理和挖掘,使其能够敏感地应对各种趋势和异常,甚至提前预测市场变化,投资决策系统通过各种指标传递到跨国公司的决策总部。跨国公司可以及时、灵活地调整全球战略投资布局,抓住商机,规避风险,确保实现全球投资回报。

对一些大型跨国企业而言,其战略性的部署不可能随时调整变化,以大数据作为支持,其布局可以更加科学合理。如20世纪90年代,境外某汽车企业到中国进行考察,选取了武汉、西安、洛阳等传统城市进行调研,认为各汽车厂年产50000辆汽车就会使市场饱和,该企业据此认为中国市场潜力有限,没有进行投资。若干年后,另一家汽车企业利用大数据进行了分析,发现我国汽车保有量增长率达12%,遂开展投资合作,建立了生产线,也即国产汽车华晨宝马。不难看出大数据在该经济行为中的作用十分突出。

4.改善东道国投资环境

大数据可以帮助东道国不断优化投资环境。一方面,我们可以设置投资环境、投资金额等指标。通过大数据挖掘,我们可以根据结果深入分析境内投资环境的不足,并根据具体指标采取有效措施,不断改善境内投资环境。另一方面,政府在继续开放数据的同时,还可以将竞争国家(地区)的相关指标纳入系统,快速了解本国(地区)和其他国家(地区)在投资方面的优缺点,并采取措施提高投资环境的相对竞争力[①]。

(二)大数据带给国际投资的新挑战

1.投资两极分化,各国(地区)贫富差距加大

大数据的应用将加速投资的两极分化,使强者更强。传统的国际投资决策难以快速响应投资目的地的变化,这使得国际投资的调整相对滞后。大数据可以极大地提高跨国公司的投资决策能力。

根据对大数据的深入分析,跨国公司可以快速了解投资目的地实力的变化,而追求资本利润的内在驱动力促使国际投资者做出相应的调整。一方面,大量的国际投资将会涌入具有投资环境优势的国家(地区);外来资本的流入将进一步促进东道国的经济发展,这将确保东道国政府更加重视国际投资的政策导向和投资环境的改善。投资环境较差的目的地将越来越难以吸引国际投资,而国际投资方往往需要做出更大的努力来扭转不利局面,从而加大了强弱方之间的差距。另一方面,大数据投资决策需要不断创新,努力解决各种问题。大数据处理环境极具挑战性:面对来自不同国家(地区)的海量数据和各种复杂连接、不同渠道和

---

① 李洪涛,隆云滔.大数据驱动下的国际投资新契机[J].国际经济合作,2015(11):48-52.

类型、实时更新、零散分布等问题，还需不断测试系统的整体性能，如收集和存储、高度集成、处理和快速选择、深部开采等。此外，还要连接和处理不同的数据源，如政府平台、社交媒体、供应链、制造商、内部公司和客户，探索符合跨国公司业务流程的科学算法和解决方案，搜索复杂海量数据以外的数据之间的相关性。最后，制订和实施可靠的投资决策解决方案，这比较困难，需要大量的技术储备和资源投资。在这种情况下，科技发达、资源丰富的国家（地区）更能通过大数据做出投资决策并获得超额收益，而技术相对薄弱的国家（地区）将远远落后，导致富国（地区）和穷国（地区）之间的差距扩大。

2.投资成本增加

大数据依赖信息收集和整理、数据加工、深度挖掘等技术，因此，利用大数据的先决条件是具有云技术、云存储等创新技术，这不但需要跨国公司建立完善的基础设施，还需要政策、员工技术能力和企业文化等方面的大力配合。然而很多中小型企业均无法通过自身力量建立大数据分析部门。大型企业虽然拥有理想的资金条件，但如果业务重点并非与资讯相关，也没有进行数据部门建设的需求。目前各类投资主体获取大数据的核心渠道是通过第三方购买的，这会直接导致企业直接成本和间接成本的增加。直接成本也即企业购买大数据服务的支出，该成本视企业所需数据的级别而定，通常是可以量化的。间接成本则包括安全管理成本、人力成本等，因需求方无法完全保证信息安全、渠道安全，针对其中可能出现的漏洞和问题，必然要通过投资进行管理，包括信息库建设、防护系统设计等，以防商业机密外泄，人力资源成本也因此相应增加。

3.竞争态势加剧

大数据属于开放式技术，各类企业，甚至个人都可以通过多种途径获取大数据，其对使用者而言，不存在使用价值上的差异。如2006年美国出现次贷危机后，作为多年的投资热点区域，美国本土的投资热度骤然下降。与此同时，拥有人力成本优势的东南亚国家、拥有工业和信息技术优势的西欧国家，短暂成为吸金热点，资金开始快速向上述区域转移。但很多东南亚国家的融资环境不完善，外来资金缺乏增值的渠道，西欧国家则强调产权保护和民族企业优先，对于外来资金并不是完全接收、给予机会，这导致各地投资主体虽然能够通过大数据了解投资方向，但仍然面临较以往更为激烈的竞争[①]。

三、利用大数据推动国际投资的基本方法

针对我国企业，我们给出利用大数据推动国际投资的3个基本方法，具体如下。

(一)构建数据模型

大数据的原始状态是混沌的，而数据模型正是对现实世界数据特征的模拟和抽象，能够帮助投资主体更加全面和深入地认知事物，从而做出科学的投资决策。在进行数据模型构建的过程中，一方面，要以需求为出发点，充分结合投资需要和自身优势；另一方面，要明确建模的逻辑，其手段就是将大量数据结构化，即设立若干维度，每一个维度均由一揽子的数

---

① 杨留华.基于大数据驱动下的国际投资新契机探微[J].现代商业,2019(7):171-172.

据指标来表达,以此指导后续的投资行为。如某企业投资主要方向为房地产,可以收集目标市场的情况,每一个目标市场建立一个模型,包括该市场当前的投资总额、投资增长率、收益率、平均收益周期、亏损率等多个指标,借助大数据,搜集并分析10年内该市场模型中指标数据的变化,包括投资最大额度、最小额度、最大增长率、最小增长率等。进而对数据进一步深度挖掘,了解该市场在盈利、亏损等不同情况下的基本信息和数据规律特点,使其发展成为一个涵盖多个维度的标准化数据模型。企业在进行投资决策时,则可在数据模型的框架下,利用大数据了解市场实况,分析当前态势是否满足投资高收益的标准,从而实现投资的科学决策。

此外,大数据时代的到来和人工智能的进步使FDI(foreign direct investment,外商直接投资)风险评估领域取得了一定的进展。就中国而言,在体制机制方面,根据协调合作的原则,建立基于影响风险重要因素和指标的风险评估和预警模型,对于保持有效的自我学习和完善风险评估体系有重要的意义。整合国家层面的对外贸易和投资相关数据资源,涉及的部门包括商务部(贸易数据、吸引外资数据和外商投资数据)、工业和信息化部(企业运营和经济运营数据)、国家外汇管理局(国家和外汇数据),以及国家发展和改革委员会(与项目审批相关的部门数据)等,以此形成协同更新和联合维护的工作机制,让风险评估、防范预警机制具有不断更新的条件。

(二)数据分类和区域划分

数据分类和区域划分是利用大数据辅助国际投资决策的关键性举措。所谓数据分类,是指强调大数据技术应用的针对性,结合不同的投资需求,拟定合理的数据分析条目。而区域划分则是指在数据收集的过程中,将不同区域的信息分别进行加工管理,获取更具精确度的大数据结果。如某企业尝试进行工程方面的投资,需要考虑的分类数据包括材料价格、人力成本、气象环境等方面,材料价格又可以分为水泥、骨料、金属材料、复合材料等,要求做好每一类数据的精准罗列和分析。在区域划分上,需要重点考虑的是各地投资政策、投资平均回报、纳税标准等,建议采用量化等级评估法结合权重系数分析法,对大数据结果加以利用。将投资政策、投资平均回报、纳税标准等条目与收益率挂钩,可发现纳税标准权重系数最高,其次为投资政策,最后为投资平均回报,分别占比45%、35%和30%,获取大数据信息后,套入权重排名,计算收益,了解收益最高的区域,拟订国际投资计划。

(三)加强大数据产业的规范化管理

尝试发挥大数据对企业国际投资的积极作用,必须强调产业的有效管理。在第一章中我们提到,大数据具有容量大、多样性、速度快、价值高、真实性等特点。所谓规范化,即要求针对可能影响大数据价值的因素开展管理。例如,从大数据的真实性这一特点来进行规范化管理,应要求所有提供大数据服务的企业具有资质,至少拥有能够同步工作的多台计算机,且配置有充裕的网络资源,确保用户所获的信息真实有效。同时,要求建立安全审查机制,不定时对各个提供大数据服务的企业进行检查,了解用户信息是否被泄露,一经发现,应立即做出处理,并追究相关责任人的责任,了解用户信息去向,对黑色产业链进行整肃,通过规范化管理保证大数据在国际投资方面的积极作用[①]。

🔲 用区块链技术改变
企业资金管理方式

① 杨留华.基于大数据驱动下的国际投资新契机探微[J].现代商业,2019(7):171–172.

第二节　大数据与国际投资方式

一、国际投资方式的分类

国际投资方式大致可从以下3个层面进行分类。

第一,以时间长短为依据,国际投资可分为长期投资和短期投资。

第二,以有无投资经营权为依据,国际投资可分为国际直接投资和国际间接投资。

第三,以资本来源及用途为依据,国际投资可分为公共投资和私人投资。

二、大数据技术影响投资方式选择的理论分析

(一)大数据思维与国际投资选择的相关性

随着各类新技术的发展,目前人类社会已形成了一幅移动互联网、大数据和人工智能交错发展的动态图。这些元素的出现,正在一步步改变着企业的经营理念和营销模式。从宏观经济学的角度来看,社会的经济制度、政治因素、科技水平等都会影响企业的发展思路;从纯粹市场的角度来看,科技进步比其他因素更影响企业的发展战略,这种改变也直接体现在经营理念和营销模式中。这可能导致企业投资的市场效用发生变化,以及企业投资目标和方向的变化。

大规模数据收集实践对国际投资选择的影响是一个动态过程。从短期来看,企业的数据搜集能力、云端整合及数据分类能力、云计算能力及机器学习能力等是处在一个相对稳定的状态中的。换言之,在短期内,大数据思维与企业投资选择之间存在静态关系。但从长远来看,企业的大数据思维会随着其理解、运用、掌控大数据能力的提高而得到提升,因此,企业的投资决策和投资方式都会随着这种思维的提升出现变化。因此,我们可以说,数据思维与投资公司选择之间在长时期内是一种动态联系。关于这种动态联系,最值得关注的是,随着大数据在实践中的应用,企业投资方式的选择逐渐受其"绑架"。特别是企业选择任何投资项目,都将以信息的智能化方法为基础,通过大数据及其网络平台预测项目内未来的供需、未来的成本收益变化、未来商品和服务的市场份额、竞争对手的潜在市场力量,以及未来投资智能化发展及其变化等。因此,随着大数据思维的深度介入,数据预测逐渐常态化,企业投资的选择过程可以看作是大数据的收集、集成、分类和处理的过程。

有了这样的理解,"大规模数据思维"一词可以在更广泛的意义上作为一种将互联网、大数据、人工智能等结合起来的思维模式。经济学在许多方面都与分析企业的投资机会有关,但主要是在合理的框架内进行,以最大限度地提高效率。例如,在新古典经济学中,重点是模拟定义条件的理性分析模型(稳定性倾向、认知飞跃等),或者专注于行为和心理实验来分析真实选择条件的配置,以显示选择的有用性。然而,所有与理性选择相关的经济学分析和科学研究都是在信息和认知的双重联系下进行的,这种联系无法克服信息学不完全的问题,但这些问题可以通过大数据来解决。因此,当数据的广泛使用在社会经济生活中得到充分实现时,大数据思维与选择公司进行投资之间就有了联系。

(二)大数据运用对国际投资选择的影响

在这个科技快速变革的时代,大数据被世界公认为是一场新的技术革命。它解决了人们选择不全、无法获得准确信息的问题。事实上,人类是否能够获取大数据是一回事,如何利用大数据为我们的生活提供便利又是另外一回事。前者关注的是获取大数据的方式方法;后者关注的是开发了什么样的模型、使用了什么样的操作平台来实现数据智能化,从而实现主数据载体的网络化。与大数据应用相关的问题相对较多,但从基础理论分析的角度来看,最重要的是在大数据处理的基础上获取准确的信息,通过智能设计(机器学习)将智能操作程序应用到生产经营活动中。

企业利用各种平台和方法获取海量大数据后的第一步便是对其进行分类整合,在云端形成一个"有序"的数据池;第二步是对大数据提供信息的多维"筛选",为应用模型的定义铺平道路;第三步是使用"数据驱动方法"建立模型;第四步便是将模型简化并应用到投资管理中。除了大数据应用中的各种技术问题外,它还将对制造商的投资选择产生以下影响:①企业将在大数据的指导下获得越来越准确的信息,甚至可能在未来获得全面的信息;②公司已经从最初处理局部数据转向处理海量数据;③商业知识已经从最初的信息处理和心理活动分析转向大数据分析;④商业效用预期的调整不再完全由市场决定,而是随着智能数据和网络协同的实施而发生变化。

(三)大数据时代的国际投资选择

理性选择理论无法说明大数据时代的国际投资选择,这种理论状况可以用偏好函数、认知函数和效用函数来解释。经济学研究的是人们的理性选择,一般遵从个人利益偏好到效用函数的路径。这种分析路径跳过或稀释了对认知阶段的分析,使得偏好函数、认知函数和效用函数的三位一体被置于最大化分析的框架中。新古典经济学对这一假设的分析和解释是,在所有可用的子集中,都存在一种理性能力,即选择x优先于选择y,当选择x优先于选择y时,部分函数的变量由最大化元素组成。著名的预期效用函数理论通过分析不同选择子集系统中的个体合理化能力,论证了"偏好内在一致性"假设的合理性。认知阶段被跳过或弱化,这已成为理论分析的必然结果。

在现代经济学和博弈论的基础上,通过对行为和心理学的实验分析,认为基于"偏好内在一致性"的理性选择理论与人们的实际选择之间存在着系统性偏差。通过对结果集和选择行为概率分布的分析,对新古典经济学进行了质疑和批判。在以人工智能为标志的物联网时代,大数据的应用将在未来全面展开。虽然制造商的投资选择偏好仍然是个人利益最大化,但制造商选择偏好的表现、认知过程和效用预期与大数据的使用密切相关。总的来说,大数据思维将改变过去主观判断的因果思维方式。大数据的具体应用将改变经济学家从经验分析和认知的路径。代表大数据具体应用所揭示的实际绩效的效用函数将在很大程度上纠正主要经济学派关于效用预期适应性的分析结论。换句话说,大数据的实践改变了制造商投资选择的偏好函数、认知函数和效用函数。

在许多解释新经济的文献中,我们经常可以看到大数据时代、互联网时代和人工智能时代这样的表述。事实上,大数据、互联网和人工智能是相互融合、相互渗透的。这种整合和渗透具有工业化时代不存在的明显的跨领域特征,因此,理性经济选择理论无法解释这些特征下生产者的偏好函数、认知函数和效用函数。由于物联网是大数据、互联网和人工智能的跨技术融合,因此有必要研究其对制造商投资选择的影响。

三、大数据技术影响国际投资方式的应用探讨

(一)尽职调查

尽职调查是企业并购与股权投资流程中必不可少的环节,提供了投资决策的重要依据。尽职调查的范围从横向上涵盖了标的企业及与之相关的行业、市场、客户、政策、法律等方方面面的内容;而从纵向时间轴上可能需要收集、分析标的企业自建立以来的所有信息与数据。

利用大数据技术,可以大大提高传统人工方式下数据收集、处理与分析的效率,完成人工无法承担的工作量与工作内容,如在恶意收购的情形下,可以突破标的企业的数据封锁,利用大数据挖掘与处理技术来获取人工方式可能无法获取的有用信息与数据。

利用大数据技术,可以提升非结构化数据和半结构化数据在尽职调查中的效用,除对传统方式下的非结构化与半结构化数据进行更有效的分析处理和直观表达外,还可以通过社交媒体、网站、电子邮件等抓取、处理碎片化数据,完善标的企业的画像,改变传统方式下对财务、销售等结构化数据的过分依赖。

传统的数据收集方式极少关注多源数据的关联性、完整性与实时性,如工商信息、知识产权信息、金融信用信息、法律信息及高管个人信息等,均来自不同的信源。而利用大数据技术,不仅可以进行高效处理,保证数据的实时性,还能揭示多源数据之间的内在关联与逻辑。

(二)企业价值评估

传统企业价值评估基于财务数据,并往往局限于表内数据,通过对标的企业未来收益或自由现金流量的折现来计算其价值,忽略了非财务数据和表外数据对标的企业价值的影响。这种估值方法在现今的数字化时代已经无法适应企业投融资的要求。

利用大数据技术,建立收益与多元因素的评估模型,标的企业在客户、技术、资源等方面的价值也能体现到其整体价值中。

(三)市场调研与预测

市场调研与预测是投资项目可行性研究的关键,也是分析项目产品类别、生产规模、人员与设备等生产要素组合,以及投资规模等的基础,其工作质量将直接影响对投资项目的经济分析、财务评价、可行性判断及投资决策等。

利用大数据技术,在高效分析、处理海量市场数据的基础上,建立市场预测模型,可以对未来市场需求、价格走势、竞争状况、市场份额等进行合理估计,相对于传统方式可以大幅提升市场预测的可靠性与准确性。

(四)可行性研究

项目的投资规模是基于规模经济性来考虑的,是在市场预测的基础上,将设备、原材料、人员及资金等生产要素进行最优组合的结果。然后再考虑企业的经济与管理能力、财务目标要求等因素,对项目的可行性进行判断。

通常,可行性研究需要进行项目方案的比选,而传统的依靠人工的方式很难穷尽所有的投资要素组合并找到最优的方案。因此,可以利用大数据技术,建立一个评估模型,模拟所有投资要素组合。此外,大数据可以引入历史与现实案例的实证数据,修正投资项目可行性研究的理论性偏差。

(五)风险评估

投资项目可行性研究传统上是在不确定性分析的基础上进行投资项目风险评估的,通常包括盈亏平衡分析、敏感性分析和概率分析。盈亏平衡分析和灵敏度分析比较简单,概率分析中各种投资变量的概率确定比较复杂,因此在大多数情况下,人为依靠经验和局部数据估算概率将很难操作。

利用大数据技术,通过对自变量与因变量历史数据的统计分析,可以建立模型,既可以预测未来变量的概率值,也可以表达自变量与因变量之间的关系,从根本上改变传统方式概率估计的主观随意性。

此外,大数据技术能够通过抓取和处理非结构化与半结构化数据来预测项目未来的风险因素,完善投资项目的风险评估内容,提高风险评估的准确性。

(六)投后管理

一方面,企业利用大数据技术,可以对标的企业或项目的运营状况进行实时、全面监测与评估,在经营管理上适时提供咨询与协助,以提升标的企业或项目的投资价值;另一方面,利用大数据技术建立标的企业或项目的投资价值跟踪及投后风险监控与预警系统,企业能够准确判断最优的投资退出时机[1]。

第三节 大数据与国际投资监管

一、国际投资风险

(一)国际直接投资的风险

1.政治风险

世界银行跨国投资担保机构(Multinational Investment Guarantee Agency)在2009年的报告中指出,政治风险主要来自东道国或母国的政治力量、政治事件或国际环境恶化,可能导致跨国公司将被迫停业。这里提到的政治力量包括政治制度和发展战略的多种要素,以及来自其他国家(地区)或国际环境的外部压力。这既涉及国家的行动,如战争等;也涉及个人行动,如个人的敌对行动、恐怖事件等。《企业国际化蓝皮书:中国企业全球化报告(2016)》

① 喻波.大数据在企业项目投资中的应用[J].产业创新研究,2019(10):155-156.

显示,60%以上的企业认为,治理体系薄弱的国家(地区)"政策变化""政府腐败""合同违约"的风险高于"政府政策更迭""交易对手违约"的风险,只有约20%的被调查企业认为这3种风险在管理水平先进的国家(地区)很普遍。

政治风险使跨国公司在境外开展业务的环境越来越不确定,直接阻碍了企业战略的实施和业务目标的实现。政治风险作为公司不可预测和控制的因素,其负面影响更为严重。同时,世界各国(地区)出现了一系列新的境外投资政策,改变了东道国的政策环境,也导致了投资管理法律法规的变化,造成了投资企业的经济损失,直接制约了外商直接投资的发展[①]。

2.经济风险

经济风险是指由于东道国的经济波动、经济政策调整等使得境外直接投资者未来收入变化产生的不确定性。一般情况下,东道国的经济发展水平越高,企业对外直接投资的风险就越小;反之,如果东道国的经济发展水平低下,那么离岸公司面临的风险将会增加。一个国家(地区)的经济发展指标很多,但往往主要取决于国内生产总值、国民生产总值、就业、汇率、利率、通货膨胀和国际收支等因素。因此,在东道国进行境外直接投资时,通常会考虑该国的市场潜力(传统上是根据其国内生产总值计算的)、劳动力供应、劳动力成本、通货膨胀和自然资源。

在大数据背景下,由于信息获取能力和科技发展的差异,世界各国(地区)的经济发展水平差距越来越大。发达国家(地区)将互联网和大数据技术充分运用于各个领域,促进了经济的飞速发展,而许多中小型发展中国家(地区)则在这一大环境下由于自身技术能力的不足处于劣势地位,甚至成为发达国家(地区)的剥削对象。因此,在进行对外直接投资的同时,需正确评估东道国的经济发展水平和发展前景。此外,在大数据时代,许多企业需要利用计算机和网络技术来完成相关工作,使其投资具有一定的开放性。然而,由于缺乏风险意识,信息技术系统存在漏洞,或者一些跨国公司的内部程序不完善,企业的重要数据可能会丢失或损坏,从而给跨国公司造成经济损失[②]。

3.外汇风险

外汇风险是指因汇率变动使企业常面临境外投资资金的流动、成本和收益的不确定性。其成因有以下3点:一是世界主要发达国家(地区)实行浮动汇率制,各国(地区)国际投资行为介入;二是东道国金融稳定性不高,货币易贬值;三是本土企业对外投资进行汇兑时,对全球金融形势的分析与评估不足,造成汇兑损失。

而大数据技术的出现则能够更加高效准确地进行外汇风险预警,具体表现为:在运用数据挖掘技术发掘市场交易主体之间的关系及主体交易行为规律的基础上,利用人工神经网络算法等技术将监测模型作用于市场主体的交易行为并测算其异常行为概率,形成风险评级和预警信号并向监管部门自动推送,在得到监管部门的反馈结果后通过机器学习等大数据技术完善预警模型,提升预警准确度。

---

① 胡颖,王思琪.中国企业对中亚国家直接投资风险评价及对策[J].经济论坛,2020(3):86-93.
② 韩师光.中国企业境外直接投资风险问题研究[D].长春:吉林大学,2014.

同时,随着世界政治经济局势的不确定性的加剧,市场交易主体的情绪转向快速变化,容易导致跨境资本流动剧烈波动。运用大数据技术,通过机器学习历史跨境资金流动情况,总结与外汇风险相关的宏观经济金融指标,可以对宏观经济金融形势形成预判;同时,运用数据仓库、自然语言处理技术等大数据技术实时监控公共新闻网站、行业网站、微博、微信等信息平台的相关舆情,借助机器学习、深度学习技术探索舆情、交易主体行为及跨境资金流动之间的规律,并利用神经网络等大数据技术判断市场预期动向,形成风险预警,有助于合理引导预期,化解外汇风险[①]。

4.信用风险

在当下这个信息发达的时代,很多交易都是利用网络进行的,网络的虚拟性使得我们无法准确判断对方的信用状况,进而引发侵犯个人和公司隐私的风险。另外,在数据收集的过程中,也会不可避免地出现个人隐私问题。在移动通信时代,不同类型的数据是由公司通过不同的数据收集手段聚合而成的。尽管个人的隐私权受到了侵犯,但却无法避免。事实上,现在有很多以牟取利益为目的而违法出售私人信息的事件,这是对个人隐私权的直接侵犯。不仅个人,跨国公司在生产经营过程中也会面临大量的数据来源问题,这些数据有时是可靠的,有时是伪造的,这就要求企业增强辨别能力,做出正确的决策,以免被虚假信息蒙骗导致投资失误。

(二)境外证券投资风险

1.证券投资风险

证券投资的目的是利用闲置资金提高资产的流动性,增加个人或企业的收入。但盲目投资也会造成巨大损失。机构投资者或个人投资者在选择投资对象之前,应该理性地认识到其资本水平的状况,充分认识到自己能够承受的最大风险水平。证券投资风险主要分为4类:信息错误风险、流动性不足风险、缺乏管理风险和高管理费用风险,其中最主要的是信息丢失风险。

(1)在信息不对称的条件下,各个投资方博弈的风险

艾伦·盖尔利用博弈论分析了没有私人信息的机构的市场操纵行为,并得出结论,机构作为最大受益人成功运作的关键在于散户投资者是内部人,即他们知道机构之间的交易行为。例如,实力雄厚的机构拥有大量资金,可用于在股市开盘时提高股价,并吸引散户投资者跟踪和建立头寸。利用散户投资者信息掌握得不全面,持续推高股价,扩张资产,传播小道信息,提高人气,吸引更多散户投资者追逐,最终清算出货,以获得最大利益[②]。

然而,一些弱势机构也希望假装是强势机构,以吸引散户投资者,尽快实现出货目标,但往往受限于资金不足。股价上涨的时间太短了,以至于股票价格短暂上涨后,散户投资者无法追捧。最后,在清算的压力下,散户投资者成为最大的受益者。一旦散户投资者看到了机

---

① 张潇.大数据技术助力外汇领域微观监管[J].信息系统工程,2020(12):32-33.
② 刘昕宇.大数据背景下基金交易风险分析及其投资价值分析[J].中小企业管理与科技(上旬刊),2021(10):79-80.

构的实力,并正确地追随强大的机构,他们将获得最大的利益;但如果他们错误地判断了类型,选择跟随弱势机构,这将导致更低的利润和更大的损失。

（2）信息缺陷对经济变量未来预期的影响

从现代市场经济的发展现状来看,客观上存在着金融资本超过实体资本的情况,而各种投资者的博弈也是造成这种现象的原因之一。金融衍生品的杠杆效应也扩大了两者之间的差距。由此产生的资本市场价格虚高现象被称为金融泡沫。造成金融泡沫的原因不仅仅是投资者之间的博弈导致的信息缺失,还有上市公司的自利行为,如:经营效率低下;谋取非法利益;维持股价,填补经营亏损;配合证券管理机构操纵股票价格,获取巨额利润。由于证券市场的这种信息缺陷,基金公司只能为了获取短期收益而购买,金融产品虚高的价格可能在很长一段时间内与实际价值不符,外部价格的扭曲最终会给所有投资者造成损失。例如,2008年的金融危机是由次贷危机引发的,次贷危机也受到了基金市场的影响,因为评分较低的次贷产品在金融衍生品二级分类后被包装成了优质贷款产品,并以其高收益率吸引了投资者。

（3）信息披露制度的不完善

金融市场的有效性取决于从金融市场参与者那里获得的信息的有效性,即市场效率就是信息效率。如果市场处于低效率状态,则意味着股票市场价格对企业内部价值的反映是低且缓慢的,再加上信息披露制度的不完善,二者的结合将进一步加深信息缺陷的程度,从而造成市场信息缺陷的常态化,导致投资者获取一些内幕信息、公共信息和历史信息的不一致,并使市场长期存在各种各样的投机者。最明显的现象是证券市场的高换手率,导致市场价格持续波动。证券投资追求稳定的长期收益,而市场的持续波动所带来的不确定性使得证券投资不稳定。

2. 大数据技术分析证券投资价值

传统的证券投资常常由于证券市场信息不完善而存在投资基金价值风险,但随着大数据的发展,这一问题也就迎刃而解。投资者以降低证券市场投资风险为目标,利用大数据技术的五大特点,建立基于大数据的证券决策系统,解决证券数据采集和证券择时问题。

（1）收集数据

网络爬虫（web crawler）是一种按照一定的规则,自动地抓取万维网信息的程序或者脚本,它们被广泛应用于互联网搜索引擎或其他类似网站,可以自动采集所有其能够访问到的页面内容,以获取或更新这些网站的内容和检索方式。

（2）择时交易

在证券交易活动中,投资者不仅要选择证券的种类,还要合理选择购买证券的时间。与选择证券类型相比,证券交易的时机更加困难,如果证券在7天内频繁交易,将收取1.5%的惩罚性赎回费。因此,证券的短期投机交易不符合证券长期价值投资的理念,所以,证券投资往往以中长期时机为主。当存在金融泡沫时,外部价格被严重高估,获得收益的可能性更小,这不利于购买。因此,在选择证券时,既要横向比较,又要纵向判断历史价格,如果现在的价格明显高于历史高点,那么就必须理性分析价格上涨的原因。

二、国际投资监管

(一)国际投资监管现状

1.科技监管投资的4个发展阶段

(1)初级阶段

现阶段科技监管数字化程度较低,数据管理仍需大量人工操作。例如,数据收集和控制报告主要以纸张或电子邮件形式提交,效率低下,有操作和安全风险;数据验证,数据提取、转换和加载也必须手动执行;数据以分散方式存储,分散在不相交的电子表格或台式数据库或纸质记录中;数据存储量小,容易丢失;数据分析是在相对僵化、简单的电子表格模型中进行的,主要是描述性分析;数据可视化错误只能在需要手动更新的静态报告中显示①。

(2)自动化阶段

在这一阶段,科技监管数字化、自动化程度进一步提高。在数据收集方面,受监管对象使用技术门户网站在线发布数据,自动检查报表模板和下载协议中的数据;在数据存储方面,虽然这些存储库仍然是独立的,但它们是相互关联的;在数据分析方面,监管机构可以自动导出诊断分析部分,并获得更详细的描述性数据;在数据的可视化方面,监管机构采用了一定的商业智能工具,可以动态地看到数据。

(3)大数据阶段

在这一阶段,监管机构利用以技术数据库为基础的庞大数据结构,支持收集、汇总、存储和分析体积大、频率高、粒子密度大、移动速度快的大数据集。在数据输入上,采用软件接口(application programming interface,API)和机器人自动处理技术(robotic process automation,RPA)实现数据的全自动访问和统一处理;云存储技术和"数据湖"提供了结构化、非结构化等多种数据类型的大规模存储方式。而商业智能的应用能够以最少的时间延迟进行无缝查询和可视化数据显示。同时,数据存储和处理能力的提高也创造了更好的统计模型,并进行了可预测性分析。

(4)人工智能阶段

在这一阶段,科技监管自动化达到了最高水平。监管机构不仅可以进行描述性和可预测的分析,就监管措施提出建议,让监管机构了解自己的行动,还可以直接实施监管措施,如回应客户投诉并予以解决。

2.大数据技术在投资监管中的必要性

在信息时代,大数据被认为是"21世纪的石油"。基于它的数据分析方法和数据挖掘能力,大数据已然成为当今社会的一种重要资源。届时,它甚至可能成为财富和创新的基础,在经济社会发展中占据主导地位。未来,数据主权的竞争将成为国际竞争的战略焦点。

大数据在投资中的应用,有助于解决投资中的问题,推动企业投资战略向科学可控的方向发展。采取集约化经营模式的企业相互依赖,也带来了业务相互交织的风险。建立大数

---

① 姚前.全球资本市场科技监管发展现状[J].中国金融电脑,2020(1):8-13.

据共享平台,将提高风险管理的效率。当前,现代企业投资呈现多元化和数字化趋势,企业风险关系也日趋复杂。对企业发展加以预测,对风险进行评估,对比分析不同来源的投资信息,可提高风险信息的管理水平[①]。

(二)大数据技术在国际投资监管中的应用

1.上市公司监管

上市公司监管是资本市场监管的重要组成部分,通过广泛收集社交网络数据,相关机构可以优化上市公司的现有监管模式。其核心是通过加强对社会网络大数据中上市公司的关联交易、重组标的整合、重大投资进展等自媒体消息的监控,根据一定的分析数据,建立企业标识系统,实现对公司相关的经营风险、财务风险的自动识别。

例如,一些上市公司近年来出于增加媒体曝光率、刺激股票上涨等目的,可能会在财报及新闻中带上一些热点话题。比如2020年初发生的新冠疫情,一些概念板块轮番联动,抗病毒、口罩等概念备受关注,而有些上市公司通过互动易、微博等渠道主动发布信息参与其中。当此类股票回归基本面时,部分中小投资者的合法权益受到了损害,亟须监管部门关注。因此,基于自然语言处理中的语义理解技术构建热点话题库,可以对上市公司的舆情数据进行信息要素抽取。基于上市公司当下和历史披露信息的事实性比对、企业画像中参与热点舆情行为的先验性评估、热点话题和公司舆情的纵向时间对比、各上市公司参与热点舆情的横向对比等特征体系,也可以进行上市公司社会网络行为的有效挖掘和监管。

2.投资行为监管

对投资行为的监督是维持国际市场秩序稳定的关键环节。社交网络的大数据可以优化现有的投资行为监管场景。每个投资者使用投资者肖像技术快速拦截异常投资,使用知识地图技术实现图形化账户关联关系分析,使用文本挖掘识别技术实现非法证券信息的自动检测。其中,关联投资发现是监管投资行为的一项重要工作。传统的监管主要基于身份证、注册地址、交易IP地址、MAC地址(media access address,媒体访问控制地址)等静态属性,通过收集和处理互联网上的非结构化信息,建立和完善舆论监督中非法线索的发现渠道,相关投资的监管效率便可以提高。

以自媒体非法荐股为例,有的投资者在社交媒体等网络渠道发布虚假的、能够对股价产生影响的消息,其在发布消息前提前买入或卖空股票,而其他市场参与者可能被虚假消息所误导而集中买入或抛售股票,此时发布消息的投资者从中获利。整个过程持续时间短并对股价造成干扰,违背了资本市场公平、公正的交易原则,亟须提高市场监管力度。通过梳理各机构和分析师在微博、微信、邮件等媒介中传播的关于投资荐股的相关信息,进行信息溯源并找到荐股文章的初始发布时间和出处,可以有效监管交易过程中的信息操纵行为。

3.国际投资风险监测

强化市场趋势预研预判是维护资本市场平稳健康运行的重要措施,社会网络大数据可

① 朱睿.大数据环境下公司投资策略中的风险控制探析[J].中国商论,2021(5):80-81.

以对市场运行风险监测场景进行优化。近年来,资本市场迅速发展、风险要素日益复杂,现有数据已不能满足资本市场运行风险监测的需求。通过进一步融合海量的社会网络大数据等外部信息,对资本市场主体与其关联方及关联社区之间存在的溢出和交叉感染效应进行建模,可以更全面地覆盖风险点,辅助监管人员全面把握、深入分析风险信息,有效提高风险监测效率。

以发展型热点事件预警为例,某些突发事件在发展初期并没有受到过多的关注,但是随着事件的发展,越来越多的人开始关注,最终发展成热点事件。例如,有的公司在发生停业、倒闭等异常状况前,会有一些描述该公司异常经营活动的新闻出现在微信公众号、微博或贴吧等网络渠道中,但前期并没有引起足够的重视。如果能够在该热点事件发生的初期注意到相应的社会网络信息线索,并及时采取相应行动进行密切监测,可以有效地防止后续恶性事件的发生,减少相应的损失。通过行业知识(如知识图谱)对事件的发展情况做出推断,结合新闻的传播数量、传播路径来拟合新闻发展的概率分布,与其他热门事件发展的概率分布进行对比,可以有效判定新的事件是否会成为发展型热点事件,从而有效提升风险研判和风险处置的能力[①]。

(三)推进大数据下国际投资监管的对策建议

1. 夯实数据基础,完善大数据信息归集管理机制

一是建立数据标准和规范体系,对市场监管数据资源使用清单进行分类,全面规范数据录入、更新和修改,为建立真实、准确、实用、分析性强的市场主体综合数据库提供依据。二是完善数据共享机制,根据市场需求进一步扩大外部数据采集范围,实现外部数据与市场主体相关数据的深度对接。结合"互联网+监管"等建设要求,新增与国家级、省级智慧监管平台的接口,实现相关信息的交换汇聚功能。三是推动信息录入、采集、共享,应用"一体化"平台建设。开发数据录入共享模块,避免基层多平台维护和重复录入,为基层监管提供服务。

2. 完善保障机制,保证大数据运用开发稳步推进

大数据技术的运用与改进需要从上而下推进。一是要加强市场监管领域大数据应用问题研究,强化数据资源统筹管理,将数据共享机制真正融合到市场监管业务中。二是加强财政资金引导,支持大数据技术应用、核心应用示范和公共服务平台建设。三是加大对网络和信息安全技术的研发投入和资金投入,建立健全信息安全保障体系,加强基础设施建设,提高基层执法单位信息执法装备的普及率和利用率,确保各类基础设施和设备便于监管数据的有效集成、管理和维护。

3. 强化人才培养,提升市场监管大数据运用能力

新形势对市场监督部门履行职能的综合能力提出了更高的要求。应用大数据技术的能力已经成为市场监管部门必须掌握的能力。一是注重现有干部队伍的优势,加强部门人员培训,从市场监管体系的各条业务线入手,确保信息的准确收集、及时对接和有效利用,在实

---

① 廖倡.社会网络大数据在资本市场监管中的应用研究[J].金融纵横,2020(8):58-63.

践中提高大数据在市场监管中的应用水平。二是与高校相关专业院校和部门合作,完善市场监管大数据人才培养体系,着力培养创新型、复合型大数据专业人才和应用人才。三是加快大数据人才的引进和培养,大力引进相关专业人才入职,在市场监管部门逐步形成数量充足、结构合理、素质优良的大数据应用专业团队。

4.加速业务融合,实现大数据驱动市场风险预警

在监管实践中总结经验、发现问题,提高市场监管风险预警和处置效能,推动市场监管的管理精准化、决策科学化和监管智能化。第一,梳理监管实际需求。聚焦各监管业务线重点,提炼每个业务的关键点,厘清数据来源,判定标准,推动"数据+业务+技术"的深度融合,在市场监管工作中产生实质监管效益。第二,完善企业和个人评分模型。根据食品、保健食品、化妆品、药品、医疗器械等行业特点分别构建风险评分模型,选择监管主体,对市场事务进行差异化和分类监管,切实提高监管的针对性和有效性。第三,探索"大数据+人工智能"预警模式。随着风险评估和预警案例的积累,我们可以逐步尝试将市场监管风险预警与人工智能相结合,利用人工智能辅助专家决策,以提高风险识别和评估的效率和准确性[1]。

目 华为与软通智慧联合打造"互联网+监管"解决方案

思考题

1. 大数据对企业国际直接投资的影响有哪些?
2. 如何利用大数据推动国际直接投资?
3. 简述国际投资方式的分类。
4. 论述大数据技术在国际投资方式选择中的应用。
5. 大数据环境下国际直接投资的风险有哪些?
6. 证券市场风险的成因如何? 如何利用大数据进行风险预警?
7. 大数据在国际投资监管中的作用有哪些?

目 第六章小结

---

[1] 周韶辉,周瑾,吴碧文,等.构建"大数据+市场监管风险预警"机制研究[N].中国市场监管报,2021-06-08(003).

⊙ 导入案例

中国农业银行广东省分行"跨境e采收"平台为企业出海"加油"

为积极响应国家推动外贸数字化转型发展的战略号召,金融机构纷纷行动。2022年3月18日,中国农业银行广东省分行与中国(广州)国际贸易单一窗口运营实体广州电子口岸管理有限公司联合研发的"跨境e采收"平台在全国农业银行系统内首发顺利上线,并成功为市场采购代理企业及个体工商户办理市场采购贸易项下收结汇业务。该平台在国家外汇管理局广东省分局和广州市商务局的指导下,实现银行与市场采购联网信息平台数据直联,以及业务办理从柜台银行模式向手机银行模式的转变,是金融科技助力广州营商环境优化、推动个体工商户实现"阳光收汇"便捷化的又一重要举措。

农业银行"跨境e采收"平台有覆盖群体广、掌上化办理、多渠道支持和个性化服务四大优势。目前,中国农业银行广东省分行"跨境e采收"平台服务对象包括从事市场采购的代理企业、外综服平台及个体工商户等,其中个体工商户可自行选择通过公司账户或法人个人账户办理市场采购项下的收结汇业务。企业、个体户或个人客户从提交申请到收款、结汇,仅需1台手机即可完成操作,支持7×24小时业务办理,简化了市场商户操作流程,提升了收款效率。该行"跨境e采收"支持多渠道使用,包括农行掌银、农行微银行及小程序等,用户可根据自身使用习惯进行选择。该行还提供个性化汇率管理工具,可支持客户"指定成交"及"挂单结汇"等业务,同时可通过"远期结售汇择期交易"等汇率套期保值工具,满足外贸新业态客户汇率管理需求。

【资料来源:程喆,何李萱.广州农行"跨境e采收"平台正式上线市场采购商户"阳光"收结汇优选[EB/OL].(2022-03-18)[2024-01-09].https://baijiahao.baidu.com/s?id=17276425092
66632450&wfr=spider&for=pc.】

【学习目标】

1. 了解当前主要的国际结算票据、方式
2. 了解大数据在国际票据结算中的应用
3. 熟悉大数据在托收、信用证中的应用
4. 掌握应用大数据技术前后国际结算票据、国际结算方式的变化
5. 掌握 **BPO** 的概念、业务流程
6. 了解大数据背景下 **BPO** 的发展趋势

第一节　大数据与国际结算票据

一、传统票据

(一)汇票

1.汇票的定义

汇票是国际结算中人们选择使用频率较高的信用工具之一。由于贸易双方来自不同国家(地区),双方对彼此可能并不熟悉。在收到货物之前,买方必须支付货款或者做出支付的承诺,因此,在选择主要的结算工具时,倾向于汇票。汇票除了有支付功能外,还是一种债券凭证,且可以转让。《中华人民共和国票据法》(以下简称《票据法》)第十九条规定:"汇票是出票人签发的,委托付款人在见票时或者在指定日期无条件支付确定的金额给收款人或者持票人的票据。"

由此可以看出:第一,汇票可以看作是一种书面命令,该命令是由出票人发出的;第二,其付款是无条件的;第三,出票人、受票人、收款人是汇票的3个基本当事人。

2.汇票的内容

在书写票据时会遇到绝对必要记载项目和相对必要记载项目,那么其具体又包含哪些内容呢? 具体如表7-1所示。

表7-1　汇票的内容

记载项目	具体内容	注意事项
绝对必要记载项目	表明"汇票"的字样 无条件支付的委托 确定的金额 付款人名称 收款人名称 出票日期 出票人签章	若汇票上未记载规定事项之一的,则汇票无效
相对必要记载项目	出票地点 付款地点 付款日期	注意该汇票是即期付款还是远期付款

(二)本票

1.本票的定义

本票是一种需要出票人在到期日无条件支付一定金额给收款人的票据。《票据法》第七十三条规定:"本票是出票人签发的,承诺自己在见票时无条件支付确定的金额给收款人或者持票人的票据。"需要注意的是,本票的基本当事人没有受票人,只有出票人和收款人。

2.本票的内容

根据《票据法》,本票填写中包括的绝对必要记载事项和相对必要记载事项的具体内容,如表7-2所示。

表7-2　本票内容

记载项目	具体内容	注意事项
绝对必要记载项目	表明"本票"字样 无条件支付承诺 确定的金额 收款人名称 出票日期 出票人签章	如欠缺某一项记载事项则该票据无效
相对必要记载项目	付款地 出票地	若未记载本票付款地,出票人的营业场所是付款地;若未记载出票地,出票人的营业场所即出票地

(三)支票

1.支票的定义

《票据法》第八十一条规定:"支票是出票人签发的,委托办理支票存款业务的银行或者其他金融机构在见票时无条件支付确定的金额给收款人或者持票人的票据。"支票的当事人主要是出票人、付款人、收款人。

2.支票的内容

根据《票据法》,支票填写中包括的绝对必要记载事项和相对必要记载事项的具体内容,如表7-3所示。

表7-3　支票的内容

记载项目	具体内容	注意事项
绝对必要记载项目	表明"支票"字样 无条件支付委托 确定的金额 付款人名称 出票日期 出票人签章	如欠缺某一项记载事项则该票据无效
相对必要记载项目	付款地 出票地	若支票上未记载付款地的,则付款地为付款人的营业场所;若支票上未记载出票地的,则出票人的营业场所、住所、经常居住地为出票地

二、电子票据

(一)电子票据的背景

20世纪90年代,中国人民银行推出的《商业汇票办法》为票据电子化奠定了前期基础,2000年后,我国商业汇票市场的规模迅速膨胀。随后的几年里对电子票据或票据电子化需求的增加,来自诸如家用电器、钢铁等行业的核心企业。招商银行和民生银行为了满足市场上对该业务的需求,纷纷拓展本行的业务,开始开展电子票据业务。2007年,各商业银行在面临来自同行的激烈竞争的同时也看到了市场的庞大需求,开始相继推出电子票据业务。由中国人民银行主导的ECDS[①]项目,于2008年立项;2009年,中国人民银行ECDS上线,掀开了票据电子化的帷幕。

进入21世纪以后,数据浪潮席卷而来,应用大数据促进金融服务实体经济成为助推实体经济高质量发展的重要路径之一。大数据的出现丰富了电子票据的含义,并推动其向数字化方向发展。当前的电子票据不仅包括电子化的纸质票据、电文形式的票据,还产生了一部分更具数据特征的票据类型,其中区块链票据就是最为突出的代表。区块链票据在2017年由上海票据交易所率先研发,它是基于区块链技术构建的电子票据,是区块链技术在金融领域的重大突破,具有简化税收流程、提高非税征收效率等优点,是极具发展前景的一种新型票据形态。未来,随着大数据发展深度的不断推进,还有可能出现功能更为强大的智能票据。

虽然近年来,电子票据业务增长较快,但是由于金融机构的推广力度不足、企业认知较弱等原因,造成电子票据的业务量仍低于传统纸质票据,进而其应用也未能达到预期的效果。

---

① ECDS:即electronic commercial draft system,电子商业汇票系统。它是由中国人民银行批准建立的,依托网络和计算机技术,接收、登记、转发电子商业汇票数据电文,提供与电子商业汇票货币给付、资金清算行为相关服务并提供纸质商业汇票登记查询和商业汇票公开报价服务的综合性业务处理平台。

(二)电子票据的概念

电子商业汇票,也就是电子票据。《电子商业汇票业务管理办法》第二条规定:"电子商业汇票是指出票人依托电子商业汇票系统,以数据电文形式制作的,委托付款人在指定日期无条件支付确定金额给收款人或持票人的票据。"主要提供纸质商业汇票登记、查询和商业汇票公开报价服务等综合性业务,以及与电子商业汇票货币给付、资金清算行为等相关的服务。

境内电子票据业务的办理显著增加的时间节点,可以追溯到2009年。在2009年,人民银行搭建了电子票据系统。此外,金融机构也积极提升其在电子票据业务层面的经营意识。近年来,为了加快电子票据的发展,腾讯也加大了在这方面的投入。最终在2021年3月,与深圳市税务局共同发布了全国首个区块链电子发票应用国际标准——《基于区块链技术的电子发票应用推荐规程》。

(三)大数据前后国际结算票据的对比

1.提高了安全性

在互联网、信息技术快速发展前,国际结算的票据大多是纸质化且票据在转移过程中的不确定性过大,加之,操作不当及信用问题,会存在票据的违规签发、恶意诈骗、伪造票据等情况。然而在大数据背景下,快速发展的新兴技术加强了信息的搜索和追溯检索的能力。央行ECDS系统中记录了有关电子票据的所有票据行为,信息实现了透明化。此外,电子商业汇票均需要在系统中集中登记处理,以确保票据的安全性、唯一性和完整性。信息的透明化降低了因伪造、篡改票据而导致的假票和克隆票犯罪的可能。

区块链技术高安全性的"多中心"模式是在改变固有传输结构和系统储存方式的同时,采用去中心化分布式结构而形成。加上区块链固有的特点——数据公开透明、不可篡改,进一步提高了国际结算的安全性。

2.缩短了贸易时间

一方面,在国际贸易中,贸易双方为了获得彼此的信任,往往需要判别票据实物的真伪,部分票据还需要通过银行这一第三方来开立、审核。但是在大数据和数字化的大背景下,买卖双方的信用情况已经数字化、透明化了,可以通过之前的贸易数据来追溯对方的信用情况,进而判断该贸易方是否值得交易,而不需要再额外用特定的实物来证明自己的信用状况。

另一方面,电子商业汇票的付款期限为1年,与之前相比,最长期限延长了6个月。对应的汇票系统也实现了7×12小时交易,突破了原来5×8小时交易的时间限制。

3.单据不符风险降低

电子商业汇票的信息填写主要依靠计算机,而非纸质汇票的人工填写,并且计算机系统有多个核查程序可以自动完成核查,避免了前期人工录入造成的失误。数据是电子票据的重要载体,电子票据的流通完全是电子信息的传递。这就有效防止了在国际贸易中,贸易术语使用不当、运输单据不是清洁提单等单据不符现象的发生,也防止了不良卖方为了减少损失或者免遭违约赔偿,要求承运方签立倒签提单。在大数据背景下,整个贸易过程都能监控和追溯。以区块链技术为例,在智能合约[①]中,通过区块链技术填写交易双方的相关单据信息,如金融单据、商业单据,单据信息不能被篡改,减少了因远距离贸易带来的欺骗行为的发生,提高了信息的准确性。

以往使用纸质票据交易时,步骤较为烦琐,如需辨别票据真伪、确认经办人身份等,大大降低了办事效率。而电子票据省去了部分不必要的环节,在一定程度上提高了效率。同时,电子票据使得办事人不需要前往当地银行办理业务,即便是偏远地区,只要有网络便可办理。对于银行来说,也节省了人力和财力。

4.缺乏健全的法律体系

目前《票据法》尚未对电子票据的概念做出明确的解释,且其中主要的法律条款均涉及纸质票据,基本未涉及电子票据,因此难以明确电子票据产生的法律问题,在一定程度上也影响了电子票据的推广。

第二节　大数据与国际结算方式

一、传统结算方式

(一)汇付

1.汇付的概念

汇付,也称汇款,是指汇款方通过第三方(通常是银行)使用各种结算工具,将款项汇付给收款方的一种结算方式,是国际贸易中最简单的一种付款方式。通常外贸企业会采取货到付款、预付货款、凭单付款等方式进行买卖双方的贸易结算。在汇款业务中,汇款人、汇出行、汇入行、收款人是通常涉及的4个基本当事人。

2.汇付的分类

汇款包括信汇、电汇、票汇3种。

信汇是指汇出行按照汇款人的申请,通过信汇委托书的方式,将其交来的汇款邮寄至汇入行,委托汇入行解付给收款人。电汇是指汇出行按照汇款人申请,以电报或者电传的方式通知境外汇入行,委托其将汇款支付给指定收款人。票汇是指汇出行按照汇款人申请,代替汇款人开立以其分行或代理行为解付行的银行即期汇票,支付一定金额给收款人的一种汇款方式。

3.汇付的业务流程

(1)信汇和电汇的一般业务流程如图7-1所示。

[①] 智能合约:1995年由尼克·萨博首次提出,是一种旨在以信息化方式传播、验证或执行合同的计算机协议。智能合约允许在没有第三方的情况下进行可信交易,这些交易可追踪且不可逆转。

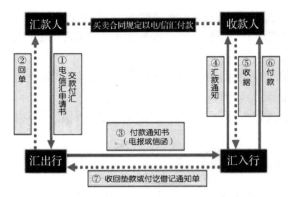

图7-1 信汇和电汇的一般业务流程

①汇款人填写信汇/电汇申请书,并提交给汇出行。

②汇出行将回单交予汇款人。

③根据申请书内容,汇出行向汇入行发出信函或电报指示。

④汇入行收到信函或电报指示后,通知收款人收款。

⑤收款人将收据交予汇入行。

⑥收款人持有效证件到汇入行领取款项。

⑦汇出行收回垫款或付讫借记通知单。

(2)票汇的一般业务流程如图7-2所示。

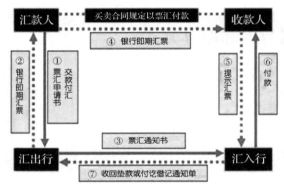

图7-2 票汇的一般业务流程

①汇款人填写票汇申请书,并提交给汇出行。

②汇出行将银行即期汇票交予汇款人。

③根据申请书内容,汇出行向汇入行发出票汇通知书。

④汇款人将银行即期汇票邮寄或携带给收款人。

⑤收款人将银行即期汇票向银行提示付款。

⑥汇入行支付款项给收款人。

⑦汇出行收回垫款或付讫借记通知单。

(二)托收

1.托收的概念

随着生产力的提高,国际市场上逐渐形成了买方市场。在这种情况下,出口商要想扩大贸易,获得更高的利益,必须向进口商提供更加有利的贸易条件。因此,减少使用对自己有利而对进口商不利的付款方式,转而寻求利于进口商的付款方式——托收,便成为许多进口商的选择。

在进出口贸易中,托收是指出口方开具以进口方为付款人的汇票,出口方银行通过其在进口方的分行或代理行向进口方收取货款的一种结算方式。银行只是委托代理和接受委托代理。托收最大的特点是"收妥付汇、实收实付"。

委托人、付款人、托收行、代收行、提示行、需要时的代理人是托收所涉及的当事人。其中前4个为主要当事人,后两个是国际商会在《托收统一规则中》增加的。

2.托收的分类

托收分为光票托收和跟单托收两种。光票托收是指金融单据不附带商业单据的托收，即仅把金融单据委托银行代为收款。跟单托收是指金融单据附带商业单据或不用金融单据的商业单据的托收。托收属于商业信用，银行办理托收业务时，既没有检查货运单据正确或完整与否的义务，也没有承担付款人必须付款的责任。

3.托收的业务流程

托收的业务流程如图7-3所示。

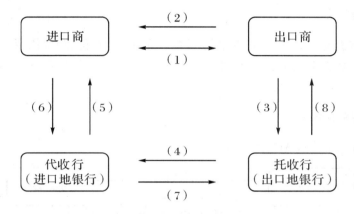

图7-3　托收的业务流程

（1）双方签订交易合同，并在合同中规定使用托收付款的方式。
（2）根据合同约定，出口商须在规定的时间内装运货品发往进口商。
（3）出口商备好成套货运单据，开出汇票，委托托收行收款。
（4）托收行按照托收委托书，委托进口商当地的代理行或支行将全套的货运单据和汇票交给代收行。
（5）托收行通知、提示进口商。
（6）进口商根据提示付款赎单。
（7）代收行收到货款后，通知托收行并转账。
（8）托收行收到货款后，通知出口商并转账。

3.大数据在托收业务中的应用

全球第一个进口代收项下的电子交单业务于2016年由中国银行上海分行办理。此次业务的成功办理推动了《跟单托收统一惯例关于电子交单的附则》（版本1.0）的起草工作。最终在2019年7月1日，该附则正式生效。

与电子交单服务供应商Ess-Databridge、Exchange Limited的顺利合作，使得中国银行厦门分行成功为某大型国企开立了福建省内首笔适用eUCP（UCP supplement for electronic presentation）的电子交单信用证，并在收到电子交单后的两个工作日内顺利完成了审单、付款、电子放单操作。

(三)信用证

1.信用证的概念

信用证是银行做出的有条件的付款承诺。它是开证行依据申请人(进口商)的要求,在满足信用证要求和提交信用证规定的单据的条件下,做出的向第三方(受益人、出口商)开立的承诺,即在一定期限内支付一定金额的书面文件。开证行具有第一性付款责任,但是银行的付款是有条件的,不是无条件付款。

2.信用证的种类

信用证主要有七大类,即可撤销信用证和不可撤销信用证、跟单信用证和光票信用证、保兑信用证和不保兑信用证、即期信用证和远期信用证、可转让信用证和不可转让信用证、循环信用证,以及对开信用证。

3.信用证的业务流程

信用证的业务流程如图7-4所示。

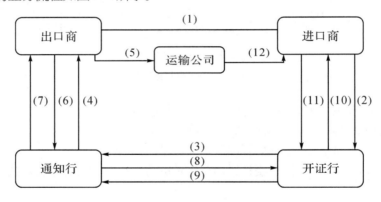

图7-4 信用证的业务流程

(1)进、出口商订立合同,同时双方需确定是否使用跟单信用证付款。

(2)进口商向所在地银行申请开立信用证,该信用证以出口商为受益人。

(3)开证行审核申请人材料后开出信用证给通知行。

(4)通知行核实信用证真伪后通知出口商。

(5)出口商装运货物需要注意两点:一是收到信用证,二是确保自己能够按信用证规定条件履行。

(6)出口商在信用证的交单期和有效期内向通知行交单。

(7)通知行审核单据,若为相符交单则向出口商垫付款项。

(8)开证行收到来自开证行以外的银行寄来的单据。

(9)开证行按照事先约定的方式,在确定单据无误后,对已按照信用证付款、承兑或议付的银行偿付。

(10)开证行通知进口商付款赎单。

(11)开证申请人赎单。

(12)运输公司凭单据将货物交给进口商。

4.大数据在信用证业务中的应用

(1)网银开证

网银开证是通过互联网、云计算等新兴技术,免去了线下办理信用证的复杂手续。客户远程发起业务便可实现申请书、风险确认书等相关纸质签署材料的电子化,使得信息在客户与银行之间快速传送。2015年,中国农业银行威海分行首次办理了网银开证业务。

国际网银开证与传统开证大体流程一致,最大的不同是通过网上办理。首先客户需要在线上银行系统提交信用证的开立申请,之后用其填写相关的电子信息。这一网上办理流程使得业务申请在银行和企业之间快速、安全传递,同时也简化了部分业务办理手续。

该项业务不仅可以让客户在手机端实时查询办理进度,而且还缩短了线下办理业务的交通时间和等待时间,提升了客户的满意度。对银行来说,最大的好处便是办事效率的提高。

(2)电子信用证

电子信用证,也就是信用证电子化。在20世纪70年代,信用证的电子形式有了一些苗头,但是当时信用证的电子化程度并不高。在大数据背景下,数字化、信息化技术的发展使得国际贸易中运输、货物交付等方式也随之发生了变化。国际商会为适应经济发展的新形势,在2002年推出《跟单信用证统一惯例UCP[①] 500关于电子交单的附则》(eUCP1.0)。2007年7月,《跟单信用证统一惯例》(2007年修订版,简称《UCP 600》)开始正式实施,该条例使得电子信用证具有了法律效力,并且其中也包含了电子信用证及其修改规则。2007年在《UCP 600》的基础上,《跟单信用证统一惯例UCP 600关于电子交单的附则》(eUCP1.1)被推出。2019年6月eUCP2.0正式发布,电子信用证开启了2.0时代。

对企业来说,电子信用证大大缩短了贸易的周期和企业资金的周转期,并且可以更快地将资金用于下一次贸易机会。此外,设定特定的权限也被涉及,主要是为了防范在交易时信用证流转单据被换的风险。对银行来说,可以更加便捷地掌握贸易双方合同的有关信息,有效防止信用证的欺诈问题。

在国际领域中,相关机构,如贸易中的出口商、进口商、代理行、保险公司等,所需的电子单据与数据信息业务的传输、交换及核查均通过互联网由诸如BOLERO、ESSDOCS、TSU等比较成熟的电子单据平台提供。以BOLERO为例,在该平台上,涉及货物所有权的转让问题仅需客户线上注册申请而非线下多次排队就能实现,银行也能通过该平台完成开证、审核等相关程序。

(3)审单自动化

结合了金融业务与人工智能的自动审单系统具备以下几点优势:第一,具有集中化平台的单证处理中心;第二,设置了审单规则和专家经验模型;第三,通过AI技术使得单据处理

---

① UPC:即 Uniform Customs and Practice for Documentary Credits,指跟单信用证统一惯例。

过程智能化、标准化、统一化。

包括单据扫描、信息搜集、录入分类、内容比对等一系列程序在内的OCR①图像及文字识别技术是人工智能审单系统的重要组成部分,对关键信息的抓取、归类、分析及筛查涉敏信息时均使用的是该技术。此外,大量分析、比对和处理影像信息的工作也能够由它完成,业务处理的效率由此得以提升,并且也能有效规避人工操作带来的失误。

二、大数据背景下的国际结算方式

(一)银行付款责任结算

1.背景

市场上出现供大于求的情况,与生产力的提高密切相关,长期如此市场会逐渐转为买方市场。在这种情况下,国际上出现了新的贸易方式——赊销(open account,O/A)。跟单信用证等银行的传统业务极大地受到了赊销结算占比过大的影响。据统计,当前超过80%的结算为赊销结算。由于赊销是一种对买方有利、对卖方不利贸易形式,而且信用证不适用于赊销,因此,为了顺应供应链迅速发展的需要,环球金融同业电信协会于2009年推出了银行付款责任的国际贸易结算方式(bank payment obligation,BPO),以满足便捷、高效、保证卖方的收款安全。

《银行付款统一规则》(Uniform Rules for Bank Payment Obligations,URBPO)于2013年7月1日起开始实施,由国际商会和环球金融电信协会共同制定。

2.BPO的概念

根据《银行付款责任统一规则》,银行付款责任是付款行提供的以收款行为受益人的,在指定的时间对与之前在贸易数据匹配应用平台建立的基础信息匹配成功的贸易数据支付一定金额的不可撤销的、独立的、有条件的付款承诺。它是国际商会和SWIFT组织为了适应互联网金融而联合打造的贸易融资链上的自动化、电子化的结算方式。

截至2018年,提供BPO业务办理的技术平台已有48个国家(地区)的169家金融机构,但仅有58家银行已使用BPO开展业务,说明BPO的普及程度仍不高。

3.BPO的业务流程及优缺点

(1)BPO的业务流程

第一,数据匹配前的准备阶段。

买卖合同在交易双方成功签订之后,进口商银行需要取得来自进口商提供的合同中的基本数据信息及BPO的相关条件,之后进口商银行按规定再提交到TSU(trade services utility,贸易公共服务框架平台)系统上。对于交易中的卖方,其首先需要向银行确认买方提供的数据和BPO条件,同理,出口商银行也需将出口商提供的数据上传至TSU系统。以上操作均完成后,需要一个中介,也就是TSU中的交易匹配应用平台(transaction matching

---

① OCR:即optical character recognition,光学字符识别。它是指电子设备(例如扫描仪或数码相机)在检查纸上打印字符后,通过检测暗、亮的模式确定其形状,然后用字符识别方法将形状翻译成计算机文字的过程。

application,TMA），匹配各方银行提供的数据。匹配结果由买卖双方各自的银行告知客户。基线在数据匹配成功后达成。

第二，数据匹配阶段。

与前期阶段一样，在货物由出口商发往目的地后，首先需要主动向出口商银行提交有关货运单据的数据；其次，出口商银行将收到的数据上传至TSU系统，然后与之前达成的基线进行匹配。匹配报告也是由进口商银行告知出口商，若匹配成功，则出口商会收到出口商银行通知。反之，进口商收到进口商银行的通知说明匹配不符，并且进一步询问是否接受匹配不符。

第三，数据匹配后的资金划拨阶段。

无论匹配成功与否，进口商均接受，则出口商会寄来相关单证，如发票、货运单据，进口商用以提取货物。进口商银行在约定的付款日期内，主动付款给出口商银行。在出口商银行收到来自进口商银行的款项后，将款项划到出口商账户，交易完成。

BPO的业务流程如图7-5所示。

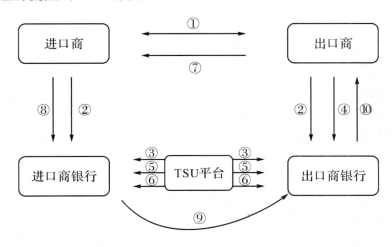

图7-5　BPO的业务流程

资料来源：整理自魏巍，廖雪怡，罗尹哲.BPO结算方式研究及两阶段发展建议[J].对外经贸实务，2020(11)：69-72.

BPO的具体步骤如下。

①进出口双方签订合同，确定使用BPO。

②进口商、出口商分别向进口商银行和出口商银行提交贸易数据。

③双方银行向TSU平台发送数据，创建基础信息。

④出口商递交运输单据。

⑤TSU平台中的TMA平台查核已装运数据与已创建的基础信息的匹配性。

⑥TSU平台通知双方银行数据匹配结果。

⑦出口商寄送相关单据给进口商。

⑧进口商付款给进口商银行。

⑨进口商银行支付款项给出口商银行。

⑩出口商银行将款项划至出口商账户。

（2）BPO使用平台

根据上述BPO的流程③，可知在用BPO进行结算时，使用的平台是TSU。

TSU在2005年由SWIFT开发出来，旨在对订单、发票等单据信息进行统一处理匹配，集中处理数据，实现工作流引擎，向贸易双方银行汇报整个过程情况。

TSU的运作流程是：首先，将贸易信息，如物流信息、商品信息等，上传到电子交换平台；然后，核验、匹配、分析上传的有关内容。这一运作流程不管对卖方银行还是买方银行来说，都能够知悉进出口各环节的信息，而非局限于付款和开证环节，通过TSU平台认证的信息还能有效防控风险。对于进出口的企业而言，它加快了贸易融资的速度，降低了融资的难度。

（3）BPO的优缺点

①优点

一是数据化和电子化。从BPO的业务流程来看，BPO是买方将合同的基本数据交给银行，由银行录入TSU系统后再进行数据匹配。一方面，银行是数据的接收者，从而降低了银行对数据处理的出错率；另一方面，和其他结算方式相比，公司通过减少到处审单的流程和时间而提高了公司的效率。此外，通过BPO结算，还能保留逐条数据，即企业和银行完成首笔BPO业务之后，下一次银行就不用重复录入的数据，从而形成企业的核心信息数据库。

二是速度快、成本低。BPO的电子化和数据化加快了资金流转、业务办理等过程，减少了对纸质化材料的使用。同时，和其他结算方式相比，BPO缩短了业务办理流程，且在国际上BPO的收费水平目前已与信用证收费水平持平。因此，通过BPO的结算方式来办理国际业务，能有效节约人力、物力、财力。

②缺点

一是银行和出口商的风险降低，进口商的风险增加。对于银行来说，BPO避免了履约风险，使得回款也更加便捷。对出口商而言，减少了被拒付的风险，使得其收汇更有保障。并且BPO由于其速度快，企业能够在短时间内使资金得到周转。进口商所面临的风险增加来自货物可能不是其所需的货物。

二是银行收入会降低。一方面，银行需要花费大量的人力、物力、财力来宣传BPO；另一方面，BPO的推广可能会冲击到银行原有的贸易业务，使得原有的一些结算费用的收入减少。

4.BPO在中国的应用

（1）中国采用BPO的银行

中国银行在2010年4月成功启动了该项业务，也是境内第一家开办BPO业务的银行。2014年4月，中信银行开启了BPO业务，也是境内第二家办理该业务的银行。目前，已有中国银行、交通银行、中国民生银行、中信银行等多家银行开办了BPO业务。

（2）在中国应用受到阻碍的原因

①贸易数据平台对接不完善

目前只能通过TSU平台开展BPO业务，部分原因是中资银行的内部操作系统与TSU平台难以实现有效对接，使得银行内部系统的自动联动记账难以实现，进而限制了境内对BPO业务的拓展。由于银行是贸易数据的接收者而非数据的源头，所以企业能否将数据准确无误地以正确的方式传给银行也是一大难题。这也使得交易流程存在欺诈的风险,银行须自行承担该风险。

②贸易供应链服务不完善

贸易供应链环节可分为3个部分:国际物流环节、服务环节、资金流动环节。与欧美发达国家相比,境内供应链贸易金融相对滞后,使银行不能参与贸易的各个环节,控制各个环节的风险,也不能更好地提升客户的满意度。

③相关法律不完善

我国商业银行开展BPO的业务量较少,虽然目前已有几家银行办理过BPO业务,但是仍处于前期的摸索阶段。在实际操作过程中,少有用来分析并总结经验的案例。由于BPO在我国处于起步阶段,因此尚未有针对该项业务的完善的法律法规。

跟单信用证经过百年发展已相对完善,而BPO目前仅有《银行付款责任统一规则》来规范银行的责任,并未规定贸易双方、贸易商与银行之间的责任。并且BPO业务下的法律纠纷问题不属于URBPO的范畴,URBPO是独立于贸易合同和法律文本的,这在一定程度上限制了BPO的发展。

5.大数据背景下银行付款责任的发展前景

(1)银行付款责任的优势

①缩短了国际结算时间

银行付款责任通过SWIFT进行买卖双方数据匹配,整个过程是利用计算机、网络完成的。只需贸易相关方将数据录入,系统便可自动进行结算。据国际商会的统计,在国际结算中使用信用证进行结算,每单平均需要11天。相比之下,银行付款责任平均每单能节省6～8天的时间,仅需3～5天便能完成。

②降低了结算成本

在BPO规划中,货物一经发货,单据直接由出口商交给进口商,不需要通过第三方付款交单,且在该结算方式下只需种类较少的外贸单证,使得单证在银行之间的传递和审单的过程进一步简化。这不仅降低了买卖双方的贸易费用,也降低了银行制作单据的费用。

③便利了卖方融资

在进行国际结算时,若将BPO规定为结算方式,贸易双方均应向TSU平台提供交易信息,出口商银行可通过TSU平台直接查询,了解出口商以往的征信情况。一方面减少了银行调查企业的时间、人力成本,能更加彻底地了解贸易开展的情况;另一方面,对于企业来说,有利于出口企业授信条件的改善,减少了其融资的时间。

④降低了风险

在赊销付款方式下,BPO的推出在一定程度上降低了买卖双方的风险。从收汇的角度来看,若贸易数据匹配成功,则付款行负有第一付款责任,且该责任只有在当事人同意时才能撤销,所以在赊销贸易中的卖方所面临的收汇风险能够通过BPO降低。此外,人工审单所造成的失误也能通过TMA平台而有所降低。

(2)银行付款责任发展存在的问题

①缺少相关法律法规

国际上通用的适合银行付款责任的规则仅有URPBO,并且制定的时间距现在也较长,很难适应现在国际结算的新形势。由于国际商会自身的民间团体性质,导致URPBO不具有法律地位,也就不具有法律的约束效力。

②未实现企业网络端的数据处理

虽然银行付款责任的业务大部分是通过系统自动匹配数据的,但是仍有部分信息需要银行确认,这增加了银行的工作量,使得银行推广BPO并不积极。在企业不了解BPO优势的情况下,仍然会选择自己经常使用的贸易结算方式。

③无法在线转让物权单据

在BPO业务中,出口商仍然要将纸质单据寄给进口商。在担保行履行付款责任而申请人拒绝偿付时,会造成担保行无物权控制权的情况,进而陷入被动局面。因此,在实际业务办理中,银行往往要求进口商缴纳保证金或者只为资信良好的大型企业提供BPO业务。

(二)使用大数据前后国际结算方式的对比

1.效率提高,费用逐渐降低

银行往往对汇款、托收、信用证等国际结算方式收取较高的手续费、交易费。以中国银行为例,其按照托收金额的1%收取相关费用,单笔最低20元,最高1000元,并且还要额外增收邮费。但在大数据背景下,单据数字化、货币数字化,简化了交易流程,大大减少了人力、财力成本,从而大幅降低了交易费用和银行手续费。

2.贸易周期缩短

不管是汇款、托收还是信用证,都需要通过代理行来建立交易双方的关系,以便资金能够顺利划转。由于中间代理层级较多,容易出现时间延迟的问题。此外,每笔跨境支付除了要在银行进行录入,还需要银行和交易双方进行对账和资金清算等操作,这极大地降低了跨境支付的速度。

在大数据背景下,许多中间环节可自动化完成,如对单据数据内容的输入和核对等,省去了重复的数据填写和输入工作,大大提高了跨境支付的效率。以区块链信用证业务为例,贸易双方都在同一个区块链系统里面,开办信用证的一方将信用证的有关内容变成了数字信息,保存在智能合约里。出口商准备货品并发货,在系统中录入所需单据。之后凡与该贸易相关的部门,都需要使用去中心的记账方法将所涉及的交易内容数据录入,并且在此次交易的区块链里也需要记录。当进口商拿到货物时,会自动对单据进行检验,不需要人工再一一核对,然后再转移数字资产。与此同时,出口商在收到货款前都能实时监控货物的动态信息。

3.贸易风险降低

对汇款方式来说,如果买方在未收到货物的前提下先行付款,则会面临货款两空的风险。对托收方式来说,它是一种有利于进口商、不利于对出口商的付款方式。从出口商的角度来看,出口商将面临进口商的信用风险、政治风险、法律风险等。在国际贸易中,贸易双方在不同的国家(地区),对彼此的情况不够了解,面临的风险也就更大。出口商可能会面临因进口商企业经营不善而破产,进而造成出口商不能收回货款的状况。在信用证方式下,虽然贸易双方通过代理行对彼此的信用状况有了一定的了解,但是若开证行无力支付或拒付,则风险仍由出口商承担。

在大数据背景下,在技术信用的基础上所完成的贸易结算,能有效规避来自对方的信用风险、法律风险、未及时对货物采取保全措施等风险问题。因此,与采用大数据前的国际结算方式相比,风险大大降低了。

(三)金融科技在支付结算中的应用

1.云计算

小型计算机系统广泛用于分布式数据库。DBMS[①]在每台计算机上可能存在完整副本或部分副本,并且每台计算机的数据都有一个本地数据库,该数据库位于不同的位置,可以通过网络连接将分布在不同位置的计算机形成一个大型的数据库。

高弹性、低成本、全分布、全冗余是分布式数据库中大型事务和数据处理架构的标志。这些功能不仅可以降低运营和维护成本,还可以确保业务交易不受服务器影响。网络、结构化数据存储和查询等异常情况也可以使用分布式数据库来解决。目前,云计算广泛应用于非银行业务,商业银行也在逐步采用云计算等新技术来改进其支付系统。

2.大数据与机器学习技术

在支付结算的过程中,对用户行为分析和交易欺诈识别防范的大数据运用最为广泛。支付结算的数据能够通过大数据技术在后台加以分析来进一步了解该用户的消费行为,例如用户的消费偏好、交易支付习惯等,在准确分析用户行为后,能够精准发现目标客户,保证了营销的高质量。

此外,大数据技术还可以判断账户信息,有效防范风险。如提前通过电话或者短信告知客户某类电话号码是诈骗电话,需小心防范,以此提前识别恶意用户的身份。腾讯的"天御"便是利用大数据建立的反欺诈平台。它从3个方面为新型反诈骗提供技术支撑,分别是算力、算法、数据。在"天御"的保护下,若客户在支付结算过程中遇到了欺诈,那么企业不用像以往一样必须更改IT系统才能保护企业和客户的权益。此外,腾讯为了降低金融诈骗风险,将旗下的"灵鲲"开放给金融机构。据统计,"灵鲲"单日预警数百万起诈骗案,挽回经济损失超10亿元。

3.区块链技术

支付和支付信息的高效流转离不开区块链等良好技术的支持。它具有去中心化、防篡改、公开透明的三大特点,可以在一定程度上解决常规公有链存在着的"三重悖论",即"高效""安全""中介"的问题。

总的来说,区块链技术可以提高跨境支付的效率,降低商业成本,保障交易结算的安全。目前,区块链技术正在逐步应用于跨境支付领域。区块链技术的具体应用如表7-4所示。

[①] DBMS:即database management system,数据库管理系统。它是一种操纵和管理数据库的大型软件,用于建立、使用和维护数据库。它对数据库进行统一的管理和控制,以保证数据库的安全性和完整性。用户通过DBMS访问数据库中的数据,数据库管理员也通过DBMS进行数据库的维护工作。

表7-4　区块链技术的具体应用

时间	银行/公司	使用的系统/技术
2016年	澳大利亚联邦银行 美国富国银行	Brachets 系统
2017年	招商银行	区块链直联跨境 支付应用技术
2017年	中国银行	中银全球智汇
2018 年	中国银行	区块链跨境支付系统
2018 年	IBM公司	IBM区块链世界线（IBM Blockchain World Wire）

　　然而,结算的终局性问题尚未被区块链解决。结算的终局性是指在法定或约定时点,在交易后的清算和结算环节中,交易双方及其中介机构约定更新各自账本实现结算、资产归属确定,并衡量和监控相关风险。由于共识机制、共享账本及其特征状态由多个主体共同更新,因此只能以概率来确定最终结算结果,这使得在法律层面上进行责任划分比较难。在这种不确定性的影响下,区块链技术仍然难以在支付领域,尤其是商业应用领域进行大规模应用。

思考题

　1. 汇票、本票、支票的区别?

　2. 电子票据会带来哪些不确定性?

　3. 大数据在信用证业务中的应用有哪些?

　4. 信用证、托收与银行付款责任之间最大的区别是什么?

　5. **BPO** 对于银行、进口商、出口商分别有什么优缺点?

▤ 第七章小结

第八章
大数据与国际商法

导入案例

日本对于大数据的保护——行为规制方法

2021年11月13-14日,由中国政法大学民商经济法学院知识产权法研究所主办、百度公司协办的"大数据、人工智能和知识产权"国际研讨会在线上成功举办。日本东京大学法学院教授田村善之做了《日本对于大数据的保护——行为规制方法》的主题演讲。

田村善之教授参与了日本《反不正当竞争法》的修法过程,但他一直存在是否需要通过新设法律保护大数据的疑问。市场本来就有其激励机制,只有当市场激励失效时,法律保护才显得必要。对于大数据而言,通过对商业秘密及技术措施的保护已经能够使商业主体通过许可获得投资补偿。因此,即使没有著作权等手段,也不意味着对收集、提供大数据行为激励的丧失。田村善之教授随之提到修改前的日本《反不正当竞争法》对于数据保护存在一些漏洞。首先是在商业秘密的保护方面,如果数据被社会公众所熟知,就不符合商业秘密的构成要件;其次是关于技术保护措施的规定,其仅禁止提供规避技术措施的行为,而不涉及实施规避的行为及使用通过规避技术措施获取内容的人。鉴于日本已经出台一些保护大数据的行政措施,因此,其在立法过程中主要关注的是减轻法律规制的副作用来避免对于数据自由流通和使用的不必要损害。

对于日本新版《反不正当竞争法》中修改的具体条款,田村善之教授指出,新法对于数据保护采取的是更偏向于行为规制的混合规制。从客体来看,受到保护的数据具有以下5个构成要件,分别是以营业为目的向特定人提供、数据达到一定量的积累、属于技术信息或者经营信息、通过电磁方式管理并且不同于公众可以无偿利用的信息。从规制的行为来看,修改后的《反不正当竞争法》对于大数据的保护类似于对商业秘密保护,但限制的行为范围更窄。一方面进行行为限制,另一方面又确定例外条款,为正当的数据利用提供安全港。

【资料来源:中国政法大学民商经济法学院."大数据、人工智能与知识产权"国际研讨会综述[EB/OL].[2023-12-21].http://msjjfxy.cupl.edu.cn/info/1046/7552.htm.】

【学习目标】

1. 了解当前合同法、国际货物买卖法、工业产权法等国际商法的相关规定,熟悉当前国际经贸运行规则

2. 掌握大数据时代下从事国际经贸活动要遵循的国际规则,以适应国际贸易领域和商事领域发展的新要求

3. 对比大数据下不同国家(地区)国际商法的有关内容,不断完善我国商务法律制度,对标高标准国际经贸规则

第一节　国际商法概述

一、国际商法的概念

国际商法的概念演变可以追溯到19世纪末和20世纪初的国际商事法。国际商事法最初是由各国制定的一系列境内法规，主要目的是协调和解决跨境商业交易中的争议和纠纷。随着国际贸易的快速发展和全球化的加速，这些境内法规已经无法满足跨境商业交易的需要，国际商法概念应运而生。

二战后，各国逐步合作，制定了一系列国际公约和条约，旨在为跨境商业交易提供更加明确、稳定和公正的法律框架。这些国际公约和条约逐渐成为国际商法的重要组成部分，如《联合国国际货物销售合同公约》（以下简称《货物合同公约》）《国际商事仲裁规则》《巴黎公约》等。

不同国家（地区）对于国际商法的定义可能存在一定的差异，但大多数国家（地区）都将国际商法定义为关于跨境商业交易的法律规则和原则，涉及国际贸易法、国际商事仲裁法、国际投资法、国际知识产权法等领域，以下是一些主要国家（地区）和国际机构对于国际商法的定义，如表8-1所示。

表8-1　主要国家（地区）和国际机构对于国际商法的定义

国家（地区）和国际机构	对于国际商法的定义
美国	关于跨境商业交易的法律规则和原则，包括国际贸易、国际商事仲裁和国际投资
欧盟	关于跨境商业交易的法律规则和原则，涉及国际贸易、国际商事仲裁、国际投资、国际知识产权等领域
中国	关于中国与其他国家（地区）之间的商业交易和投资活动所适用的国际商法规则和原则，包括国际贸易法、国际投资法、国际商事仲裁等，它们通常涉及国际组织、国际协议和国际惯例
国际商会	关于国际贸易和商业交易的法律规则和原则，包括国际合同法、货物销售法、知识产权法、仲裁法等
联合国国际贸易法委员会	关于国际商业交易的国际商法规则和标准，包括《联合国国际货物销售合同公约》《联合国跨国公司行动守则》等
世界贸易组织	涉及国际贸易的法律规则和原则，涉及最惠国待遇、非歧视原则、关税与贸易壁垒等

所谓国际商法（international business law 或 international commercial law），是指调整国际商事交易和商事组织的各种关系的法律规范和惯例的总和。国际商法调整的对象是国际商事法律关系[①]。

所谓国际商事关系，是以营利为目的的国际商事主体参与的商品流转关系。其主体不

[①] 吴兴光.国际商法[M].2版.北京:清华大学出版社,2020.

论是个人、法人、政府或国际组织,只要这种商事关系的当事人分属于两个以上不同的国家(地区)或国际组织,或其所涉及的商事问题超越国(地区)界的范围,这种关系就可称之为国际商事关系。

国际商法的最初形式是商人习惯法,其可以追溯到中世纪时期。欧洲商品经济的产生和发展,在很大程度上推动了地中海海上贸易和国际性商业中心城市的形成。而在通往东方的地中海沿岸发达城市,部分商人为了挣脱封建领主的束缚,利用自身经济优势组建了商人法庭,逐步积累了各港口集市间的商界普遍适用的自治规约和商事规则,由此制定出的法律也被称为"商人法"。后来随着欧洲航海贸易的不断扩张,商人法的适用范围也随之扩大,逐步发展为欧洲商人在港口或城市用以调整实际经贸活动的法律和国际惯例。这种跨越国(地区)界的商事交易法打破了空间上的限制,保证了在一个地区实施的行为能够在另一个地区被承认。基于此种社会现实,国际商法应运而生。反之,国际贸易的逐步发展和扩大也为国际商法的完善提供了物质基础。

二、典型国际商法

(一)合同法

1.合同概述

合同(contract)又称契约,是商品交换的法律形式。在现代商品经济社会中,合同关系体现在生产、交换、分配和消费的各个环节。在国际经济贸易的范畴中,从传统的货物买卖到新兴的服务贸易,无一不需要合同的约束。传统的民法认为合同有广义与狭义之分:广义的合同包括债权合同、物权合同及亲属关系方面的合同;而狭义的合同只包含债权合同,即当事人之间为设立、变更或终止债权债务关系而达成的协议。

由于社会条件、历史背景的差异,各国(地区)对于合同概念的界定不尽相同。德国民法采用广义的合同概念,而法国、日本和英美法系国家的合同法均采用狭义的合同概念。我国采用的也是狭义的合同概念。《中华人民共和国民法典》(以下简称《民法典》)第464条规定,"合同是当事人之间设立、变更、终止民事关系的协议。"这里所说的"民事关系",包括债的关系,即当事人一方请求另一方为一定行为或不为一定行为(作为或不作为)的权利义务关系;也包括物权关系,即当事人之间设立、变更、终止物权而产生的权利义务关系,但没有包括亲属关系。同时,合同是平等主体的自然人、法人、其他组织之间设立、变更、终止民事权利义务关系的协议[1]。

无论对合同概念如何表述,不同国家(地区)合同法普遍认为合同具有以下特征:①合同是平等地位的当事人之间的协议;②合同是当事人之间设立、变更或终止债权债务关系的协议;③合同是具有法律约束力的协议。

2.合同成立

合同的成立(formation of contract)是合同法中最重要的组成部分,通常是指合同双方当

---

① 党伟.国际商法[M].辽宁:东北财经大学出版社,2019.

事人作出意思表示并达成一致的一种状态。法律上把它们划分为要约与承诺两个基本步骤。

（1）要约的概念

要约（offer）是要约人（offeror）向受要约人（offeree）发出的订立合同的建议。根据1980年《货物合同公约》的规定，凡向一个或一个以上特定的人提出的订立合同的建议，如果十分确定并表明要约人在得到接受时受约束的意思，即构成要约。

根据《货物合同公约》的这一条款，并参考各国（地区）法律的规定，一项有效的要约应具备以下条件。

第一，要约原则上应向一个或一个以上的特定的人提出。非向特定的人提出的订约建议，如果提出建议的人没有明确表示相反的意向，就不是要约，而是要约邀请（invitation to make an offer）。要约邀请是邀请相对人提出要约，相对人的要约须经要约邀请人承诺后，合同方能成立。

第二，要约的内容应当"十分确定"。要约一经受要约人有效接受，合同便告成立，因此要约的内容必须十分确定。要约内容"十分确定"要求一项有效的要约应包含合同的主要条款，但各国（地区）法律对要约内容的确定性要求各有差异，在缺少某些条款的情况下，部分国家（地区）法律授权法院依照具体情形判定。

第三，要约应当表明要约人愿受其要约约束的意思。有效的要约是要约人发出的、以缔结合同为目的的明确建议。因此，一旦受要约人作出承诺，要约人就应当受其约束，合同关系在双方当事人之间产生。在国际贸易实践中，大部分要约并不明确说明要约人是否受要约的约束，通常需要根据具体情况推断。建议包含的交易条件越为详细明确，就越容易被推定为要约。一般认为，只要内容明确肯定，当事人没有相反的意思表示，即可推定为要约人有受约束的意思。

（2）承诺的概念

承诺（acceptance）是指受要约人向要约人作出同意要约内容的意思表示，承诺在内容上必须和要约一致。由于社会文化环境和经济发展水平不同，各国（地区）对此规定不一，要求承诺在形式上与要约完全一致对各国（地区）间的商事交易会造成困难，因此各国（地区）法律均要求承诺与要约内容基本一致或实质上一致即可。对此，《货物合同公约》第19条作了如下规定。

第一，对要约表示接受但载有添加、限制或其他更改的答复，即为拒绝该项要约并构成新要约。

第二，对要约表示承诺但载有添加或不同条件的答复，如所载的添加或不同条件在实质上并不变更该项要约的条件，除要约人在不过分迟延的期间内以口头或书面通知反对其间的差异外，仍构成承诺。如果要约人不作出这种反对，合同的条件就以该项要约的条件及承诺通知内所载的更改条件为准。

第三，有关货物价格、付款、货物质量和数量、交货地点和时间、一方当事人对另一方当事人的赔偿责任范围或解决争端等的添加或不同条件均视为在实质上变更要约的条件。

3.违约责任

违约，即违反合同，是指合同当事人没有全部或适当地履行合同，或者拒绝履行合同。

《民法典》第577条规定,当事人一方不履行合同义务或者履行合同义务不符合约定条件的,应当承担继续履行、采取补救措施,或者赔偿损失等违约责任。

（1）大陆法系的规定

大陆法系以当事人的过错（故意或过失）作为违约责任的前提。例如,《法国民法典》第1147条规定,凡不履行合同是由于不能归责于债务人的外来原因所造成的,债务人即可免除损害赔偿的责任。又如,《德国民法典》第276条第1款规定,债务人如无其他规定,应就其故意或过失的行为承担责任。在大陆法系中,与违约有关的,还有一种催告制度。所谓"催告"（putting in default）,指的是债权人提请债务人履约的通知。在合同没有明确规定履行日期的情况下,只有经债权人催告后,债务人才承担延迟责任。

（2）英美法系的规定

虽然英美法系不属于"过错"（fault）概念,但它在解释违约时实际上与大陆法系十分接近。例如,《美国合同法重述》第314条对"违约"的定义是:没有法律上的理由,不履行构成合同全部或部分的承诺。所谓"没有法律上的理由"（without legal excuse）,与"过错"的含义是一致的。根据英国《货物买卖法》的规定,在违反要件的情况下,受害方有权解除合同并要求赔偿损失;而在违反担保的情况下,受害方不能解除合同,而只能要求违约方赔偿损失。

（3）国际公约和国际惯例

根据《国际商事合同通则》第7.1.1条的规定及注释,合同不履行包括:瑕疵履行或迟延履行,不可免责的不履行与可免责的不履行。对于可免责的不履行,受损害方当事人无权要求损害赔偿或实际履行,但有权要求终止合同①。

《货物合同公约》根据国际贸易活动的实际需要,将违约分为根本性违约（fundamental breach）、非根本性违约（non-fundamental breach）及预期违约（anticipatory breach）3种情况。根据《货物合同公约》的有关规定,在根本性违约的情况下,受损害的一方有权要求宣告合同无效并要求损害赔偿;而在非根本性违约的情况下,受损害的一方只能要求损害赔偿,而不能主张合同无效。第71条和第72条还分别规定了预期违约的两种情况:一是在订立合同后,一方当事人发现对方的履约能力或信用有严重缺陷,或者从对方履行合同的行为中,确认对方显然将不履行其大部分重要义务,一方当事人可以中止履行其义务,但是其必须将中止履行通知对方,如对方对履行义务提供充分保证,则其必须继续履行义务;二是如果在履行合同日期之前,明显看出一方当事人将根本违反合同,另一方当事人可以解除合同。

（二）国际货物销售法

国际货物销售（international sale of goods）,即传统意义上的国际贸易,是国际经济交往的重要形式。随着经济全球化的深入和电子通信技术的发展,国际贸易的范围正在悄悄发生转变,从传统的有形贸易即货物销售逐步扩展到技术贸易、服务贸易、数字贸易等新型贸易形式,但国际货物买卖在各国（地区）对外经贸合作中的地位仍然居高不下。因此,各个国家（地区）在增强自身经济实力的道路上仍然看重对外货物贸易。相应地,国际法律界、贸易界人士也在持续关注国际货物销售的法律调整。

---

① 党伟.国际商法[M].辽宁:东北财经大学出版社,2019.

1.国际货物销售合同

根据《货物合同公约》第1条的规定,本公约适用于营业地在不同国家(地区)的当事人之间所订立的货物销售合同:①如果这些国家(地区)是缔约成员;②如果国际私法规则适用某一缔约国(地区)法律。因此,我们所说的国际货物销售合同,或国际货物买卖合同,是指营业地分别位于不同国家(地区)的当事人之间进行进出口货物的协议。因此,在确定国际货物销售合同时,参照的标准并不是当事人的国籍,而是当事人的营业地分属的不同国家(地区)。

在营业地的确定上,按照《货物合同公约》第10条的规定,如果当事人有一个以上的营业地,则以与合同及与合同的履行关系最密切的营业地为其营业地,但要考虑双方当事人在订立合同前任何时候或订立合同时所知道或所设想的情况;如果当事人没有营业地,则以其惯常居住地为准。

在范围上,国际货物销售合同是狭义的买卖合同,它的客体是货物即有体动产,而不包括各种票据、权利财产、不动产和劳务等①。

在合同形式上,目前世界各主要国家(如英国、德国、法国等)的法律对一般货物销售合同都不要求具备一定形式。我国也采用了这种"不要式"原则,书面形式、口头形式或其他形式都可以采用。《民法典》第469条规定,书面形式是合同书、信件、电报、电传、传真等可以有形地表现所载内容的形式。

2.卖方义务与买方义务

(1)卖方义务

在国际货物买卖中,普遍认为卖方的义务应包括交付货物、对货物的品质担保及对货物的权利担保等。

①交货地点

买卖双方可在合同中约定交货地点,若采用"FOB青岛"价格条件,即在青岛装运港船上交货。对于未规定交货地点的合同,则须根据适用的法律确定交货地点。各国(地区)法律对于这个问题的规定大致相同,大陆法系和英美法系依合同的标的物是特定物或非特定物而定。

②交货方式

国际货物买卖中可分为实际交货(actual or physical delivery)和象征性交货(symbolic delivery)两种方式。实际交货,是指卖方将货物交给买方实际控制,如工厂交货和目的地交货,都属于这种情况。象征性交货,又称拟制性交货(constructive delivery),是指卖方将所有权凭证(如仓单或提单)交给买方,意味着交货,如按FOB、CFR或CIF条件成交,就属于象征性交货。

③品质担保义务

卖方的品质担保义务,是指卖方对所交付的货物在质量、用途、性能和特征等方面的担保,双方可在合同中明确规定。如合同未作具体规定,则应按合同所适用的有关国家(地区)

---

① 吴兴光.国际商法[M].2版.北京:清华大学出版社,2020.

的法律或国际公约办理。

④权利担保义务

权利担保义务,又称权利瑕疵担保责任,包括以下3个方面的内容:①卖方保证对其所出售的货物拥有完整的所有权;②卖方保证在其所出售的货物上不存在任何未向买方透露的担保物权,如抵押权、质权或留置权;③卖方保证其所出售的货物不侵犯他人的工业产权和其他知识产权。作为卖方的法定义务,上述权利担保义务在各国(地区)法律中均有规定[1]。

(2)买方义务

在国际货物买卖合同中,各国法律对买方义务的规定大致相同,即支付价款和收取货物两项基本义务。《货物合同公约》第53条规定,买方必须按照合同和本公约规定支付货物价款和收取货物。

3. 货物所有权与风险的转移

(1)所有权转移

所有权,是指所有权人依法对其财产享有占有、使用、收益和处分的权利。可以说货物所有权的转移节点,与国际货物买卖中的双方当事人利害攸关。尤其是在一些突发情况下,如当事人一方破产或死亡,货物所有权转移与否,将直接影响到另一方的根本利益。对此,各国(地区)法律规定不尽相同。

①大陆法系国家(地区)的规定

大陆法系国家(地区)将所有权转移当作是物权变动的一种形式。所谓物权,是指权利人直接支配其标的物,并享受其利益的排他性权利。民法上的物权一般包括所有权、用益物权(如地上权、地役权、典权等)、担保物权(如抵押权、质权、留置权等)。

法国法认为,债权合同直接导致物权的变动,交付和登记只是作为对抗第三人的要件,除债权合同外,不存在其他引起物权变动的合同。例如,A与B签订摩托车买卖合同。这个合同是债权合同,在A、B之间产生债权债务关系。自合同签订之日起,该摩托车的所有权就转移给B,不需要双方另外意思表示,这是债权合同的效果。因此,《法国民法典》第1583条规定,当事人双方就标的物及其价格相互同意时,即使标的物尚未交付,价金尚未支付,买卖即告成立,而标的的所有权依法由出卖人移转于买受人。

②英美法系国家(地区)的规定

与前者不同,英美法系国家(地区)是通过判例的积累来确定所有权转移的规则,其在实质上更倾向于区分货物是否已经特定化。

以美国法为例。美国《统一商法典》将"货物所有权在货物未划拨到合同项下前不转移给买方"作为基本原则,又允许当事人在合同中可以对所有权转移时间进行规定。这里需要明确的一点是,卖方通过保留物权凭证(如提单)来保留对货物的权益的做法对货物按合同约定的时间转移给买方是没有约束力的,这种行为仅限于对货物享有担保权益。而对于没有明确约定货物所有权转移时间的合同,当卖方完成交货义务时,货物所有权就应当转移给买方。

---

[1] 吴兴光.国际商法[M].2版.北京:清华大学出版社,2020.

③我国法律的规定

我国民法典中有许多条款规定了财产所有权转移事项。如《民法典》第209条规定,不动产物权的设立、变更、转让和消灭,经依法登记,发生效力;未经登记,不发生效力,但是法律另有规定的除外。依法属于国家所有的自然资源,所有权可以不登记。《民法典》第214条规定,不动产物权的设立、变更、转让和消灭,依照法律规定应当登记的,自记载于不动产登记簿时发生效力。《民法典》第224条的规定,动产物权的设立和转让,自交付时发生效力,但是法律另有规定的除外。

④国际公约和国际惯例

关于所有权转移这一问题,涉及民法理论,各国(地区)法律规定各有不同,统一起来也颇有难度,有关国际货物销售的公约对此也大多闭口不谈。例如,《货物合同公约》第4条明确规定,其不涉及所售货物的所有权的问题,将所售货物所有权问题留给法院或者仲裁机构根据其所在地的国际私法规则所确定适用的境内法来解决。这一立场也适用于保留所有权条款的效力问题。然而,当国际货物销售合同中出现了涉及所有权转移或者保留所有权条款的争议时,法院或者仲裁机构的处理原则是:确定所有权转移或者保留所有权条款是否存在时,可以适用《货物合同公约》的相关条款来解决;涉及所有权转移或者保留所有权条款的效力或者影响时,则依据有关的国际私法规则所确定的境内法来解决。

(2)风险的转移

货物风险是指货物所发生的意外损失,包括盗窃、火灾、沉船、破碎、渗漏、扣押及非正常损耗的腐烂、变质等。由于地域的限制,相较于境内贸易而言,国际货物买卖程序多、风险大,货物的风险转移问题与买卖双方的利益攸关,因此它是国际货物买卖问题的重中之重。各国(地区)法律对此都作出了明确的规定。

(三)工业产权法

1.工业产权概述

工业产权,亦称产业产权,是知识产权的主要组成部分。知识产权通常指基于人类智力创造性活动所产生的权利。

知识产权有狭义与广义之分:狭义的知识产权是指传统意义上的知识产权,一般包括专利权、商标权和著作权(也称版权)及与著作权相关的邻接权,前两者(专利权和商标权)构成我们所说的工业产权的核心内容。而广义的知识产权则在此基础上,随着近年来社会经济发展和科技进步而不断扩展其内容,其范围由目前两个主要的知识产权国际公约所界定,下面分别介绍。

(1)《世界知识产权组织版权公约》所界定的范围

1967年签订的《世界知识产权组织版权公约》(*World Intellectual Property Organization Copyright Trade*,WCT)第2条以列举的形式,指出知识产权应当包括以下权利。

①关于文学、艺术和科学作品的权利。这里主要是指著作权或版权。

②关于表演艺术家的表演、录音和广播的权利。

③关于人类在一切领域内的发明的权利。

④关于科学发现享有的权利。

⑤关于工业品外观设计的权利。

⑥关于商品商标、服务商标、商号及其他商业标记的权利。

⑦关于制止不正当竞争的权利。

⑧其他一切来自工业、科学,以及文学、艺术领域的智力创作活动所产生的权利。

（2）《与贸易有关的知识产权协定》界定的范围

1991年年底,关税及贸易总协定（General Agreement on Tariffs and Trade,GATT）乌拉圭回合谈判通过了《与贸易有关的知识产权协定》(*Agreement on Trade-Related Aspects of Intellectual Property Right*,TRIPs),该协定成为后来在1995年1月1日生效的世界贸易组织（World Trade Organization,WTO）的《与贸易有关的知识产权协定》。该协定第一部分第1条规定了与贸易有关的知识产权的范围:①版权与邻接权;②商标权;③地理标志权;④工业品外观设计权;⑤专利权;⑥集成电路布图设计权;⑦未公开信息专有权,这里主要是指商业秘密权。

我国于1980年6月加入世界知识产权组织（World Intellectual Property Organization,WIPO),2001年加入WTO,原则上接受上述两个国际公约对知识产权范围的界定。1986年颁布的《中华人民共和国民法通则》在第五章第三节规定了知识产权的范围,包括著作权、专利权、商标权、发现权、发明权及其他科技成果权,其范围与《世界知识产权组织版权公约》的界定基本一致。

2.工业产权的基本特征

相对于物权、债权、继承权等民事权利而言,工业产权是一种特殊的民事权利,具有以下特点。

（1）无形性

作为一种智力成果,工业产权不像有形财产那样表现为一种实在或具体的控制,而是对某种知识经验的感受和认知。正是由于这种无形性,决定了它本身不能直接产生权利,而是必须依照专门的法律确认或经专门的部门授予才能产生独占性的权利,而有形财产权一般不需要单独立法来确认。

（2）专有性

这是工业产权的一个核心特点,即工业产权的权利人有权独占其权利,非经权利人许可或者依法律规定,其他任何人不得擅自使用其智力成果,否则权利人可以指控其侵权并要求法律救济。

（3）地域性

有别于有形财产,工业产权具有严格的地域性。除签有国际公约或双边协定外,工业产权只能在授予或确认其权利的国家(地区)产生,并且只在该范围内发生法律效力,受法律保护。

（4）时间性

工业产权的保护并不是永久的。社会劳动技能和经验的积累,造就了人类智慧的结晶。一旦对工业产权实行永久性保护,必将阻碍技术的创新,所以它只能在法律规定的期限内受法律保护,一旦有效期满,权利人的权利就会自动终止或消失[1]。

---

[1] 吴兴光.国际商法[M].2版.北京:清华大学出版社,2020.

3.专利法律制度

"专利"一词有两个基本含义:一是指对发明创造或技术方案的独占权,包括独占的实施、转让、许可等权利;二是指取得了这种独占权的发明创造或技术方案本身。与其他知识产权一样,在独占性这一基本特征之外,专利权也具有地域性和时间性的特点①。

第一部保护发明人权益的法律颁布于威尼斯,但大规模的专利保护是进入资本主义发展时期才开始的。各国(地区)的专利制度实质上都是以法律手段和经济手段推动技术进步的制度,全球经济一体化进程的加速对于各国(地区)的专利保护水平提出了新的要求,获得了国际社会广泛关注。

4.商标法律制度

(1)商标的概念

商标是一种商业标志,其价值是将特定的符号与特定的商品联系起来,消费者基于对特定商品品质的认可,通过特定符号,选择出带有该特定符号的特定商品,从而购买到心理预期的商品,也使得该特定商品的市场主体能够获利。②

根据WTO《与贸易有关的知识产权协定》第15条第1款的规定,任何标记或标记组合,只要能够区分一个企业和其他企业的商品或服务,就应可以构成一个商标。广义商标包括商品商标、服务商标、商店名称、产地标记或原产地名称。《中华人民共和国商标法》(以下简称《商标法》)第8条规定,任何能够将自然人、法人或者其他组织的商品与他人的商品区别开的标志,包括文字、图形、字母、数字、三维标志、颜色组合和声音等,以及上述要素的组合,均可以作为商标申请注册。

(2)商标权

商标权,也称商标专用权,是商标所有人依法对其商标所享有的权利。

①独占权

独占权是商标权人最基本的权利。在采用"注册在先"原则的国家(地区)中,商标因为注册而取得独占的使用权;在采用其他原则的国家(地区)中,商标可以因为实际使用而取得优先权利。未经商标权人许可,其他任何人不得使用商标或以其他形式侵犯商标权人的权利。

但这种独占权与其他知识产权一样,也有时间性和地域性限制。采取"注册在先"原则的国家,注册商标都设置了有效期限,而采取"使用在先"原则的国家,商标必须继续使用才能获得法律保护。关于商标专用权的有效期限,各国(地区)规定各有不同。《与贸易有关的知识产权协定》第18条规定,商标首次注册及其每次续展的期限不得少于7年。商标注册应可无限期地续展。

我国《商标法》规定,对初步审定的商标,自公告之日起3个月内,任何人均可提出异议,公告期满无异议或者异议不成立的,予以核准注册。注册商标的有效期为10年,自核准注册之日起计算。注册商标有效期满,需要继续使用的,应当在期满前12个月内申请续展注

① 党伟.国际商法[M].辽宁:东北财经大学出版社,2019.
② 郑其斌.论商标权的本质[M].北京:人民法院出版社,2009.

册。在此期间未能提出申请的,可以给予6个月的宽展期,宽展期满仍未办理续展手续的,注销其注册商标。每次续展注册的有效期为10年。

②处分权

商标的处分权包括许可权和转让权,以及商标权人根据自己的意愿注销其商标注册的权利等。各国(地区)在商标的许可和转让方面的法律规定不尽相同,体现为商标权是否必须和营业权一同转让。根据《与贸易有关的知识产权协定》第21条的规定,在不进行强制许可的情况下,WTO成员可以决定商标许可和转让的条件。该条款还规定,注册商标所有人有权决定将其商标单独转让,或者将其商标与该商标所属业务一并转让①。

第二节　大数据催生国际商法的变革

随着全球化和跨境贸易的发展,国际商法的实施主体已经从单一的国家(地区)主体扩展到国际组织、跨国公司、民间组织、个人等多个主体。传统上,国际商法主要关注货物贸易和国际商业合同。随着数字经济和互联网的发展,国际商法的对象范围已经扩展到了数字化商品和服务、电子商务、数据流动和知识产权等方面。同时,大数据技术的发展,使国际商法的内容也变得更加复杂和多样化。除了传统的贸易和合同问题,国际商法还需要考虑数据隐私、数据安全、数据保护等问题。此外,国际商法的约束力也在不断加强。国际条约和协定的数量和重要性都在增加,跨境争端解决机制也在不断发展和完善。此外,越来越多的国家(地区)制定了本国(地区)的法律来规范国际商务活动(见表8-2)。

表8-2　大数据时代国际商法的主要变革点

主要变革点	变革前	变革后
实施主体	单一国家(地区)主体	扩展到国际组织、跨国公司、民间组织、个人等多个主体
对象范围	货物贸易和国际商业合同	扩展到数字化商品和服务、电子商务、数据流动和知识产权等方面
内容	传统的贸易和合同问题	增加了数据隐私、数据安全、数据保护等问题
约束力	国际条约和协定约束力有限	国际条约和协定的数量和重要性都在增加,跨境争端解决机制也在不断发展和完善

总之,大数据时代的到来已经使国际商法发生了深刻的变革,涉及实施主体、对象范围、内容和约束力等多个方面。为了适应这些变化,国际商法必须不断发展和完善,以保障全球商务的有序进行。

一、欧盟《通用数据保护条例》

《通用数据保护条例》(*General Data Protection Regulation*,GDPR)于2018年5月25日

---

① 党伟.国际商法[M].辽宁:东北财经大学出版社,2019.

在欧盟全面实施。该条例规定了个人数据的保护原则和监管方式,适用对象也从欧盟内的企业扩展到向欧盟用户提供互联网和商业服务的所有企业。[1]可以说,该法案的实施将对大数据时代网络空间现在和未来的发展,尤其是国际数字贸易领域产生前所未有的影响。

(一)适用范围

该条例的适用范围包括以下3个方面。

(1)在欧盟境内设有业务机构的组织。只要这些组织的业务机构在欧盟境内的活动中处理个人数据,而不论此类处理行为是否实际发生在欧盟境内。

(2)某一组织虽不在欧盟境内设立业务机构,但却处理欧盟境内的个人数据,并且此类处理行为与向欧盟境内个人提供商品或服务大多相关,无论该等商品或服务是否收费。

(3)非欧盟组织处理欧盟境内的个人数据,只要此类处理行为涉及对这些个人的行为监控,且该处理行为发生在欧盟。[2]

(二)主要内容

1.数据主体的权利保护

GDPR赋予了数据控制者与处理者更多的责任,扩展了数据主体的权利范围。

一是增加了数据主体的"同意"要件。数据主体的同意是指数据主体同意其数据被处理而自愿作出的明确的、具体的指示。所谓增加的同意要件,即对同意作出更为清晰且易于理解的表述,并且赋予数据主体可随时撤回的权利。

二是保障个人对其数据的"访问权"、"限制处理权"与"拒绝权"。数据主体有权了解数据处理的目的及分类、存储的途径,有权对数据处理行为进行纠正和限制。除此之外,数据主体也有权决定个人数据能否被用于市场营销或科研活动。

三是创建"可携权"与"擦除权"(又称"被遗忘权")等新权利。可携权是指数据主体有权获得其被收集处理的个人数据的副本。GDPR对数据传输作出了更严格的规定,要求数据控制者充分保障数据的结构化、通用、机器可读及互操作性。被遗忘权是指当个人数据并非为收集或处理该数据的目的所必需,并存在非法行为时,数据主体有权要求删除数据,并不得有不合理的延迟[3]。

四是扩展"数据画像"(profiling)概念。数据画像是指任何个人数据自动化的活动,它用于对个人进行评估、分析及预测,普遍存在于商业活动中[4]。GDPR对数据画像的概念进行了拓展,要求以用户明确同意为首要前提。

2.数据跨境传输机制

GDPR对数据跨境传输机制作出明确规定:除特定条件得到满足外,欧盟公民个人数据的转移目的地的数据保护水平不得低于欧盟。

① 石瑞生.大数据安全与隐私保护[M].北京:北京邮电大学出版社,2019.
② 童宏祥,季萍.国际商法:跨境电商[M].上海:立信会计出版社,2021.
③ 桂畅旎.欧盟《通用数据保护法案》的影响与对策[J].中国信息安全,2017(7):90-93.
④ 云晴.GDPR正式生效 美欧大数据隐私保护差异渐显[J].通信世界,2018(17):46-47.

（1）充分性要求（adequate decision），各个国家（地区）要想满足 GDPR 的充分性要求，必须严格按照已经给定的评估方法和标准，并且对其执行情况进行持续监督。

（2）有约束力的公司规则（binding corporate rules，BCRs），跨国公司内部跨境数据转移规则一旦满足认可程序和内容标准，GDPR 将给予它正式的法律地位。

（3）标准合同条款（standard contractual clauses），对于数据控制者和数据处理者的关键合同内容，如数据处理的目的、期限、个人数据的类型、数据主体的类别及双方的权利义务，GDPR 都给出了详细规定①。

3.企业内部问责机制

GDPR 在企业层面建立内部问责机制以致力于法案的落地，要求其承担数据保护义务，主要措施如下。

（1）设立数据保护官（data protection officer，DPO），其职责在于创建访问控制、确保数据使用规范、及时响应请求、报告违规行为等。

（2）建立"隐私内置"机制（privacy by design，PbD），要求对产品或服务实施全周期的数据隐私保护。

（3）实施隐私保护影响评估（privacy impact assessments，PIAs），针对易被获取的数据处理活动，需要对其数据操作进行预估，例如，针对处理目的的处理机制和系统描述、必要性评估、数据主体的风险评估等主要形式。

（4）进行事前协商（prior consultation），数据控制者未能有效降低风险的处理活动，应及时与相关数据保护监管机构进行协商。

（5）数据泄露通知（data breach notification），发生数据泄露事故后，数据控制者有如实并及时告知监管机构和数据主体的义务。

（6）采取必要的、合理的安全保障措施，包括个人数据匿名化、定期测试等②。

二、美国数据跨境流动监管立法

欧盟致力于重塑数据跨境政策，全面保护个人数据，而美国更希望借助数据跨境保护使建立起的信息优势得到进一步延伸。在大数据时代背景下，数据的利用意味着更多价值和机遇的产生，而数据跨境流动对国家利益的贡献也是不可估量的。基于此，尽管美国的隐私保护历史悠久，但它更看重的是数字技术迸发的无限潜力，所以逐步在数据跨境流动领域确立和固化"数据占有和利用"的优势。

（一）欧美签订《隐私盾框架》

在跨境数据流动的巨大利益诱惑下，《安全港协议》（*Safe Harbor Agreement*）失效仅一年，欧美就重新回到谈判桌并于 2016 年 7 月 12 日达成《欧美隐私盾协议》（*EU—US Privacy Shield Framework*），此次双方在数据流动方面达成了新的共识。

---

① 桂畅旎.欧盟《通用数据保护法案》的影响与对策[J].中国信息安全,2017(7):90-93.
② LEB 企业法务智库.GDPR 欧盟通用数据保护条例实施后,对企业将带来什么影响?[EB/OL].[2023-09-16].https://www.sohu.com/a/247980836_100055948.

《欧美隐私盾协议》致力于大西洋两岸跨境转移的个人数据保护的合规化管理,旨在为大西洋两岸的企业在数据传输过程中提供欧盟数据保护机制,有利于跨大西洋两岸的友好商贸往来。一方面,《欧美隐私盾协议》是《安全港协议》的一种传承,美国企业可自愿加入,同时保留《安全港协议》的七大基本原则;另一方面它也对《安全港协议》进行了完善处理,扩展了美国公司个人数据保护的义务范围。在《安全港协议》七大原则的落实方面,它要求美国公司在进口欧盟数据时作出更多承诺。除此之外,《隐私盾协议》更加注重法律的监督与实施,它主要表现在以下3个方面:一是强调公司回应欧盟数据保护机构相关质询的及时性;二是落实惩罚和制裁方式;三是欧盟公民可依据数据保护条款的内容向企业提出合法权益诉求。[①]

(二)通过信息共享立法强化数据跨境

在数据跨境问题上,美国以国家安全为由要求执法机构与科技公司合力打造信息共享渠道,从而越过数据保护的障碍。苹果公司拒绝协助美国联邦调查局解锁凶犯iPhone加密资料事件,一度引起轩然大波,呼吁数据共享的声音不绝于耳。美国政府和立法机构在平衡国家安全和个人隐私方面也是矛盾不断。2015年10月,《网络安全信息共享法案(2015)》(*Cybersecurity Information Sharing Act of 2015*)一经通过就遭到数据保护主义者的不满和反对。该法案以美国国土安全部为纽带建立起企业与联邦调查局、国家安全局之间的密切关联,将收集用户数据和隐私合法化。此外,该法案规定对盗窃、侵犯美国公民数据的外国人均可定罪,也就是采取"定罪无国界"模式。

(三)大数据上升为国家战略

2012年,美国通过的《大数据研究和发展倡议》(*Big Data Research and Development Invitation*),呼吁所有美国民众加入,将大数据上升为国家战略,从而实现经济和社会效益最大化。近年来,美国政府在收集跨境数据时充分运用大数据战略,促进数据共享和交流。[②]数据在传播过程中离不开不同利益相关者之间的相互信任,为了控制和维持这种信任,该计划在强调私人领域数据共享的同时,也必须注重对敏感数据的隐私保护。该计划的出台虽然还未涉及其他国家(地区)的跨境数据,但相关内容已经充分表明美国已经将信息共享和数据收集上升至战略高度。在数据资源逐步成为软实力和巧实力的互联网时代,这种将大数据上升为国家战略的措施必然能为其创造潜在收益。

三、日本《个人信息保护法案》

日本《个人信息保护法案》(*Act on the Protection of Personal Information*)于2003年5月30日通过,2005年4月1日正式实施,是日本的数据隐私专门法。

(一)数据操作

商业部门获取个人信息的途径必须是正当的、合法的。在对个人数据进行处理时,经营

---

① 许多奇.个人数据跨境流动规制的国际格局及中国应对[J].法学论坛,2018(3):130–137.
② 黄道丽,何治乐.欧美数据跨境流动监管立法的"大数据现象"及中国策略[J].情报杂志,2017(4):47–53.

者对于数据主体负有告知义务,应当尽可能多地透露关于使用目的的信息,即当事人享有知情权,而个人信息利用的目的一经确定,未经第一接受人同意也不得随意变更。

除特殊情况外,经营者必须满足当事人提出的停止向第三方提供数据的要求,并将异常情况及潜在风险如实告知给当事人。在数据当事人明确以下信息时,数据控制者才能实现共享数据的操作。

(1)个人数据将被共享的事实。

(2)共享数据的用途。

(3)被共享的具体数据。

(4)共同数据的使用目的。

(5)数据使用者的责任。

(二)数据服务

该法案要求政府机构在执行时需参考各部委的具体要求,对于共享数据的使用目的及收购条款采取合理规范的措施。除此之外,为加强对个人数据安全性、准确性的保护,该法案还包括以下条款:①经营者应当在规定时间内进行数据处理,实现利用目的;②经营者必须保障个人数据的安全性,以防个人数据丢失、损坏、泄露;③当经营者雇佣员工或委托他人处理数据时,须采取必要的监督措施,从而实现对个人信息的安全管控。

当个人数据遭遇突发情况时,如泄露、丢失等,数据保护管理机构必须对数据主体如实告知。一般的违反告知条款虽未在《个人信息保护法案》中出现,但不同部委指南的规定不尽相同。以经济产业省为例,当企业泄露或丢失个人数据时,必须向当事人承担告知义务,并需要向经济产业省如实提交违反报告。

(三)监督处罚

日本《个人信息保护法案》规定,日本政府不设立统一的中央数据保护机构,不建立统一的数据保护机构注册要求,允许相关经济机构在法律允许的范围内,利用数据获得商业利益。关于数据隐私利用的监督问题,日本《个人信息保护法案》规定采用第三方独立机构对政府部门、经济实体、个体等隐私数据的利用行为进行监督。其中,个人监督也是重要手段之一。此外,监管部门也应当设置专门系统对个人信息的投诉进行分类管理并妥善处置。①

数据隐私保护工作无论是从涉及面还是数据量来看,仅仅依靠国家机构的力量是难以奏效的,需要各方的有效协调,整个过程涉及数据主体、数据收集处理机构、数据利用的监督审查机构,以及经济、法律等领域的专家。因此,要想充分发挥公民在保护隐私数据方面的监督作用,应建立健全监督方式和申诉渠道,及时回应公民的合法监督行为,公开披露对相关责任人的违法行为及处罚结果,维护个人隐私数据的合法权益②,实现数据隐私保护工作监督方式多样化、实际化,从而建立健全个人隐私数据保护机制。

---

① 孙继周.日本数据隐私法律:概况、内容及启示[J].现代情报,2016(6):140-143.

② 陈忠海,常大伟.英美加澳四国国家档案馆网站隐私政策及其启示[J].北京档案,2015(4):39-41.

四、CPTPP与数字贸易规则

《自由贸易协定》（*Free Trade Area*，FTA）中的数字贸易规则以电子商务条款为核心，以知识产权保护、远程通信、技术性贸易壁垒等为共同构成要件①。《全面与进步跨太平洋伙伴关系协定》（*Comprehensive and Progressive Agreement for Trans-Pacific Partnership*，CPTPP）是全球范围内生效最早的新一代数字贸易规则，该规则首次确立了个人信息保护、跨境数据自由流动、禁止数据本地化、保护源代码等高标准规则，而这恰恰是其遏制数据保护主义的体现。对此，CPTPP就数字贸易规则作出了全面而严格的规定，主要条款如下。

（一）电子商务条款

1.数据本地化：限制与例外

数据贸易保护的原始形式可追溯到数据本地化措施，这些措施要求公司将数据存储和运行的数据中心设立在一国（地区）境内。随着数字技术的深入发展，数据本地化的要求提高至将数据处理限制在本国（地区）境内，并对数据跨境传输也作了严格规定。

就数据本地化的限制措施而言，CPTPP强调在计算设施的使用方面，缔约方必须明确交流的安全性和保密性需求，不得以使用当地计算设施或将计算设施设置于该国（地区）境内为由在缔约方境内开展相关业务。而在例外层面则有一项原则性规定，即不妨碍缔约方采取或维持措施实现正当的公共政策目标。具体可以分为3点：①数据本地化措施不得构成武断的、不合理的歧视；②数据本地化措施不得变相限制贸易；③数据本地化的实施必须在合法目标的范围内。

2.个人信息保护：标准与兼容

由于社会文化和信息发展水平存在差异，各成员国（地区）的个人信息保护法律框架也不尽相同。对此，CPTPP统筹考虑作出以下规定：一方面，成员国（地区）应考虑相关国际机构就个人信息保护所设置的指导原则。这里需要关注几个法律问题：一是"国际机构"（international bodies）的定义，个人信息保护条款中"国际机构"这一概念的构成要件需要在实践过程中进一步明确；二是"考虑"一词的约束力。虽然此项条款要求"考虑"国际机构指导原则的参照作用，但其适用性仍需进一步考量，这也为法律条款留下了解释空间②。

另一方面，CPTPP提倡成员国（地区）兼容各类个人信息保护机制。为此，CPTPP在界定"个人信息"时是比较宽泛的，即任何可识别自然人的数据。不论对于成员国（地区）还是非CPTPP经济体，这样的定义是被普遍认同的，这就为个人信息保护规则的统一打下了坚实的基础。从某种角度而言，世界各国个人信息保护规则的兼容性与统一性比提高标准的意义更为深远。

（二）知识产权条款

作为数字贸易壁垒之一，知识产权阻碍了贸易自由化的进程，因此需要对数字贸易中的

---

① 董静然. 数字贸易的国际法规制探究：以CPTPP为中心的分析[J]. 对外经贸实务，2020(5)：5-10.
② 同上.

版权、专利等知识产权条款进行规制。在CPTPP的知识产权条款中，与数字贸易规则联系最紧密的莫过于"法律救济与安全港"条款。其中，网络服务提供者的版权安全港条款要求成员国（地区）为网络服务提供者建立版权安全港。该制度的存在既为网络服务提供者营造了良好的生存空间，又实现了对版权侵犯行为的管控，从而为数字贸易活动的繁荣发展奠定了基础。同时，为避免安全港制度的滥用，CPTPP也设定了相关的限制措施。

此外，关于网络服务提供者的责任与隐私权保护，CPTPP也给出了相关规定。一方面，依照正当程序原则和私有权原则，成员国（地区）在司法或行政规则上提供的救济程序必须与其法律体系一致；另一方面，为实现版权保护的目的，被侵害的一方享有立即获得侵权人信息的权利。为实现对权利管理信息的有效法律救济，CPTPP要求成员国（地区）对以下3类侵害权利管理信息的行为进行严厉抵制和打击：①故意移除、修改权利管理信息；②故意散布明知未经授权而被修改的权利管理信息；③在明知权利管理信息未经授权被改动的情况下，仍为了传播交流故意进口向公众发行复制品。

（三）数字贸易安全规则

数字贸易安全规则既要保证国家安全，又要维持数字贸易个体、法人参与的积极性，对网络安全的过度规制会阻碍数字贸易的发展。因此，数字贸易规则既要切实采取风险防范措施保障数字贸易安全，又要最大限度地减少对数字贸易的阻碍，从而实现某种平衡。

在GATT1994的实践案例中，专家组和上诉机构也没有对成员国（地区）是否具有自决权作出表述。相对而言，CPTPP的规则设置有其自身的特点。根据CPTPP第29.2条的要求，成员国（地区）有权不公开其认为有违本国（地区）实质安全的信息。成员国（地区）有权从保护本国（地区）安全利益的角度采取必要的措施，以维持国际和平与安全。随着信息网络技术的不断发展，产生了许多影响国家（地区）"实质安全利益"的新问题，对数字贸易安全规则也提出了新的要求，详细具体、适用范围较窄的条款已经无法适应数字贸易发展的需求。也许应对数字贸易安全问题的新思路在于安全例外条款的模糊性，但其模糊性越强，该条款的适用性或抗辩成功的概率也就越小。①

五、《中华人民共和国网络安全法》

数字技术的异军突起使得全球市场卷入了数字经济的浪潮，新的经济形态正在重塑全球价值链。与此同时，数字技术也会对国际商务的法律环境、公共政策目标产生一定的影响，所以关于信息安全和数据规范的立法显得尤为重要，《中华人民共和国网络安全法》（以下简称《网络安全法》）的出台在一定程度上保障了大数据时代的数据安全。

（一）消费者利益与产业利益、国家安全利益的平衡

从现有的各国政府监管法律制度来看，各国政府规制的切入点是假定第三国（地区）的个人数据保护水平不及本国（地区）的保护水平，规制核心是监管企业的个人数据处理实践、防止企业滥用个人数据，落脚点是保障国家（地区）安全利益、产业利益和消费者的利益。欧盟把消费者利益放在整个法律规制体系所考虑的首要位置，通过整体的个人数据保护立法

① 董静然.数字贸易的国际法规制探究：以CPTPP为中心的分析[J].对外经贸实务,2020(5):5-10.

(欧盟《数据保护指令》及其替代立法《通用数据保护条例》）把个人数据权明确规定下来,并以此来限制跨境数据转移。美国关于跨境数据转移法律制度的问题关键在于产业利益、对特殊敏感的个人数据进行单独立法,其他个人数据的保护主要依靠市场机制。澳大利亚、俄罗斯等国家采取折中方案,要求数据输出企业担保数据接收企业提供不低于数据输出国(地区)的个人数据保护水平。

《网络安全法》在跨境数据转移的问题上采取的是有限和安全评估方案,关键信息基础设施的运营者因业务需要,确需向境外提供个人信息的,应当按照国家网信部门会同国务院有关部门制定的办法进行"安全评估"。值得注意的是,这里使用的法律术语是"安全评估",似乎侧重于"国家安全",但实际上并未指明是"国家安全""产业安全""个人数据安全",还是三者的综合;并且具体的安全评估规则是放在第二位的,是留待网信部门和国务院相关部门制定的。因此,这样的立法思路和法律术语选择的背后体现的正是平衡消费者利益、产业利益和国家安全利益的思想,提供了我国监管跨境数据转移的最为广泛而灵活的法律依据,符合我国现阶段的实际情况,也对未来形势发展留有充分的余地①。

此外,《网络安全法》第四章专门对网络信息安全作出规定,重申了企业处理个人数据应合法、正当和必要这三大原则,设定了保障个人数据的最基本义务。其中,值得注意的是,《网络安全法》第42条采用了草案二稿的方案,后者从两个方面修正了草案一稿第36条:一是从"不得非法向他人提供"个人数据改为"未经被收集者同意,不得向他人提供"个人数据,从而明确了非关键信息基础设施的企业向他人提供(并未限制是境内提供还是跨境转移)个人数据的合法依据为获得"被收集者同意",平衡了非关键信息基础设施的企业经营需求和个人数据保护中的个人意思自治,同时也明确了国家监管关键信息基础设施运营者跨境数据转移的唯一合法依据是获得安全评估;二是明确规定了为企业发生或者可能发生个人信息泄露、损毁、丢失的情况时向可能受影响的用户通知的义务,从而更直接地保障了个人数据。

(二)境内市场与境外市场的平衡

由于法律具有普适性,《网络安全法》不仅适用于境内经营的中国企业和外国企业,还将影响与前述企业具有跨境数据转移业务合作关系的境外企业。目前,在境内市场中,我国计算机和互联网领域企业实现了跨越式发展。在未来的国际市场拓展中,欧盟也是重要市场,而"一带一路"国家(地区)的经济也将融入非常多的互联网元素。中国企业在进入这些市场并因业务所需将数据转移至中国的时候,其他国家(地区)也可能会采取对等的政策,限制中国企业将数据转移至中国处理;或者指责中国的个人信息保护法律法规无法给该国(地区)公民提供同等水平的保护。例如,欧盟的四位议员在2016年6月17日指责中国,并要求欧盟委员会对中国企业将欧洲个人数据转移到中国的情况进行调查。因此,对于《网络安全法》的具体术语和具体制度的解释都应当非常谨慎,从而尽量通过整个跨境数据转移法律制度使境内市场和境外市场达到微妙平衡。

一般而言,"个人数据"的界定可以采取4种模式:正面概括式、反面概括式、列举式和概

---

① 张金平.跨境数据转移的国际规制及中国法律的应对:兼评我国《网络安全法》上的跨境数据转移限制规则[J].政治与法律,2016(12):136-154.

括与列举相结合的模式。其中,正面概括式指的是直接界定个人数据的概念,这种模式为大多数国家(地区)所采取。例如欧盟《数据保护指令》第2条和《通用数据保护条例》第4条都是以正面概括式的方式表达个人数据的概念,即"任何确认或者能够识别自然人的信息;能够识别自然人指的是一个人可以直接或者间接地被确认"。反面概括式指的是除特别规定外的都是个人数据,这种模式被美国部分法律所采取,例如美国1984年《有线通信法》(*USA Cable Communicatior Policy Act*)第313条规定个人信息为"非集合信息"。列举式是指明确列举出属于个人数据的各种数据,这种模式同样被美国部分法律所采取,例如马萨诸塞州《隐私违规通知法》将个人数据界定为"个人的姓氏和名字,或者与社保号、驾照、银行账号、信用卡或借记卡账号中的一个组合在一起的姓名"。概括与列举相结合的方式综合了正面概括式和列举式两种模式的优点,为日本《个人数据保护法》第2条所采纳。《网络安全法》的草案一稿和二稿采取的都是概括与列举相结合的模式,最终通过的《网络安全法》采用了草案二稿的方案,先强调可能的范围,再提供示例。与此同时,在关键信息基础设施的定义上,草案一稿第25条采取的是直接列举式,在很大程度上限缩并固化了监管范围。有鉴于此,《网络安全法》最终采用了草案二稿第29条的方案,即将其具体范围授权给国务院另行制定,仅大致概括其范围为"严重危害国家安全、国计民生、公共利益的关键信息基础设施"。

🔲 我国立法与国际规则的平衡

第三节 大数据的国际商务保护

一、数据隐私保护

(一)数据隐私概述

数据隐私(data privacy)是以个人数据形式记录或以数字方式描绘的自然人的私人生活安宁和不愿为他人知晓的私密空间、私密活动、私密信息。数据隐私权是自然人对其数据隐私依法受到保护,不被他人非法侵扰、知悉、搜集、利用和公开等的一种人格权。[①]

在数据隐私保护方面,主要国家(地区)的具体规则也各不相同,具体如表8-3所示。美国更多采取的是相对开放的态度,数据隐私保护的相关条例都较宽松,其主要倡导市场自由发展,号召行业自律,数据自由开放。而欧盟对数据隐私保护规则持有十分坚决的态度,非常重视隐私保护。欧盟《通用数据保护条例》于2018年5月生效,这部被誉为最严格的个人数据保护方案取代了《数据保护指令》,坚决要求对数据隐私施行全面严格的保护。中国虽然强调数据隐私安全,但是对数据分类分级保护缺乏相关经验,行业重视不足,尤其是缺乏健全的行业自律机制,数据隐私保护面临的压力相对较大。从数字贸易发展的趋势来看,对数据过多保护会形成贸易壁垒,产生额外的支付成本、信息成本和运输成本,导致贸易成本

① 盛小平,焦凤枝.国内法律法规视角下的数据隐私治理[J].图书馆论坛,2021(6):85-99.

增加,数据开放会减少贸易壁垒,减少贸易成本。因此在平衡数据隐私保护及促进数字贸易发展上,不同国家(地区)的做法目前都还存在较大分歧[①]。

表8-3 数据隐私保护规则对比

国家(地区)	规则特点	原因	法律约束力	贸易壁垒	贸易成本
美国	数据自由开放,合理保护	倡导市场自由,号召行业自律,以获取更多经济收益	较弱,倡导数据自由开放,进行合理保护	减少	减少
欧盟	严格数据隐私保护	严格限制,注重数据隐私	较强,数据隐私全面保护	增加	增加
中国	强调数据隐私安全,但缺乏健全的数据保护法律和行业自律机制	缺乏相关经验,规则尚不健全	较弱,数据隐私保护规则较欠缺	增加	增加

资料来源:伍湘陵.全球数字贸易规则发展趋势及应对措施:基于美国、欧盟以及中国数字贸易规则的对比分析[J].上海商学院报,2023,24(2):48-59.

(二)数据隐私保护的技术路径

在这个万物互联互通、人机深度交互的时代,仅仅依靠单一的法律规则来保护用户隐私几乎是不可能的,隐私保护策略也要更新换代。隐私设计理论就是最好的选择,一经提出就受到了各界的广泛认同。

1.确定隐私设计原则

隐私设计理论主要有七大原则:第一,积极预防,将隐私保护提前至系统的设计阶段考虑。第二,隐私默认保护,让隐私保护成为企业商业实践和系统运行的默认规则。第三,将隐私与设计相结合,如密码设计和指纹识别。[②]第四,功能完整,主张多方共赢,如脸书公司可实现自行设置广告偏好。第五,实现从摇篮到坟墓全生命周期的保护。第六,可见性和透明性高,企业的商业实践应当依据公开的承诺和目标来运作,并接受独立核查。第七,尊重用户隐私,确保以用户为中心。例如,腾讯公司允许用户自行设置朋友圈的可见范围及是否查看他人的朋友圈[③]

2.重视隐私增强技术

隐私增强技术主要指那些增强用户个人信息保护的技术,包括编码、加密、假名和匿名、防火墙、匿名通信技术等。近年来,数字技术的创新和应用,带动了社会的广泛转型,深刻影响了人们的生活方式,各国政府也越发重视隐私增强技术。究其原因在于仅仅依靠法律的约束是远远不够的,它不仅可以降低法律风险、提升用户体验,更能为企业节省经营成本。

① 伍湘陵.全球数字贸易规则发展趋势及应对措施:基于美国、欧盟以及中国数字贸易规则的对比分析[J].上海商学院报,2023(2):48-59.

② 崔聪聪,巩姗姗,李仪,等.个人信息保护法研究[M].北京:北京邮电大学出版社,2015.

③ 郑志峰.人工智能时代的隐私保护[J].法律科学(西北政法大学学报),2019(2):51-60.

为应对大数据时代的隐私风险,隐私增强技术需要加密、匿名化、差异隐私等技术的综合运用,同时也要兼顾不同价值的实现。以匿名化技术为例,低级匿名化对用户身份的保护力度不足,被识别风险仍然较大,而过高的匿名化对于数据的可用性也是有损害的,如此一来,系统的效用就会受到影响。如苹果公司正在推行的"差分隐私"(differential privacy)技术,其基本原理就是向包含个人信息的大量数据集里注入噪声(扰动)。而究竟注入多少噪声才能实现隐私保护和数据价值的最佳平衡,仍需进一步深化研究。

3.重视隐私影响评估制度

所谓的隐私影响评估,其实是协助企业识别系统隐私风险并降低风险的工具,是隐私设计理论的重要体现。企业可利用隐私影响评估制度,提前识别人工智能系统的潜在隐私风险,从而采取措施以防隐私泄露。[①]近年来,各国政府机构、企业、隐私专家对于隐私影响评估制度的认同感不断上升,欧美国家着手倡导这一制度,互联网巨头如苹果、微软、惠普等也纷纷落实。因此,我国也应当加强对隐私影响评估制度的重视,尤其在人工智能时代,如何规避生产经营规模、上下游组织结构等方面信息泄露的风险显得更为重要。

二、数字资产保护

(一)数据资产概述

数据资产是指组织拥有的一种价值和重要性越来越高的资源,这些资源可以用来支持业务决策、创新和增加收益。在数据管理领域,数据资产通常分为广义和狭义概念。广义概念的数据资产指的是组织所拥有的任何类型的数据,包括结构化数据(如数据库中的数据)、半结构化数据(如XML文档)和非结构化数据(如文本文件、图像和视频)等。狭义概念的数据资产指的是具有商业价值的数据,即可以直接或间接支持组织的业务活动和决策的数据。这些数据可以包括销售数据、客户数据、供应链数据、财务数据等。

在实际应用中,广义和狭义概念的数据资产是紧密相关的。广义概念的数据资产提供了组织大量的数据来源,而狭义概念的数据资产则指出了组织需要重点管理的数据资源。对于组织而言,正确管理和利用数据资产可以为其带来重要的商业优势。

在数据资产现有的定义中,中国信息通信研究院给出的数据资产的定义是较为合适的,即数据资产(data asset)是指由企业拥有或者控制的,能够为企业带来未来经济利益的,以物理或电子的方式记录的数据资源,如文件资料、电子数据等。在企业中,只有为企业产生价值的数据资源才构成数字资产。[②]

(二)数据资产保护路径

1.版权保护

根据《中华人民共和国著作权法》(以下简称《著作权法》第15条的规定,汇编作品是在

---

① KROENERA I, WRIGHTA D. A strategy for operationalizing privacy by design [J]. The information society,2014(30):361.

② 中国信通院,大数据技术标准推进委员会.数据资产管理实践白皮书(4.0版)[EB/OL].(2019-06-04)[2023-10-08].http://www.caict.ac.cn/kxyj/qwfb/bps/201906/t20190604_200629.htm.

对其内容的选择或者编排中体现独创性的作品集合或其他信息集合。《著作权法》该条与《世界知识产权组织版权条约》第5条的规定及《与贸易有关的知识产权协议》第10条2款的规定实质相同。从以上著作权法规定和中国加入的知识产权国际条约规定可知,著作权所保护的汇编作品可以由电话号码、交易行情、股票走势等不能单独构成作品的信息、数据或其他材料组成,这一点使著作权保护在理论上延及数据。但汇编作品的覆盖范围是有限的,很多具有利用价值的数据库不在其列,致使立法本意与法律实践背离。

2.商业秘密保护

《中华人民共和国反不正当竞争法》(以下简称《反不正当竞争法》)第9条规定,商业秘密是指不为公众所知悉、具有商业价值并经权利人采取相应保护措施的技术信息、经营信息等商业信息。根据该项规定,满足秘密性、保密性、实用性的技术信息和经营信息即可以作为商业秘密保护。商业秘密是一种客观存在,即使法律不予保护,它仍然属于秘密,因此对包含商业秘密的数据库加以保护是合理的。对于只是与本企业经营有关、不具备技术性的经营秘密数据库,对它们的保护是为了激发创作者的积极性,从而不断优化数据库产品的质量体系;对于不便申请专利的技术信息构成的商业秘密数据库,实施商业秘密制度保护可以降低专利申请和授权审查成本。事实上,商业秘密数据库只要存在就始终面临泄露的风险,其生产存在竞争性,这就要求包含商业秘密的数据库产品价格不可过高,以保护消费者权益。[①]

3.反不正当竞争法保护

《反不正当竞争法》第2条规定:“经营者在市场交易中,应当遵循自愿、平等、公平、诚实信用的原则,遵守公认的商业道德。本法所称的不正当竞争,是指经营者违反本法规定,损害其他经营者的合法权益,扰乱社会经济秩序的行为。”和《著作权法》相比,《反不正当竞争法》弹性好,解释能力强,能在一般法保护不足情况下对权利形成兜底保护。郑成思老师曾有“冰山一角”的著名比喻:如果专利法、商标法、版权法等知识产权单行法是一座座冰山,那么《反不正当竞争法》就如同冰山下使其赖以漂浮的海洋。

但《反不正当竞争法》也不是万全之计,它也有难以调节的一面。第一,保护数据库是基于私权,而《反不正当竞争法》的目的在于保护市场秩序。第二,无法确定不正当竞争行为的判定标准,在个案中也极易受到裁判人主观认知的影响,因此案件结果经常无法确定。

三、跨境数据转移保护

(一)数据跨境转移概述

通常而言,数据跨境转移是指数据在不同法域之间流动[②]。跨境数据转移面临的问题,主要是指数据出口地(数据流出地)和数据进口地(数据流入地)之间对于数据保护和跨境监管的法律冲突与调和。

---

① 李扬.数据库的反不正当竞争法保护及其评析[J].法律适用,2005(2):56-60.
② KUMER C. Transborder data flows and data privacy law[M].Oxford:Oxford University Press,2013.

(二)各国(地区)数据跨境转移限制的立法模式

目前,各国(地区)数据限制性立法的基本逻辑大都是推定第三国(地区)的个人数据保护水平不及本国(地区),以保护个人数据为名来限制数据的跨境转移,认为如果企业将个人数据从本国(地区)转移到第三国(地区)就构成规避本国(地区)法律①。因此,各国(地区)在进行数据保护立法时,基本上都援引宪法来支撑此假定,限制数据跨境转移的立法模式主要有以下3种。

1.第三国(地区)适当性评估模式

《关于个人数据自动处理和自由流动的个人保护指令》(以下简称《指令》)第4章专门规定了个人数据向非成员国(地区)跨境转移的规则。其第25条规定,成员国(地区)必须确保第三国(地区)为个人数据提供适当水平的保护,第三国(地区)适当性评估由欧盟委员会根据第三国(地区)的所有情况(包括国内法、国际承诺、与欧盟委员会关于适当性谈判的结果)以决议形式做出评估。而欧盟委员会的评估标准是极为严格的,仅有11个国家(地区)获得适当性评估②;而已经获得适当性评估的国家(地区)也会因数据保护不力而失效,如美国在《安全港协议》后,又于2016年又与欧盟签订《欧美隐私盾协议》。

此后,欧盟颁布的《通用数据保护条例》更详细规定了第三国(地区)适当性评估的标准。一是第三国(地区)的法律环境,包括是否尊重人权、是否有具体立法保护个人数据、是否有跨境数据转移规则、对个人数据权保护的执法和司法情况等;二是否有专门机构负责数据保护的执法;三是是否有已经缔结的、涉及个人数据保护的多边或双边条约。

2.数据控制者担保模式

虽然澳大利亚和俄罗斯都是《亚太经合组织隐私框架》(*APEC Privacy Framework*)的成员,但从跨境数据转移数据控制者担保模式的执行情况来看,二者存在本质区别。

修订后的《澳大利亚隐私法》编目一第三部分第8.1条规定,数据控制者在向第三国(地区)数据接收者转移个人数据之前,原则上必须采取"在当时情况下所有合理措施"确保第三国(地区)接收者并没有违反澳大利亚隐私原则(透明原则除外)。而对于"在当时情况下所有合理措施"的界定,《澳大利亚隐私原则指南》(2014年)认为这是一个客观标准,对于在实践中如何应用该标准及该担保模式的效果,并没有明确的表述。

俄罗斯2006年通过的《个人数据保护法》第12条第1款规定,数据向第三国(地区)转移的,数据控制者应当确认第三国(地区)提供了"充分水平的保护"。而对"充分水平的保护",该法也并没有明确。与澳大利亚不同的是,俄罗斯给出了具有充分保护水平的名单,即《欧洲联盟条约》(*Treaty on European Union*)的签约国(地区)或位列俄罗斯联邦通信、信息技术

---

① 张金平.跨境数据转移的国际规制及中国法律的应对:兼评我国《网络安全法》上的跨境数据转移限制规则[J].政治与法律,2016(12):136-154.

② 11个国家(地区)分别为:安道尔、阿根廷、加拿大、瑞士、法罗群岛、根西岛、马恩岛、泽西岛、以色列、新西兰、乌拉圭东岸共和国。

和大众传媒监督局名单的国家(地区)。①此外,俄罗斯采取的数据控制者担保模式,与欧盟有着相似之处,都直接体现了国家主权和国家安全。其《个人数据保护法》规定,即使第三国提供了充分水平的保护,俄罗斯也可以以国家安全、国家防卫、保护公众合法权益为由禁止或者进一步限制数据转移。而2014年通过的《数据本土化法》还要求俄罗斯公民个人数据的数据控制者实现计算机设施本土化②。

3.数据主体同意模式

与上述国家不同,日本《个人数据保护法》没有关于跨境数据转移的明确规定,但对向第三者提供数据做出了限制,即数据主体同意模式。该法第23条规定,除法律规定的特殊情形外,未获得数据主体同意时,个人数据控制者不得将数据提供给第三者,不论境内还是境外的第三者都受该条法律的约束。但对于数据主体"同意"的表现形式,该法并没有明确规定。日本发布的《经济与工业领域个人数据保护指南》指出,口头同意、书面同意或是在网页上点击确认都可认定为数据主体表示同意。但在具体实践中,数据主体即使同意也可能因某种情形要求数据提供者停止向第三者提供。因此,该条款还规定,尽管数据控制者接受了数据主体的停止请求,但及时通知或向数据主体提供充分信息的,仍可以向第三者提供。

由此可见,日本法律对于跨境数据转移的限制机制更多的是注重数据主体的同意及数据控制者的处理方式,而对于无须数据主体同意的例外情形,仍然存在不确定性,最终解释权归当局所有③。

(三)数据跨境转移规则对比

美国是数据跨境自由流动的主要倡导者和推动者,其在多个场合都强调数据跨境自由流动的必要性,且在其主导和参与的国际协议中都积极加入了跨境数据自由流动的条款。而欧盟是数据保护最为严格的地区之一,其对数据的跨境流动设置了一定的条件和标准,只有在满足相应的条件和标准的基础上才允许数据跨境流动。有关中国的数据跨境流动,包括《网络安全法》与《征信业管理条例》等在内的法律法规都做出了明确的规定:境内的数据如果需要跨境流动的,必须严格进行安全性鉴定,具体流程一律参照国家网信部门及国务院提出的相关规定。另外,对一些特殊行业中的数据或国家机密数据的跨境流动有严格规定,如在《中华人民共和国保守国家秘密法》中明确规定:涉及国家机密的数据一律不允许流出。从商业角度来看,数据只有被流通、被有效处理才能发挥其价值。数据跨境自由流动可减少数据的运输成本和信息成本,同时更有利于降低贸易成本与贸易壁垒④(见表8-4)。

---

① ANNA, Z. The salient features of personal data protection laws with special reference to cloud technologies: a comparative study between European countries and Russia[J]. Applied computing and informatics, 2016, 12(1):1-15.

② 同上.

③ 张金平.跨境数据转移的国际规制及中国法律的应对:兼评我国《网络安全法》上的跨境数据转移限制规则[J].政治与法律,2016(12):136-154.

④ 伍湘陵.全球数字贸易规则发展趋势及应对措施:基于美国、欧盟以及中国数字贸易规则的对比分析[J].上海商学院报,2023(2):48-59.

表8-4　数据跨境流动规则对比

国家(地区)	数据跨境流动规则	原因	法律约束力	贸易壁垒	贸易成本
美国	数据跨境流动自由,数字产品永久免征关税	推动数据跨境自由流动	较弱,倡导流动自由	减少	减少
欧盟	欧盟标准验证的国家(地区)内可自由流动,欧盟成员境内可以互相不受限地流动	严格限制,注重数据跨境流动的安全性和隐私性	较强,限制数据跨境流动范围在欧盟或欧盟认证国家(地区)内	增加	增加
中国	数据跨境流动必须按规定向相关部门申请评估	严格限制,注重数据跨境流动的安全性和隐私性	较强,总体限制较多	增加	增加

资料来源:伍湘陵.全球数字贸易规则发展趋势及应对措施:基于美国、欧盟以及中国数字贸易规则的对比分析[J].上海商学院报,2023(2):48-59.

思考题

1. 与传统国际商法相比,大数据时代下的国际商法主要在哪些方面有所变革?

2. 为了适应大数据时代下的国际商法,企业应如何控制自身的合规成本?

3. 大数据背景下不同国家(地区)的相关法律规则对我国法律的发展有哪些启示?

国 第八章小结

第九章

大数据分析工具在国际商务中的应用

⊙ 导入案例

"易芽有单"工厂智联SaaS

2022年10月,易芽(EasyY)工厂智联SaaS——"易芽有单"正式发布,一个以商机智联、消费者洞察、新品聚合、安全回款为一体的全链路、全场景工厂智联SaaS诞生了。

易芽是易网创新科技(广州)有限公司旗下的跨境虚拟工厂B2B平台,专注于供应链整合与技术创新。此前易芽推出的"易芽选品"SaaS面向广泛跨境卖家群体,打通了境外买家消费及评论数据,获得了市场的广泛好评。在此基础上,"易芽有单"SaaS将重点解决工厂需求,依托易芽的全体系真实的境外消费者数据,从供应链源头为跨境工厂提供关键维度的决策信息,助力工厂开发出真正符合境外需求的定制化精品。

易芽平台打通跨境电子商务企业、工厂、消费者等市场数据和供应链数据,通过平台实现数据清洗、数据加工和数据应用,做到真正有价值有意义的数据串联,构建了一个立体化、数字化的跨境电子商务供应链场景。易创CEO曾提到:在全球化进程中,跨境电子商务行业飞速发展,境外电商产品升级和精品化将迎来巨大的市场机会。易芽有单应解决跨境电子商务供需环节中存在的资源错配和浪费问题,专注于为中国制造企业消除出海信息差,搭建起工厂与跨境卖家之间的信息桥梁,用互联网数字化服务能力革除传统供应链存在的弊端,推动工厂智能化、数字化转型。

通过易芽有单的"新品灵感"与"消费者洞察"板块,入驻工厂可以第一时间获得境内外新品动态。同时,预生产产品的全球市场容量及前景预测、消费者画像、投产比、利润等关键数据也会同步呈现给工厂,大大提升了新品迭代效率与开发成功率。独有的"商机智联"板块不仅可以使工厂自行筛选有需求的卖家进行产品投递,更能够将卖家在境外平台的搜索行为进行分析,通过精准匹配算法一对一私域直推,将"对的"工厂新品直接呈现给"对的"买家。

【资料来源:EasyYa."易芽有单"工厂智联SaaS,赋能中国制造强势出海[EB/OL].[2023-12-23]. https://baijiahao.baidu.com/s?id=1747103609039952676&wfr=spider&for=pc.】

【学习目标】

1. 了解大数据的内在价值、处理流程
2. 了解大数据分析工具的发展现状及主要的分析工具
3. 学会如何在国际商务中运用大数据分析工具进行分析

第一节　大数据资源在国际商务中的运用

大数据是一种从各种类型的数据中快速获取有效且有价值的信息的技术。在大数据领域,当今已经出现了大量新的且易于操作的技术。

一、大数据的内在价值与质量

(一)大数据的内在价值

在当今社会,科技的发展和信息技术的进步日益影响到人类的生产和生活活动。在信息爆炸时代,从经济学等学科中逐步产生和发展出了"大数据"概念和"领域大数据"理论。数据,让一切有迹可循,让一切有源可溯。我们每天都在产生数据,创造大数据和使用大数据。比如我们每天上网、刷短视频都会产生大数据,这些大数据包含了对用户信息、喜好的分析,然后相关网络平台就会根据这些信息推送我们可能喜欢的内容。

那么,大数据到底存在怎样的内在价值,这些价值对我们的生活又有什么作用呢? 从商业的角度来说,大数据的价值在于从复杂性中挖掘和分析用户的行为习惯和偏好,寻找更符合用户口味的产品和服务,并根据用户需求进行自我调整和优化。此外,数据在其他领域也发挥着巨大的作用,比如利用大数据技术来监测舆论,跟踪公众关注的问题,可以大大提高社会科学的研究能力;通过数据分析,大数据可以帮助企业客户有效判断用户的信息需求和消费需求,开发出对路的产品,最大限度地整合和利用资源;利用大数据可以对卡口名称、车道名称、车型、车牌号、车身颜色、车牌颜色、车速范围、长度范围、车牌截面范围、时间范围等进行分析,为交通规划提供科学依据。

(二)大数据的质量

随着互联网、云计算、物联网等技术的发展,大数据时代的到来将给信息技术领域注入了新的活力。在大数据时代,每个人都是数据生产者。企业的任何业务活动都可以用数据来表示。如何保证大数据的质量,如何对大数据中隐藏的信息进行建模、提取和利用,是摆在工业界和学术界面前的一个重大问题。大数据管理就像企业的员工管理。员工越多,管理越复杂,大数据体量越大,管理也越复杂;数据量越小,数据结构越简单,数据源越少,数据管理越容易,数据质量也就越有保证。然而,由于大数据体量大、变化速度快、结构复杂、来源多,保证数据质量并非易事。此外,大多数国内企业尚未认识到大数据和数据质量的重要性。我国大数据模型的开发和应用还不成熟,企业数据存储分析技术、数据管理系统等各种配套设施和系统也不完善。企业应考虑大数据开发各方面的突发事件,从数据采集、数据存储到数据使用,建立详细的数据管理体系。采用专用的数据挖掘和分析工具,聘请专业的数据管理人员,加强数据管理,提高员工的数据质量意识,保证大数据的数据质量。收集更准确、有效和有用的信息。

二、大数据的处理流程

(一)大数据的获取

由于传统企业用于记录、储存与分析数据的工具不够先进,企业能够获取并加以运用的数据有限,因此难以准确地进行决策与预测,令企业的运营遭受到许多意外的损失。如今,在大数据时代,技术条件有了前所未有的提升。企业需要转变思维,学会利用多元层面的数据去进行多维分析,而非利用单一维度的数据。例如,企业可以利用当前的技术为供应链设置一个专属的云端大数据库,该数据库的建立有以下两种思路。

一是建立链接数据通道。供应链上的各个企业在建立自身数据库的同时,与其他企业的数据库、供应链云端大数据库建立链接数据通道,并将自身的信息以自动命名域名方式发送给包括供应链云端大数据库在内的其他数据库,形成蛛网状信息共享渠道。

二是使数据来源多元化。随着经济的多元化发展,数据的来源也趋于多元化。除了关注供应链各个环节的信息外,也应关注国家政治策略(如经济发展状况、方向,以及政府出台的一些新政策)和国际供应链(国际上相似公司的供应链数据)等信息,并建立外部数据获取渠道与储存区域,在实时对照中不断改进自身的供应链系统。

(二)大数据的存储

目前,建立稳定、安全、高效的数据存储模型成为业界的共同诉求,云存储应运而生。分布式存储和访问是大数据存储的关键技术。分布式存储技术具有效率高、性价比高、容错性好等特点。分布式存储技术直接关系到存储介质的类型和数据组织管理的形式。存储介质类型主要包括内存、磁盘、磁带等,数据表的组织管理主要包括行、列、键值、关系等,不同的存储介质和组织管理形式对应不同的大数据属性和应用。分布式文件系统是大数据领域最基本、最核心的功能组件之一,分布式内存的高性能、高可扩展性和高可用性是其巨大优势。文档存储支持对结构化数据、嵌套结构和二级索引的访问。数据存储可以减少数据访问,提高数据处理效率。键值存储可以有效地减少对硬盘的读写次数,但不提供事务处理机制。图形数据库可以存储事物之间的关联关系,并利用图形模型映射这些网络关系,在现实世界中实现对不同对象的建模和存储。将数据库的工作版本放入内存,其目的是提高数据库的效率和存储空间的利用率。总之,不同的数据存储技术具有不同的特点和优势。它们对提高大数据的质量(如及时性、安全性、可用性和准确性)具有重要影响。

云存储成为当前大数据存储模式的主要方式,是因为它可以降低数据存储成本。数据存储通常由第三方虚拟服务器承载。尽管云存储的成本也在不断增长,但相比于建立自己的独立数据存储平台并进行长期维护来说,云存储仍具有较大的优势。

此外,云存储还能改进数据存储结构,根据业务需要定义不同的存储结构层次,例如企业可以设置基本管理层和业务访问管理层:基本管理层作为大型数据库云存储技术的基础,负责信息的收集和分类;企业访问层主要面向终端用户,解决存储系统的网络接入和权限问题,其主要管理功能是保证大型数据库的信息安全,对大数据的分类和数据的安全性起着重要的作用。

（三）大数据处理与分析

1.大数据处理

分布式大数据处理技术与业务数据的存储形式和类型有关,大数据处理的主要计算模型有 MapReduce 分布式计算框架、分布式内存计算系统和分布式流计算系统。MapReduce 是一个能够并行分析和处理大量数据的批处理分布式计算框架,适用于各种非结构化数据的结构化处理。分布式计算系统能够有效地降低数据的读写和移动开销,并对海量数据流进行实时处理,提高海量数据的处理性能,保证海量数据的实时性和价值。无论是何种类型的分布式大数据处理和计算系统,都有利于提高大数据的价值、可用性、及时性和准确性,大数据存储的类型和形式决定了数据处理系统的结构。数据处理系统的性能将直接影响到大数据的质量。因此,在大数据处理过程中,为了优化大数据质量,必须根据大数据类型选择合适的存储形式和数据处理系统。

2.大数据分析

大数据分析技术主要包括现有数据的分布式统计分析技术,以及未知数据的分布式挖掘和深度学习技术。分布式统计分析可以通过数据处理技术来实现;而分布式挖掘和深度学习可以在大数据分析阶段进行,包括聚类分类、关联分析等,以此来进一步挖掘大数据集中的数据关联。此外,还可以形成事物的描述模式或属性规则,通过建立机器学习模型并训练海量数据,提高数据分析和预测的准确性。数据分析是大数据处理和应用的关键环节,它决定了大数据集的价值和可用性。在数据分析过程中,应根据大数据的应用和决策需要,选择合适的数据分析技术,以提高可用性和价值,以及大数据分析结果的准确性和质量。

第二节　大数据分析工具在国际商务中的应用

一、基于 Hadoop 的大数据分析系统在国际商务中的应用

如今,越来越多的企业利用电子商务开展贸易活动。在更短的时间里获取丰富且具有时效性的数据信息可以提高企业业务处理能力和贸易交易效率,实现客户和企业的双赢。随着与世界各国(地区)经济贸易往来的进一步深化,如何存储、处理海量的国际商务数据并监测市场需求成了新问题。

Hadoop 是 Apache 基金的一个开源的大数据处理框架,核心部分由 HDFS（Hadoop distributed file system,分布式文件系统）和 MapReduce（并行计算模型）两大模块组成,HDFS 可以高效地完成大规模数据集的高效存储,MapReduce 将应用程序要处理的工作分成若干小块,使开发人员轻松实现分布式应用程序。二者的结合使用户可以在上层编写分布式程序而不需要了解其底层的细节情况,让使用者充分利用集群的优势进行分布式的高速存储和运算。HDFS 与 MapReduce 的结合使 Hadoop 变得更加强大。下面以对俄贸易为例,试用

Hadoop的大数据分析系统,处理和分析海量的对俄贸易数据,利用结果为企业提供相关信息。

(一)基于Hadoop的大数据分析系统结构

1.系统基本结构

基于Hadoop的大数据分析系统按照逻辑分层的方法划分为以下3层,分别是数据存储层、数据处理层和应用层。大数据分析系统架构如图9-1所示。

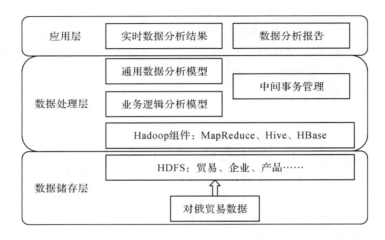

图9-1 大数据分析系统基本框架

(1)数据存储层

利用Hadoop分布式文件系统HDFS,根据数据特点和具体业务需求将数据分类存储。大量历史数据经过Hive(基于Hadoop的一个数据仓库工具)管理存储,需要快速查询并响应的数据交给HBase(一种分布式数据库)进行存储划分。将整理后的数据保存成文件存放在HDFS分布式文件系统上,方便数据的处理。

(2)数据处理层

这一层是大数据分析系统的核心层,在这一层,主要应用MapReduce编程框架构建分布式处理程序,利用Hadoop的组件执行对应的工作,完成大型数据的各种需求分析。数据处理层中的业务逻辑分析模型用以识别业务功能,识别后被分解成相应的任务对HBase进行操作。利用模型库把一些常用的模型和分析结果数据进行固化。中间件通过相应参数对应用层具体需求做出判断,并根据判决结果决定把任务送给Hive处理还是HBase处理。

(3)应用层

将数据处理层得到的数据用相关图或表进行表示,通过图表用户能够直观地研究对俄贸易数据的商机及存在的问题,促进对俄贸易的发展。

2.Hadoop集群硬件结构

Hadopp集群是由5台服务器和10台PC机组成的集群,服务器集群上安装Linux操作系统,在10台PC机上安装虚拟Linux Cont OS系统,并在每台机器上安装JDK、SSH、Hadoop和HBase。一台服务器作为Hadoop集群的Client(客户端),负责对数据进行Hbase和Hive入库。一台服务器作为Namenode(名称节点),剩余3台服务器和10台PC机作为Hadoop集群的Datanode(数据节点),其中两台Datanode作为中间件服务器。

(二)基于Hadoop的大数据分析系统

1.数据统计

大数据分析系统需要针对对俄贸易数据进行分析和统计,而应用MapReduce算法框架需要使用者自己编写程序,这对于使用该分析系统的员工来讲难以实现。Hive所提供的数据库语言HiveQL,可以将类SQL(structured query language,结构化查询语言)转化为在Hadoop中执行的MapReduce任务,使得数据库操作人员可以简单上手,其功能也很强大。Hive与普通关系数据库的比较如表9-1所示。由表9-1可知,Hive由于利用MapReduce进行并行计算,因此可以支持很大规模的数据量,在处理的数据规模和可扩展性上有相当大的优势。

表9-1　Hive与普通关系数据库的比较

维度	Hive	RABMS
查询语言	HQL①	SQL
数据储存	HDFS	原设备或本地数据储存系统
数据格式	用户定义	系统决定
数据更新	不支持	支持
执行	MapReduce	Executor
可扩展性	高	低
处理数据规模	大	小
硬件配置	一般	高

注:① HQL即Hibernate query language, Hibernate查询语言。Hibernate是一个开放源代码的对象关系映射框架。

2.数据存储

为了提高存储效率和减少硬盘的访问次数,先将数据放到内存里,达到一定数目时写入本地文件,再将数据通过Hadoop提供的API上传到HDFS。而HDFS的设计是每个文件占用整个数据块时存储效率最高,为了提高存储效率,减少Namenode的元数据,一般将本地文件大小控制在64M左右,再上传到HDFS。

3.数据查询

想要在海量数据中迅速定位到几条或几十条符合条件的数据犹如大海捞针。在大数据分析系统中应用HBase这个分布式数据库,可以实现高速的写入和读取。HBase表由行和列组成,查询时,都是通过行键来进行搜索的,因此行键的规划尤为重要。根据行表可以将HBase分成多个Region(即区域,是数据存储和管理的基本单元),HBase的所有数据保存在HDFS中,由Region负责完成数据的读取。某个Region内的数据只能保存在一个主机上。为了解决读写矛盾,在行键前添加一个hash值,即可使数据写入不同的Region,从而充分发挥分布式系统的优势。

4.数据处理

Hadoop对数据处理是通过MapReduce来完成的。系统将数据划分为若干数据块,Map节点对数据块分析处理后会返回一个中间结果集,并对中间结果使用一定的策略进行适当的划分处理,保证相关数据传送到Reduce节点。Reduce节点所处理的数据可能来自多个Map节点,为了减少数据通信开销,中间结果在进入Reduce节点前会进行一定的合并处理,Reduce节点将接收到的数据进行归纳总结。Map节点和Reduce节点在数据处理时可能会并行运行,即使不是在同一系统的同一时刻。因此MapReduce为并行系统的数据处理提供了一个简单优雅的解决方案。

5.复杂数据模型分析

大部分任务进行统计查询就可以满足,但还有很重要的一部分任务需要进行复杂的数据建模来加以分析。算法步骤如下。

(1)数据提取。

(2)判断提取数据是否在Hadoop中,若在Hadoop中则直接提取;若不在,则导入外部数据。

(3)数据处理,选择复杂算法。

(4)算法是否包含在Mahout[①]中或者已导入,若是转步骤(5);否则导入所需算法再转步骤(5)。

(5)设置算法参数。

(6)进行算法迭代并判断是否完成迭代,若完成则输出最终结果;否则继续步骤(6)。

(三)结果分析

程序是在搭建的Hadoop并行计算平台上运行的,平台有15个节点,由5台服务器和10台PC机组成,一台服务器作为Client,一台服务器作为Namenode,剩余3台服务器和10台PC机作为Datanode。其中5台服务器配置八核CPU、内存64G、硬盘400G、千兆以太网;另外10台PC机配置双核CPU、内存8G、硬盘300G、百兆以太网。在数据量比较小时,HDFS的性能体现并不明显,当文件数据量比较大时,HDFS的性能优势便充分体现出来。假设运行文件大小为100M不变,但是文件数量从1个到10个增加,总体运行时间和平均运行时间如图9-2所示。

---

① Mahout是一个基于Hadoop的机器学习和数据挖掘的分布式计算框架,封装了大量数据挖掘经典算法。

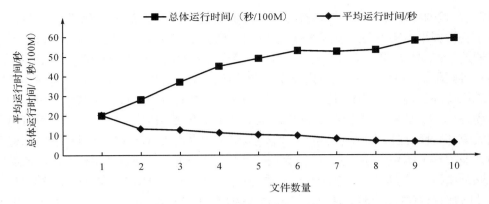

图9-2　文件数量不同的运行时间对比

资料来源：王丽红,刘平,于光华.基于Hadoop的对俄贸易大数据分析系统研究[J].电脑知识与技术,2018,14(1):2022.

根据图9-2可知,文件数量的增加导致总体运行时间增加,但是平均运行时间呈下降趋势。同时,若运行文件数量相同,文件大小从10M增加到50M时,总体时间是呈上涨趋势的,但是平均时间是呈下降趋势的。

针对对俄贸易数据量巨大的特点,我们设计并实现了基于Hadoop的大数据分析系统。应用HDFS设计实现了数据的分布式存储,使用Hive组件来完成大数据分析的统计任务,应用HBase分布式数据库,实现高速的写入和读取文件。我们将文件合理地分布到每个节点,并对文件进行了3节点备份,保证了系统的安全;基于Hadoop的MapReduce模型实现了数据的并行储存与处理,随着数据量的增大,集群处理数据的优势越来越明显。因此,基于Hadoop的对俄贸易大数据处理是非常安全有效的。

二、基于云计算的智慧物流平台在国际商务中的应用

在国际分工日益明确化、专业化、精细化和跨境电商贸易模式快速发展变化的背景下,我国国际商务呈现出碎片化、精准化等新特征,亟待转向智能化、可视化、订单履行时间极短化。但是,现阶段智慧物流在国际商务中的应用还存在境内外政策信息不对称、信息交换标准缺失、贸易环节信息共享率低、资源浪费严重、通关效率低、成本高、监管和信用体系不适应发展变化等问题。据此,应基于智慧物流在国际商务中应用的理论和现实基础,充分利用大数据、云计算、人工智能、物联网等前沿信息技术,构建由数据分析任务、云计算、数据隔离、通信4个核心模块构成的智慧物流核心管理平台,实现全流程电子单证交换、全流程订舱协同、全流程通关协同、全流程物流追踪四大对外贸易核心业务功能,促进对外贸易一体化。随着贸易全球化的进一步发展、贸易体系的全面标准化、区块链在国际商务中的应用和物联网技术的升级,以大数据、云计算为基础的智慧物流平台将在国际商务中得到深层次运用。

(一)智慧物流在国际商务中的应用模型

传统对外贸易以进出口企业为贸易主体,利用货代企业揽货、存储及报关,经海关核查,并通过物流企业搬运,最终实现货物的跨境传递,完成货物的跨境交易。而在智慧物流模式

下,我们在境内将传统对外贸易各参与方进行串联,建立智慧物流核心管理平台,通过智慧物流核心管理平台实现各主体间的数据共享、信息交互、单据传递,提升各主体间贸易信息的流通效率;在境外,通过境外单证管理平台、境外舱单管理信息平台及境外物流服务平台,与境外各国际贸易参与方进行信息交互、数据传输、单据传递。如图9-3所示,在从境内到境外或从境外到境内的进出口贸易中,智慧物流在整个对外贸易流程中被全方位运用。从国际商务核心业务来看,智慧物流核心管理平台通过连接境内贸易主体与境外单证管理平台完成单证交换,连接境内货代企业与境外舱单管理平台进行舱单传递、订舱协同,连接海关与其他贸易主体完成通关协同,连接境内物流公司与境外物流服务平台完成物流实时定位。通过构建智慧物流核心管理平台实现对外贸易流程的一体化运作,从成本端去除重复劳动,同时信息资源的及时共享推动了人力、物力资源的优化配置,提高了信息的利用效率,实现了资源的最大化利用。

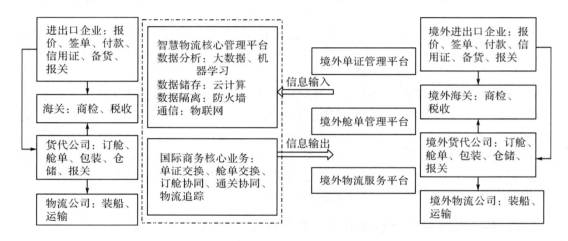

图9-3 智慧物流应用模型

资料来源:李佳,靳向宇.智慧物流在我国对外贸易中的应用模式构建与展望[J].中国流通经济,2019,33(8):11-21.

智慧物流核心管理平台内部主要由4个核心模块构成,依次是依托大数据、机器学习、人工智能等前沿技术执行数据分析任务的模块,进行海量数据存储的云计算模块,确保数据安全性的数据隔离模块,依托物联网技术执行信息采集、信息传递的通信模块。各个模块分工运作的同时又互相进行数据、信息传递,共同构成智慧物流核心管理平台。

1.全流程电子单证交换

随着经济全球化的脚步加快,各个国家(地区)生产分工逐渐细化,以采购商、制造商、零售商构成的供应链闭环在全球化布局中的作用愈发凸显,物品伴随着供应链闭环流动所涉及的物流、商流、信息流、资金流的传递效率往往受信息数据标准化的制约,因此,以供应链为基础的对外贸易全流程电子单证的标准化交换是对外贸易降本增效的基础。智慧物流平台协助实现境内各个商贸主体的单据交换及跨境参与主体的单证转换与传递,如图9-4所示。

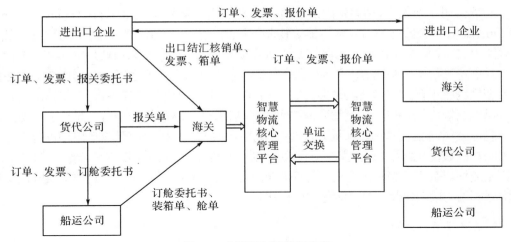

图9-4　全流程电子单据交换

以出口为例,国际贸易的起点是境内企业与境外企业间的报价与签单,境内企业将订单、报价单、发票等单据通过智慧物流平台转换为国际通用格式,再经过境外单证管理平台转换为目标企业所需格式,完成单据的传递与转换。订单确认后,进出口企业开始备货并寻找货代公司,与货代公司之间交换订单、发票、报关委托书等单据;货代公司与船运公司之间交换订单、发票、订舱委托书等单据;货代公司向海关进行报关时,提交报关单、发票、合同、核销单、报关委托书等,船运公司提交订舱委托书、装箱单等,经过海关核查后予以通关,经智慧物流平台转换为国际通用格式传递给目标地区海关和单证管理平台,完成全流程单据的交换。在货物出口前,进出口企业、海关、货代公司、船运公司形成了一个境内单据交换的闭环,4个主体均拥有智慧物流平台接口,各个主体在共享货物出口进程信息的同时又有不同的角色分工,海关作为具有权威性的政府机关,拥有对相关企业、单据、数据进行资格审查的权力,进出口企业可以实时跟踪与自身货物相关的出口进程、单据信息,货代公司可以查看所代理货物的出口进程和单据信息,船运公司则仅能查看与装船货物相关的进程和单据信息。智慧物流管理平台实现境内外单据流转的一体化运作,提高了单据的利用效率,营造了安全、高效、便捷的交易环境。

2.全流程订舱协同

境内主要沿海城市均有区域型订舱系统,但是跨区域之间订舱的业务协同尚难以实现,基于智慧物流平台订舱则可以打破区域壁垒,实现全流程订舱协同,如图9-5所示。

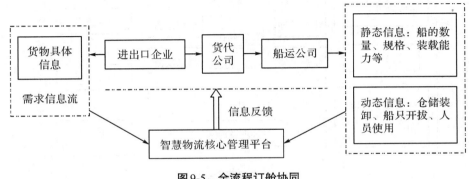

图9-5　全流程订舱协同

船运公司作为人力、物力资源的供给方接入智慧物流平台,基于RFID(radio frequency identification,射频识别)标签、感应器等物联网技术识别由仓储信息,以及船的数量、规格、装载能力、装载人员等组成的存量信息,再以货物装卸、船只开拔、人员使用等作为动态信息对存量信息进行实时更新,组成动态供给信息流。进出口企业或者货代公司作为订舱主体接入智慧物流平台,当与船运公司确认订舱需求后,进出口企业完成备货,并将货源的基本信息(品类、规格、重量等)通过物联网技术进行传递,通过智慧物流平台进行标准化格式输出给船运公司,船运公司确认后通过智慧物流平台根据自身实时存量信息自动进行供给和需求两端的最优化匹配,并输出给船运公司、进出口企业、货代公司装箱单、舱单等单据,完成订舱流程。基于智慧物流平台的订舱协同保证了订舱环节各个主体信息的一致性,实现了资源利用的最大化及订舱全流程的可视化。

3. 全流程通关协同

货物跨越边境运输是对外贸易的核心特征,通关流程是决定货物能否越境的基础,区域间通关政策不一,通过接入智慧物流平台实现跨区域全流程通关协同(见图9-6),提高了进出口企业的通关效率。货物运输进入码头后,开始受到海关的正式监管,海关通过智慧物流平台接口对货物进行初步查验,同时接受进出口企业和货代公司的报关申请,进出口企业和货代公司依据智慧物流平台传递外汇核销单、出口合同、发票、装箱单、报关委托书等报关单据。海关报关系统对报关相关单据进行线上审核,智慧物流平台实时接收审核结果反馈给进出口企业和货代公司,线上审核通过后反馈给线下抽检人员进行现场检验和鉴定,检验结果实时反馈给智慧物流平台。海关审核全部通过后,开始办理货物征税手续,同时货物开始装船和出口运输,智慧物流平台同时将相关出口单据转换为国际通用标准单据传输给目标地海关。在整个通关过程中,进出口企业、货代公司、海关协同运作,构成通关闭环,一旦某一环节出现问题,智慧物流平台实时反馈给相关主体,及时采取措施,确保通关手续顺利完成,同时线上信息传递与线下实时操作实现同步运作,减少了信息迟滞所带来的额外损失,实现了各个贸易主体的全流程通关协同。

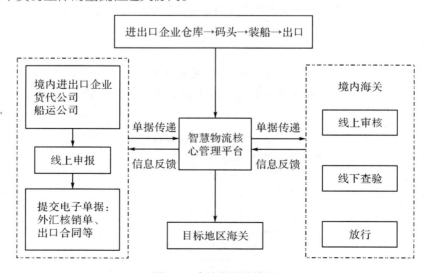

图9-6　全流程通关协同

4.全流程物流追踪

随着全球贸易物流信息化趋势的加深,对外贸易的可视化俨然成为打破对外贸易壁垒的重要环节,基于智慧物流平台实现对外贸易中的全流程物流追踪,不仅可以实时提供货物流动信息,而且能够加速信息流转效率,提高信息准确率,降低信息获取成本(见图9-7)。跨境物流运输从境内进出口企业备货开始,备货企业将货物嵌入RFID标签,通过与无线电信号连接将搜集、整理的货物基本信息转化为标准化数据,货代公司、船运公司在运输车辆、船只等运输工具上安装全球定位系统(global positioning system,GPS)和射频识别设备,通过物联网感知设备对运输工具进行实时定位,同时通过射频识别设备与运输工具上的货物数据进行同步,实现货物信息的精准化定位。货物、运输工具实时信息同步在智慧物流平台上,并实时反馈给对外贸易相关参与主体,当货物完成通关出口后,在境外进行传递和运输的数据将会传递到境外物流服务平台,通过智慧物流平台与其对接,实现境外物流信息的实时追踪。基于智慧物流平台的全流程物流追踪以仓储、人力、车辆的静态、动态信息为输入端,依托大数据智能分析技术同时输出货物的最优仓储位置选择、最优装卸方式和运输工具的最优路线选择等。全流程物流追踪实现了物流信息的全流程监控,提高了容错率,一旦某一环节出现差错可以及时纠正,同时也优化了物流运作的流程。

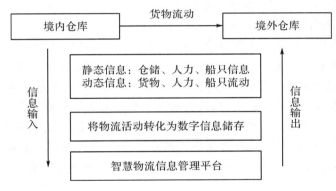

图9-7　全流程物流追踪

思考题:

1. 简述Hadoop大数据分析系统的基本结构。
2. 对外贸易核心业务功能有哪几个?
3. 简述智慧物流在四大对外贸易核心业务功能中的应用。

📄 **第九章小结**

第十章
大数据与国际营销

宝洁公司的国际营销策略

成立于1837年的宝洁公司(Procter&Gamble,P&G)是世界上最大的日用消费品公司之一。在2023年《财富》世界500强榜单中排名第154位。成立180多年来,取得了辉煌的业绩,除了产品质量好、口碑好,公司针对自己的产品、目标市场和消费者所制定的正确的广告策略也是不可忽视的成功因素。

1988年,宝洁公司秉持"消费者至上"原则,以"生产和提供世界一流的产品和服务"的理念来到中国,在广州成立了中国的第一家合资企业——广州宝洁有限公司。30多年来,宝洁公司在中国的业务取得了飞速的发展。宝洁公司在中国的营销策略主要体现在坚持国际化的广告策略、注重国际品牌的本土化等方面。

一、坚持国际化的广告策略

比较宝洁公司在中国及其在本土的广告,可以看出他们的广告差别不大。这与进入中国市场的其他外国公司有很大不同。许多进入中国市场的产品都大幅改变了其原有的营销和广告策略,以适应本地习俗。同时,从宝洁生产的产品来看,家居清洁产品作为消耗品,无论是在其他国家(地区)还是在中国,人们在购买时主要关注产品的质量、使用效果和价格,其间受文化因素的影响较其他商品要低得多,使得其原有的、针对商品功效的广告策略在中国也适用。同时,宝洁公司在品牌管理上的理念——形成每一个品牌的品牌个性及运用USP(unique selling proposition,独特的销售主题)策略等,在中国也得到了很好的发挥。

二、国际品牌本土化

为了深入了解中国消费者,宝洁公司在中国建立了完善的市场调研系统,开展消费者追踪并与消费者建立持久的沟通关系。宝洁公司在中国市场研究部建立了庞大的数据库,把消费者意见及时分析、反馈给生产部门,以生产出更适合中国消费者使用的产品。

宝洁公司在进入其他国家(地区)之初采用的是美国化的产品,比如在日本推销其帮宝适纸尿裤时,由于不适合日本婴儿的体型而遭到了失败。宝洁公司在挫折与失败中总结经验,终于成为研究和了解每一个国家(地区)消费者的专家。

【资料来源:根据网络相关资料整理】

【学习目标】
1. 掌握大数据背景下国际营销理论的变革
2. 了解大数据背景下企业国际营销面临的机遇与挑战
3. 了解大数据背景下企业国际营销的策略及优化对策

第一节　大数据背景下国际营销理论的变革

一、传统的国际营销理论（4Ps）

营销组合实际上有几十个要素。20世纪60年代，美国密歇根大学教授杰罗姆·麦卡锡将这些要素概括为4类：产品（product）、价格（price）、渠道（place）、促销（promotion），即著名的4Ps理论。

（一）产品

产品是营销组合中的基本要素之一。在某种程度上，产品策略是企业营销组合的根基，是企业的营销组合不可或缺的一部分。不论企业的目标市场是境内还是境外，不论生产的是有形产品还是无形产品，企业在制定营销策略、进行营销组合时，首要考虑的都是生产什么样的产品来满足消费者的需求。此外，企业为了抢占市场份额、获得竞争优势，还需结合产品生命周期，改进和完善产品性能，或者开发新产品。

1.产品策略的概念

产品与产品整体是两个不同的概念。产品是指被人们使用和消费，且能满足人们某种需求的有形和无形的服务、组织、观念或它们的组合。产品代表企业提供给目标市场的产品和劳务，包括产品的种类、规格与型号、质量、商标、性能、包装、售后维修等。为了获得市场的主导地位，企业必须提供优质的产品和服务，满足消费者的需求。

而产品整体是指包括了核心产品、形式产品、期望产品、延伸产品和潜在产品5个层次的一个概念。其中，核心产品是产品整体最基本的部分，是消费者购买产品时所追求的基本效用和利益；形式产品是指核心产品借以体现其品质、样式、特征、商标及包装来向市场提供实体和服务的产品；期望产品是指消费者购买产品时所期望得到的与产品相关的一系列属性和条件；延伸产品是指消费者购买产品时所获得的其他附加利益，包括产品说明书、售后维修等；而潜在产品是指现有产品可能发展成为未来最终产品的产品。

2.产品的生命周期

产品生命周期各个阶段的产品投入要素不同，各阶段的生产效率也不同，这就导致企业在生产时需要考虑多种有效的生产要素组合，寻找更加行之有效的生产方法。通过对产品生命周期理论的研究能够对创新时机、规模经济、贸易的不确定性等有进一步的了解，有利于做出正确的生产决策。产品生命周期理论也是研究国际贸易行为和国际投资行为的重要理论。

3.新产品的概念

营销学中对"新产品"的定义是:凡是过去市场上没有出现过的产品都叫新产品,也可以说是在一定范围内第一次生产和销售的产品。与产品整体概念相联系,新产品是指产品整体概念中的任何一部分的变革或创新,且能给消费者带来新的效用和利益的产品。新产品的开发不仅能够满足人民日益增长的物质和文化需求,也是企业生存和发展的保证。

4.国际市场产品策略

国际市场产品策略是市场营销组合中的关键因素,在企业为消费者创造价值的过程中起着重要的作用。与传统市场相似,国际产品的设计也要考虑不同国家(地区)消费者的偏好、不同产品的设计生产成本及非关税壁垒等因素,但国际营销面临的首要问题是采取标准化的产品策略还是采取差异化的产品策略。标准化的产品策略是指企业向不同国家(地区)的所有目标市场都提供相同的产品和服务。标准化的优点是规模经济带来的生产成本的降低,而且有助于在全球树立统一的形象。差异化的产品策略是指企业根据不同国家(地区)的目标市场的特点,提供不同的产品和服务,以更好地适应当地市场的需求。差异化的优点是能满足不同地区消费者的需求,企业在当地获得成功的可能性更大。

(二)价格

价格是4Ps中产生收益的要素之一。在某种程度上,价格可能是营销策略中最容易调整的部分,因为调整产品性质或功能、营销渠道,或者是营销传播方式都需要更多的时间。

1.国际市场定价依据

影响产品国际市场定价的因素是多方面的,例如企业目标、市场需求、产品成本、竞争者价格等。通常而言,国际产品定价的上限一般取决于市场需求,而其他限制取决于产品的成本费用。此外,企业目标、国家政策和法规、竞争者同类产品的价格会影响企业如何在上限和下限中确定价格水平。

(1)企业目标

影响产品定价的首要因素是企业的目标。每个企业都会根据自身设立的目标进行规划,以实现自身发展,但归结起来,通常有以下几种:追求最大的利润、保持或者扩大市场占有率、减少竞争、创建品牌等。产品或服务的定价都应该支持企业实现其总体目标,可以说企业定价目标提出了最低限价的问题。

(2)市场需求

影响产品定价的另一个因素是市场需求。具体而言,影响市场需求规模的因素包括自有产品及其替代品和附加产品的价格、消费者的喜好、消费者的收入水平、消费者的期望,以及产品质量、地理位置和气候、文化差异、国家政策等。

(3)产品成本

产品成本是定价的最低界限,任何产品的销售价格都必须高于成本费用,只有这样,企业才能盈利。因此,企业要做出有效的定价决策,必须先了解其成本结构,以便能够确定其产品或服务在不同价格下的盈利程度。国际营销的产品成本包括关税、中间商与运输成本、风险成本、通货膨胀、汇率波动和币值变动等。

(4)竞争者价格

竞争者同类产品的价格会对企业自身价格产生约束。市场竞争的激烈程度被称为市场结构,不同的市场结构条件将对企业产生影响。国际市场结构具有两种情形,即完全竞争和不完全竞争,不完全竞争又包括完全垄断、垄断竞争和寡头垄断3种具体情形。表10-1展示了这些市场结构类型的特点。

表10-1 不同市场结构的特点

竞争状态	竞争者数量	进入市场难易	公司对价格的控制力	定价方法
完全竞争	很多	很容易	无	均衡价格
完全垄断	没有	很困难	相当大	利润最大化
垄断竞争	多	比较容易	相当大	价格与非价格竞争
寡头垄断	较少	比较困难	很大	协议价格

(5)国家政策和法律

国际市场营销中的定价会同时受本国(地区)政府和外国(地区)政府的双重影响。直接影响企业定价的国家(地区)政策主要有价格政策、金融政策、税收政策等;影响企业定价的法律因素则主要指各类对价格进行管制的立法或行政手段,例如《中华人民共和国价格管理条例》等。

2.定价的基本策略

(1)新产品定价策略

新产品的最优价格是能同时吸引中间商和消费者的价格。因此,制定新产品的定价策略是企业管理者要面对的最具挑战性的任务之一。但如果市场上已经出现相似的产品,即产品价格的近似值已经确定,这项工作就会变得容易。新产品的定价策略一般有以下3种:

①撇脂定价法。撇脂定价法也被称为高价法,即在产品生命周期的导入期,利用消费者求新求异的心理和市场上竞争对手较少的外部条件,定一个较高的产品价格,以攫取最大的利润。那些看重短期最大利润目标的公司往往会采取这种撇脂定价策略。这种方法的优点有:第一,新产品上市,竞争者少,利用消费者求新的心理,开拓早期市场;第二,由于此时产品价格较高,企业可以获取较大的利润;第三,由于初期价格定位较高,便于在竞争激烈的时候调整价格,增强企业竞争力。但是,这种方法也有缺点:如果企业广告营销力度不大或某些原因未能建立起声誉,产品销量很低,可能会导致企业打开市场困难。

②渗透定价法。渗透定价法也称低价法,企业利用消费者寻求低价的心理有意为新产品设定了较低的初始价格,其目的是先发制人,以最快的速度打开市场,增加销售量和扩大市场占有率,使单位成本下降,以取得规模效益。资金雄厚的大企业通常采用渗透定价法。渗透定价法的优点在于利用薄利多销战略迅速打开产品市场,占领市场,同时防止更多竞争者进入市场,从而达到控制市场的目的。但渗透定价法也有其缺陷:一是企业必须有能力满足快速增长的需求,或者至少能在短时期内提升这种能力。二是低价并不意味着高质量,产

品价格过低会引起消费者的怀疑和不信任。三是如果市场愿意为产品支付更高的价格,企业应该避免使用价格渗透策略,否则它们可能会徒劳地失去利润。

③满意价值定价法。满意价值定价法又称薄利多销定价法,也称"君子价格"或"温和价格"。该方法确定的价格通常介于上述两种定价方法确定的价格之间。"满意"意味着它既能使生产者满意同时又能使消费者接受。由于这两种价格介于高价格和低价格之间,因此与前两种策略相比,它们的风险更小,成功的概率更大。

（2）折扣定价策略

折扣价格策略是公司直接或间接给予消费者一定比例的价格优惠,以回报或鼓励消费者购买其产品的策略。具体形式有现金折扣、数量折扣、季节性折扣、折让和津贴等多种形式。

①现金折扣。在规定时间内付清全款的消费者可以获得现金折扣,并且现金折扣通常出现在大额交易中,一次性付款可以享受更低的优惠。常见的诸如"$3/10, 1/30, n/60$"的符号,其含义是在60天内付清货款,消费者如果想要获得折扣可以提前付清,比如在10天内付清可以获得3%的折扣,在30天内付清可获得1%的折扣。提供现金折扣相当于降低价格销售,所以,企业在运用这种手段时要考虑商品是否有足够的需求弹性,能保证企业获得足够的利润。

②数量折扣。数量折扣是指根据消费者购买产品数量的多少享有不同程度的折扣。商品购买的数量越多,相应地给予折扣的力度也越大。数量折扣还可分为累计数量折扣和一次性数量折扣。累计数量折扣通常用于长期交易、大量进货的产品,对于这些产品,消费者累计购买后会达到一定数量或金额,销售方就会按其总量给予一定折扣。相比之下,一次性折扣通常适用于短期交易的商品,如季节性产品或者易损产品等,消费者一次购买这类产品达到一定数量或达到一定金额,按其金额给予一定折扣。使用数量折扣定价策略的关键是如何确定合适的模式和折扣率。将折扣数量标准设定得过高或过低是不合理的。企业应结合产品属性、目标销售收入水平、竞争对手价格、产品成本等因素综合考虑折扣模式。

③季节性折扣。季节性折扣是指生产者为了维持季节性产品的全年均衡生产而对消费者购买过季商品给予补贴的折扣。例如,羽绒服生产商在夏季会给予消费者大幅度的降价。季节性折扣有利于帮助企业减少库存,快速回笼资金,促进企业的均衡生产。但是,企业季节性折扣应根据产品的生产成本、资金利息和仓库存储费用等来确定。

④折让和津贴。价格折扣除按一定的价格比例,对标价进行降价的一般做法外,价格折扣还包括一些变相的形式,如折让和津贴。折让是企业根据产品价目表给予客户价格折扣。例如汽车、家电销售中的以旧换新折让。津贴是指企业出于特殊目的向特殊客户提供的价格补贴或其他补贴。例如,中间商开展各种促销活动,如广告和为企业产品创建样品展示窗口,生产商向中介机构提供一定数额的资金或补贴,这也有利于提升向客户推广企业产品的中间商的积极性。

（3）心理定价策略

不同的消费者在购买商品时往往有不同的购买行为和购买心理,在此基础上,企业可以运用心理学原理,及时掌握消费者的心理特点,从而定制满足消费者需求的价格,诱导消费者增加购买,扩大企业销售量。心理定价策略主要有整数定价、尾数定价、声望定价、招徕定价和习惯定价等形式。

①整数定价。整数定价是指将产品价格定为某个整数,不带零头,以给消费者该产品档次高、价值大之感。在现实生活中,由于同类商品生产者众多,样式各异,对于昂贵的耐用品或礼品,消费者往往抱着"一分钱一分货"的心理,从而根据价格的高低来判断商品的质量。因此,整数定价提高了商品的"身价"。但整数定价下产品价格的高并不是绝对的高,而是借整数这一形式给消费者营造高价的假象。例如19900元的项链定价20000元,有能力购买的消费者不会在意多付100元,反而觉得比19900元的产品高了一个档次,给消费者带来了满足。

②尾数定价。尾数定价也被称为奇数定价,采用尾数定价商品的价格通常会带个零头,让消费者感觉产品价格低廉。例如0.99元、9.99元、99元等,虽然99和100元只差了1元钱,但人们会习惯地认为99元是几十元钱而不是上百元的支出。有消费心理学家调查发现,产品价格尾数的微小差别能明显影响消费者的购买行为。一般认为5元以下的产品末位数带9最佳,百元左右的产品定价98、99元最佳。尾数定价法会给消费者一种经过精确计算的、价格最低的心理感觉。

③声望定价。声望定价是利用消费者追求名牌而忽略产品价格高低的心理,将这类产品的价格定得比一般的产品要高的定价策略。声望定价与尾数定价恰好相反,尾数定价符合消费者追求产品价格低廉的心理,声望定价策略符合消费者追求高产品价格的心理。例如,路易威登针对名人或贵族的显贵或炫耀心理,将其包、衣服、鞋子的价格定得高于同行。声望定价关键是保持较高价格,一般在长期的市场经营中,一些有威望的产品往往被认为质量好、服务态度好,不经营伪劣产品,不坑害顾客,因此,这些企业的产品定价高也有顾客购买。

④招徕定价。招徕定价策略是指在综合性经营的企业中,将某些产品的价格设定得非常低。其目的是吸引顾客购买低价商品,并引导顾客购买关联产品的价格策略。例如,在日常生活中,大多数国家(地区)的超市都经常会通过宣传张贴特价打折的广告来吸引路过的顾客前往购买,虽然超市里的大部分产品仍处于正常价格,但当顾客在选购低价产品时,他们很有可能会以正常价格购买其他产品,从而使企业达到增加总营业额的目的。

⑤习惯定价。有些产品,尤其是生活必需品,其在顾客心中已经形成了一个习惯的价格。当提高这类产品价格时,会引起顾客的不满,降低价格反而会使顾客产生对产品质量的怀疑。因此,对于这类产品,价格一般不宜轻易变动,企业通常采用变相提价的方法,比如减少容量、降低包装质量、改变生产材料等。

(三)渠道

产品在产权转让过程中从生产领域进入消费领域的各个环节和经营机构都被视为渠道。营销渠道主要包括四大要素:生产者、商人中间商、代理中间商和最终消费者。营销渠道的模式决定渠道的长度和宽度,根据按渠道的长度和宽度区分了不同的渠道策略。

1.渠道的分类

(1)按渠道长度划分渠道策略

渠道的长度是指产品从生产者传递给消费者经历的不同类型的中间商的数量。中间网点越多,渠道越长;相反,越短。根据中间商的数量,具体可分为零级分销渠道、一级分销渠道、二级分销渠道和三级分销渠道。营销渠道的长度策略涉及是否使用中间商;是直接营销还是间接营销;若是间接营销,需要多少层次中间商等问题。当企业选择间接营销策略,利用中间商进行产品营销时,有这样3种选择:一是建立独家控制型营销系统;二是通过协议形式组建契约型营销系统;三是选择传统的松散型营销系统。

(2)按渠道宽度划分渠道策略

渠道的宽度是指产品从生产者手中转移至消费者手中经历的同类型中间商的数量。具体来说,它分为3种渠道宽度策略:密集分销、选择分销和独家分销。

①密集分销。生产者尽可能拓宽渠道,通过尽可能多的中间商销售其商品。为了方便消费者购买,生活中的一些消费品,如调味品、牙膏、卷烟、饮料和工业品中的通用小工具多采用宽渠道的密集分销策略。

②独家分销。独家分销是最狭窄的营销渠道,这意味着在某些地区,制造商只通过一个中间商销售他们的产品。这是由产品的特殊性造成的,如专利技术、专门用户、品牌优势等。独家分销的好处是,它使生产者更容易控制中间商,提高中间商的经营水平;缺点是生产者面临较大的风险,如果有一家中间商经营不善,厂家也将蒙受损失。

③选择分销。选择分销介于上述两种分销形式之间,是指生产厂家在某一地区选择最适合的中间商帮助其销售产品。选择分销适用于时装、鞋帽、家用电器、家具等消费品,以及处于新产品开发试销阶段的产品。选择分销比密集分销更易于控制和节约成本;比独家分销面更宽,有利于开拓市场。

2.渠道的作用

(1)对于大多数企业,不可能完全自产自销,只有通过销售渠道进入消费领域,才能完整地实现其价值形态。渠道的存在有助于企业流通产品,回笼资金。

(2)对于消费者,营销渠道的存在节省了消费者的时间与精力,使消费者能快速选购到满足自己需求的产品。

(3)营销渠道连接着生产和消费这两个重要环节,对国家税收的增加、资金的积累、就业面的扩大都起着不容忽视的作用。

(四)促销

促销策略主要是指企业采用各种各样的方式传播产品的信息使消费者认识和了解,并通过宣传等方式促使消费者产生对商品的兴趣和信任,刺激消费者的消费欲望。

1.促销策略的作用

促销是企业营销的重要因素,短期可以促进购买,增加销售额;长期可以为企业树立良好的形象,维护紧密的客户关系。具体来说,促销具有以下作用。

(1)传递信息

促销的目的就是通过信息传递,使消费者了解企业产品的性能、作用和特点等信息,引起消费者的注意,激发其购买兴趣;同时传递给消费者可以在何时何地以何种方式、何种价格购买到产品的信息。

(2)突出产品特点

在促销活动过程中,企业主动向消费者介绍本企业的产品,使消费者了解本企业产品的特性与其他竞争者的不同,以及本企业产品能带给消费者的特殊利益,从而激发消费者的购买欲望。

(3)增强企业品牌的知名度

企业形象和声誉作为企业的无形资产,会影响消费者对该企业产品的认识和评价。通过促销活动,不仅可以提高企业在消费者心目中的形象,还可以巩固其产品的市场地位。

2.促销策略的种类

(1)广告策略

广告作为快速传递产品信息的工具,是帮助企业建立品牌的有效武器。广告策略是企业在促销中应用最广的促销方式,其主要内容包括5个环节:设定广告目标、设计广告内容、确定广告预算、选择广告媒体、评价广告效果。

(2)人员推销

人员推销是指企业的销售者直接向目标市场的中介机构或消费者介绍和销售产品,并促使中间商或消费者购买的一种促销方式。这里的推销人员包括推销员、市场代表、商店售货员等,比如,每年广交会上的市场代表、公司的售货员,以及类似保险、金融产品等需要说服顾客购买的代理商,都属于推销人员。

人员推销具有针对性强、成功率高、反馈及时等优点,但同时人员推销的成本费用较高,因为推销人员的培训和报酬较高。

(3)公共关系

公共关系是指组织机构与公众环境之间的沟通与传播关系。企业消除谣言或事件对公司声誉、形象的影响有利于维护良好的公共关系。营销公关的主要工作包括产品广告、活动赞助、参与公共服务、举行新闻发布会、邀请媒体参观采访等。公共关系的优点在于以较低的成本对公众意识产生极大的影响力,其可信度高于广告。

(4)销售促进

销售促进也称营业推广,是另一种重要的促销传播工具。销售促进属于短期刺激性工具,常见的销售促进工具有:赠送样品或试用品、有奖销售、折扣券、礼品、配套特价包装等。例如,在商业广场购买化妆品,送小样化妆品;在某些超市,使用指定银行卡结账可以享受打折或随机立减优惠;某些饭馆打出广告,进店消费达到某一数额的消费者即可获赠一份饮料或点心。

二、国际营销理论的新发展

(一)6Ps理论

20世纪80年代,被称为"现代营销之父"的菲利普·科特勒在4Ps理论的基础上拓展了权力(power)和公共关系(public relation),形成了6Ps理论。

权力是指有权的一方在一定范围内和一定程度上对当事人的控制和影响,无论这种控制和影响是直接的还是间接的,是合法的还是非法的。权力营销可分为法定权力营销、专家权力营销、参照权力营销、信仰权力营销、惩罚权力营销和形象权力营销等。

公共关系是指利用各种形式的关系网络来开展营销活动以建立和维系与消费者之间的长期良好关系。例如,企业利用新闻宣传媒体对企业形象进行报道,媒体的报道是影响消费者意愿的最重要因素。因此,企业需要通过媒体树立良好的形象以引导民众消费。

(二)11Ps理论

1986年,菲利普·科特勒进一步完善了6Ps理论。在6Ps的基础上增加了市场调研(probe)、市场定位(position)、市场细分(partition)、优先(priorition)和人(people)5个要素。其中,将原先的4Ps理论称为战术4Ps,将市场调研、市场定位、市场细分、优先称为战略4Ps。

1. 市场调研

市场调研是指企业进行生产之前先通过调研了解市场对某种产品的需求,以避免生产的盲目性。市场调研的内容包括市场环境调查、市场基本状况调查、市场可能性调查,以及对消费者、企业产品、销售渠道等的调查。

2. 市场定位

市场定位是指企业根据市场上现有产品和消费者对产品不同属性的重视程度,赋予自己生产的产品一定的特色,并能使消费者区别出本企业与其他企业的差别,从而在消费者心目中形成一定的印象的策略。比如星巴克的市场定位是注重享受、休闲、崇尚知识、富有小资情调,目标消费者是城市白领;苹果手机的定位是注重创新和用户体验,目标消费者是关注高品质电子产品的人群。

市场定位的方法主要包括产品差异化、服务差异化、企业形象差异化。

(1)产品差异化又可以体现在产品的质量、价格、款式、功能、使用场合、广告等方面的差异。对企业来说,要将各种差异化因素进行有效的组合,来满足不同消费者的需求。

(2)服务差异化是指企业向消费者提供一种区别于竞争对手的更优质的服务。当相同价格的产品质量并无多大区别时,消费者注重的是企业提供的服务。只有企业提供的服务让人满意,消费者才会再次购买,甚至推荐其他消费者购买。比如,小米在印度的服务中心数量突破500家,已成为智能手机行业的售后服务标杆。

(3)企业形象差异化。能体现企业形象的有企业的经营理念、企业文化、广告、员工、产品等。消费者出于放心的考虑,通常会选择企业形象好的产品。

3. 市场细分

按照消费者对产品需求的不同,可以将市场分为若干不同的顾客群体。市场细分有利于提高经济效益,增强企业竞争力。市场细分的标准往往因企业的不同而不同,但整体可以从以下几个方面考虑:地理因素、人口因素、心理因素和行为因素。

(1)地理因素。地理因素按消费者处在不同的地理位置将市场加以划分,这是一个较为稳定的因素。它主要包括地形、气候、交通等,同一地区内的消费者往往表现出一定的相似性,而不同地区的消费者由于地区差异性导致消费偏好存在明显差异。例如,肯德基(KFC)来到中国后,推出了老北京鸡肉卷、安心油条、豆浆、热干面等本土化产品。

(2)人口因素。由于消费者自身的个体差异,如年龄、国别、教育水平、收入等差异导致自身购买力、需求偏好不同,可以按人口因素对市场细分。同一消费群体中的不同消费者既有共性又有特性,但一般来说共性大于特性。如奶粉行业中各类企业针对不同消费人群推出不同受众的奶粉产品,如婴幼儿奶粉、中老年奶粉、病患奶粉等。

（3）心理因素。在其他条件相同或相似的情况下，消费者因自身的习惯或认知行为不同而对同类产品的选择出现较大差异。通常情况下可以认定为是个人生活习惯和品牌认知差异所带来的心理认知差异。比如，可口可乐和百事可乐这两个牌子，似乎说不出谁更好喝，但因它们都有对自己品牌忠诚度高的消费者，它们便同时存在。

（4）行为因素。这是根据消费者购买行为进行的划分，划分标准有购买时机、使用状况、追求的利益等。从购买时机方面来说，节假日与普通时间对飞机、高铁等交通工具的需求不同；从使用状况的角度来说，有从未使用过、打算使用、经常使用或从未打算使用人群的不同；从追求利益的角度来说，消费者注重的重点，如质量、美观、实用、价格等侧重点也不同。

4.优先

优先即选出目标市场，是指企业在市场细分的基础上，对市场潜力和容量、市场上竞争对手状况等进行综合考察之后选定可进入的市场。根据各个市场的特点和企业自身的目标，有3种不同的目标市场战略。

一是无差异性目标市场策略。该种策略将整个市场视为一个市场，只生产一种产品来满足消费者的共同需要。

二是差异性目标市场策略。在该策略下，企业为自身布局的每个细分市场提供专门化的精细营销服务，以满足各市场的个性化需求。通过对各个独立细分市场的营销可有效确立自身的竞争优势，满足当地消费者的需要。

三是集中性目标市场策略。根据这一策略，企业选择一个或多个细分的专门市场，以集中企业的优势，从而在该市场上获得优势地位。该策略下企业由于自身实力限制不能布局所有细分市场，满足所有细分市场的个性化需求，可提供符合各市场需求的营销组合。因此会选择其中几个目标市场，充分考虑其各类需求以实现营销组合的最优化配置，以增强企业在该市场的竞争力。

5.人

这里的"人"是指包括顾客和员工在内的一系列服务接受者与提供者。企业要将员工和顾客放在首位，提倡"以人为本"，做好企业人员的保障。

随着时代的不断前进，市场营销理论不断细分，新的市场营销组合不断涌现。从4Ps到11Ps的发展，便是国际营销理论变革的体现。

（三）4Cs理论

随着市场营销学的发展和现代商业竞争的越发激烈，传统以企业为中心、消费者无话语权的单一模式发生了改变，新的市场营销理论越发强调消费者的地位提升和企业的灵活策略。在这样的背景下，罗伯特·劳特朋于20世纪90年代初提出了新的营销理论，即4Cs理论。4Cs理论包括顾客（customer）、成本（cost）、便利（convenience）、沟通（communication）。4Cs理论其实是4Ps理论的某种变形，表现为产品转向顾客、价格转向成本、渠道转向便利、促销转向沟通。4Cs理论以消费者需求为导向，是对4Ps理论的继承和发展，也是营销学发展进程中的重要一笔。

1.顾客

企业应该提供什么样的产品，不能仅由企业决定，还应了解顾客的实际需求，在生产活动中更应按需生产提供相应配套的服务,更重要的还要关注客户带来的价值。从4Ps的"产品"转变到4Cs的"顾客",强调在满足顾客的需求中获利,从而实现企业与顾客的双赢。

2. 成本

成本与价格并不相同,成本不仅仅代表生产成本,其中也包含着消费者作为整个分销行为的参与主体而支付的成本,如货币、时间、体力脑力付出和相应的交易风险等。这意味着产品定价的理想情况,应当是既满足消费者的获利心理,也满足企业的获益心理,这就需要愈发重视顾客的需求。比如,尽可能降低产品的进价成本和市场营销的费用从而降低产品的价格;或者采取配送方式将产品送到顾客手中,以减少顾客的时间和精力消耗。

3. 便利

便利是指客户获得相应商家服务渠道的便利性,企业在为客户提供相应服务时应当更多考虑顾客获取相应服务的方便程度,并以此为前提开展分销活动,因为便利是客户价值不可或缺的一部分。越来越多的企业都将客户体验作为自身产品销售工作的重点,而消费者体验的核心之一就是便利性。

4. 沟通

沟通即企业在开展分销工作时要更加注重企业与顾客间的沟通联系,通过建立有效的双向沟通关系才能更好地了解需求,提供和改进自身产品,实现双赢。

4Ps和4Cs存在着一定程度的联系,即都是在满足顾客需求的前提下考虑如何更进一步地进行研发设计来实现产品的优化,如何在顾客可接受的成本范围内制定有竞争力的价格,如何在使顾客更便利的前提下探索门店、分销地点的设置区位,如何在更有效的沟通联系中探索新的促销方式。

(四)4Rs理论

随着人们消费行为趋于个性化,"整合营销传播之父"唐·舒尔茨在4Cs的基础上提出了4Rs营销理论,即关联(relevancy)、反应(respond)、关系(relation)、回报(reward)。以4Rs理论为基础可进一步探究企业如何更好地进行市场营销。

1. 关联

关联,即与顾客建立联系。关联策略将企业与顾客紧密相连,在这一理念中,企业与顾客不应当是割裂的个体,而应该是相互影响、相互联系的共同体。企业应当将与顾客建立长期稳定的良好关系作为发展的核心理念。将企业与顾客关联起来需要关联媒介,而关联媒介可以是"淘,我喜欢"这样的广告语,可以是企业的标志(logo),也可以是形象代言人,还可以是包装等多样化的媒介载体。

2. 反应

反应提示市场的反应速度,是换位思考下的行为选择。这是企业在对消费者进行深入沟通调研后,充分了解消费者的切实需求并做出符合双方利益需求的相应选择。

3.关系

关系营销越来越重要了。在营销环境中,企业与客户的关系发生了根本性的变化,长期持久的客户关系成为抢占市场的关键,即从一次性交易转变为建立长期友好的合作关系;从单一的由企业负责销售、消费者选择是否购买该产品的模式转向企业更加关注消费者的个性化需求的消费者参与模式;从单纯的利益关系转变为消费者满意与企业为此提供创新服务的双向合作发展关系,实现企业与消费者的良性互动。

4.回报

回报即盈利。营销目标必须重视产出,营销的最终目的是盈利,企业为自身更好的盈利而制定各类营销政策。因此,只有通过合理的回报设置才能更好地激励营销人员,才能开展更切实有效的营销活动。

第二节 大数据下国际营销面临的机遇与挑战

大数据作为时代发展的产物,给各行各业都带来了机遇与挑战。就国际营销而言,企业需要顺应大数据的发展浪潮,开展更加具备精准性和有效性的国际营销活动,对传统市场营销理念和方式进行改革创新,抓住大数据为国际营销带来的机遇,推动企业的长远发展。

一、国际营销新机遇

大数据本身并不能产生价值,即当企业仅仅拥有大量数据时对企业并没有帮助。当大数据具有商业价值时,它就不再是一个单纯的技术概念了。本节将大数据技术给跨国公司营销管理带来的发展机遇概括为以下两个方面:一是大数据有效降低了跨国公司国际营销管理的成本;二是大数据提升了跨国公司国际营销的效率。

(一)降低跨国公司营销管理的成本

由于大数据在降低企业成本方面能发挥较大作用,越来越多的企业将其引进并应用到生产的各个环节中。

1.大数据降低跨国公司的决策成本

大数据可以帮助企业了解自身及境外分公司的运营状况。

首先,当企业发展到一定规模以后,依靠实地考察和监督来了解企业自身运行状况是不现实的。传统的企业会通过定期电话会议或者定期走访的形式来了解分支机构的业务运营状况。这种形式比较粗放,而且不能及时地了解到事实,尤其是一些重大风险。此时,如果利用数据系统实时监测,不仅可以及时发现潜在的风险和问题,及时干预或调整业务,而且可以避免分部负责人隐瞒问题的情况。

其次,传统的决策基于经验,但经验是对过去发生的事情的总结,这适用于行业变化不大,且获取的信息比较充分的情况。互联网时代,行业变化之迅速,消费者需求之多样化,使得市场机会瞬息万变。基于经验的决策往往容易产生局限性的思维,从而做出错误的决策。而通过数据的收集分析,管理者就可以从客观的事实方面来分析问题,再结合经验,做出正确的决策。

最后,当企业发展到一定规模后,企业管理者难以事必躬亲地了解每个部门的工作,运用大数据的信息化系统,就可以在运营的各个环节和步骤上收集信息和分析数据,针对发现的问题采取相应措施进行管理和优化。

2. 大数据降低企业的营销成本

网络时代信息泛滥,通过传统的营销方法向消费者传递信息,并要给消费者留下深刻印象越来越难。然而,大数据能够解决这个问题。大数据基础上的数据智慧营销,能够满足消费者个性化的情感需要、个性化的利益诉求、个性化的互动定制,形成公司和消费者一对一的精细化营销模式。智慧营销的过程可以分为3步。

第一步是收集大数据。通过收集整理数据,建立用户画像来了解每个用户。收集的用户数据包括身份数据、行为数据、交易数据等。身份数据主要包括姓名、年龄、性别、教育背景等;行为数据包括用户的网页或网站浏览记录、下载的APP等;交易数据则包括用户在哪家商店购买了什么东西、订购了到哪儿的车票等消费记录。收集这些信息并在数据库中进行处理,便可以建立用户画像。数据的积累是一个漫长的过程,数据收集起来并加以分析其价值堪比新时代的货币。在这方面,优衣库做得非常好。优衣库公司在其商店的购物袋和小票上均印有优衣库官方APP,用来吸引顾客扫码并输入信息进行注册,目的就是收集用户信息。

第二步是利用大数据。要实现精准营销,首先要分析锁定目标人群,然后对锁定的人群进行精准引流,再通过分析数据对用户进行深入了解,投其所好,满足客户的真实需求,将潜在用户转化为真实用户。传统的营销在产品发布之前通过市场调查来锁定目标人群,这是不精确的方法。在互联网时代,运用大数据从小规模做起,可以不断试错,并根据真实的销售数据来不断调整、求真。同样,传统的广告营销无法贴近目标人群,但大数据可以帮助企业精准投放给消费者个体。大数据新兴媒体广告有网页上的条幅广告、APP上的广告等,当消费者打开网页或者APP时,系统依赖大数据在几百毫秒内就能做出决定:是不是投放广告给这个人、投放什么广告、投放多少次等。在向正确的人传递了正确的信息后,还要按需转化,使用户"心动",比如送积分、送礼品或者赠送相关的服务等。有时还需要在正确的时间和地点推送优惠信息,比如当某用户在购物广场吃饭时,这时给他推送一张电影票的优惠券,并推送给他感兴趣的电影,这是很容易成功的。这就需要在获得用户的行为数据和用户的地理位置数据的基础上实行。

第三步是丰富大数据。如果每一次吸引顾客都需要用购买广告的形式来推广产品,企业成本会很高。因此需要与顾客建立长期良好的关系,持续收集顾客的信息并存放在数据库中来减少成本。企业经常使用的方法就是会员制度。招募会员有很多办法,比如柜台结账、关注公众号领取优惠券、通过手机号注册才能抽奖等方式吸引顾客注册成为会员。注册成为会员之后,企业定期向会员推送与本企业相关的消息,或者根据会员的购买记录和兴趣爱好,向会员发送个性化的电子邮件。

除此之外,大数据也会降低跨国公司的生产成本和仓储成本。跨国公司根据智慧营销所提供的用户画像进行个性化生产,不仅有利于减少因盲目生产带来的商品过剩的问题,而且也有效减少了库存堆积产生的仓储成本。需要注意的是,在收集用户信息时,一定遵守法律法规的规定,尽可能保护个人隐私。

(二)提升跨国公司国际营销的效率

1.大数据提升跨国公司的管理效率

在广阔的信息海洋中,管理者需要抽丝剥茧收集信息帮助组织机构完成愿景和目标,那么管理者如何快速剔除与他所要信息无关的数据,并整理、分析、解释所需要的数据呢?

以人力资源管理为例。招聘、培训、绩效评价、薪酬管理等是人力资源管理的重中之重,大数据的发展将人力资源由依靠经验管理转为科学规范的平台管理,不仅提升了管理效率也使人力资源管理者有更多的时间把握企业的战略发展方向,推动企业决策。具体地,大数据有助于企业实现招聘精准化,降低招聘过程的随意性。在招聘的过程中,企业最关心的是企业与人才的匹配问题,通过大数据对应聘者个人的信息进行分析,应聘者的诉求与自身状况可被充分了解,继而可有效做到企业与人才的精准对接。同时,大数据有助于增强绩效考评的客观性。管理者建立各类绩效考核指标并将其导入企业的大数据分析平台,再将大数据分析的结果输送给绩效管理部门的相关人员,并由他们及时将考评结果和存在问题反馈给被考核人员,员工便可更加透彻地了解自身是否与企业岗位实现了完美的匹配,同时也使领导者关注到企业是否需要调整员工岗位、实施员工培训。

2.大数据提升跨国公司的创新能力

产品和服务的创新是企业的命脉,在产品同质化严重的社会,如何提供比竞争对手更好的产品或服务是企业生存发展必须要考虑的问题。同样,随着消费者的需要越来越个性化、多样化,标准化的产品和服务已经越来越难以满足消费者的需求,小众化的个性化的产品和服务更容易得到消费者的青睐。企业通过大数据了解消费者的真正需求,并在此基础上创新,能够以最低的成本和最快的速度设计出精准贴心的个性化产品和服务。

比如,可口可乐推出过定制名字的可乐,即把自己或他人的名字印制在可乐瓶外包装上;除此之外,也有"热词瓶",这些热词来自网络社交平台,是根据互动率和发帖率等分析得出的。可口可乐通过这类营销活动,满足了消费者的需求,也拉近了与消费者之间的距离,更促进了销量的增长。

二、国际营销新挑战

在大数据的支撑下,企业可以充分地利用这些数据资源来确定消费人群,了解客户需求,进而为客户提供个性化定制的产品。但是,市场营销面临的新一轮的挑战也随着大数据的发展而到来。数字化安全、隐私问题与营销成本增加是企业发展需要关注的问题。从多方面综合来看,大数据既能带来利益,也带来了挑战,好比是一把双刃剑。

1.企业收集整合大数据之难

在大数据的背景下,企业的国际营销环境变得更加复杂,企业在精准营销的过程中要收集处理大量的数据,这时很多企业发现自己淹没在了数据的海洋中。大数据庞大的数据之间并无太多关联,只有分析数据后加以预测才有价值。若不进行分析整理,这些数据不过是杂乱无序的信息团。而且,庞杂的数据中充斥着大量无效的干扰性数据,从大量的数据中获取自身所需的精细数据并用其创造价值是我们亟须解决的难题。

2.大数据破坏企业信息安全管理系统

对企业而言,大数据技术使得获取用户信息更为方便快捷。但大数据技术也给企业带来了数据泄密、知识产权保护等信息安全方面的挑战,尤其是拥有领先的市场地位和规模的企业。比如,2002年,华为公司的核心成员离职带走企业核心资料,造成公司的巨大损失;再如2011年,工商银行、农业银行等银行员工售卖客户信息,使银行用户财产安全遭受严重威胁;同样2011年,法国雷诺汽车公司电动车技术被三名高管泄露,对公司造成了难以估计的损失;2021年4月,苹果代工厂广达MacBook Pro设计图纸被黑客窃取,广达将面临违反苹果保密协议的高额罚金。在信息技术高速发展的时代,企业的信息安全管理成为一个热点话题。

3.不良信息影响消费者

大数据技术便利了企业,同时也便利了信息黑产业。某些企业可能为了获取利益而将客户的信息卖给不法分子,而不法分子就利用获取的信息通过网络进行诈骗。在日常生活中,我们经常收到陌生电话、短信,或者营销邮件,当这样的信息充斥在消费者身边时,可能会造成消费者对企业的不信任。此外,如果仅有线上交易,会增加消费者对企业鉴别的难度和成本,尤其是需要企业的背景和信用进行调查时。

4.企业缺乏数据分析的专业人才

大数据分析需要大量对口的专业性人才,只有通过相关人才的培养才能更加有效地保证数据结果的准确性、专业性,并实现可视化。大数据技术的不断发展,必将导致短期内专业技术人员的缺口增大,这就使得市场对相关人才的需求量不断增大。近年来,对大数据的深入挖掘不断刺激数据的利用效率的提升,因此更需重视专业人才的引进和培养,以保证企业的营销工作的顺利高效地开展。

第三节　大数据下国际营销策略的优化

企业既要深刻认识到大数据技术给国际营销带来的重大机遇,同时也要积极应对大数据技术带来的挑战,通过创新国际营销理念、完善国际营销的机制、塑造企业国际新形象、完善国际营销人才体系建设,实现企业的高质量发展。

1.创新国际营销理念

理念是行动的先导。要推动大数据背景下国际营销的改革、创新和发展,创新国际营销理念至关重要,只有使国际营销更具开放性、互动性、针对性,才能符合大数据时代的要求。

对于现代企业而言,在市场营销领域内,传统理论与现代理念碰撞要富有创新精神,敢于博采众长对其进行有效的融合整合,形成符合企业自身发展的独到营销理念。

2.完善国际营销机制

要重视信息化和网络化在国际营销中的作用,依托各类平台与客户保持沟通,形成以市场为出发点的管理模式。比如,运用大数据平台收集和储存客户需求、意见和建议,并改进营销策略。同时,由于大数据技术的开放性,还需要进一步健全和完善风险评估与解决的机制,加强安全性建设。我们可以建立相关的组织部门,配备专业化管理设施和管理人才,预防和控制可能的国际营销风险,提高国际营销的安全性和科学性。

3.塑造企业国际新形象

企业的形象反映了企业的核心价值观、企业的精神和企业的品牌效应。在大数据时代,企业借助数据挖掘手段可以获取消费者登录、浏览和位置等信息,而这些信息往往具有数据营销的价值,如果企业将这些数据共享给第三方,就涉及了数据的非法获取和不对称竞争。塑造企业的良好形象,有助于企业营造更好的外部营销环境,在竞争日益激烈的国际市场中立稳脚跟,获得自身的长远发展。在科学技术不断进步的时代背景下,不同企业在生产技术和产品服务质量上的差距越来越小,因此,要想在国际竞争中获得较大的优势,必须树立良好的企业形象,获得客户的认可。

4.完善国际营销人才体系建设

面对日益复杂的营销环境,不仅需要专业的数字营销人才,还需要高质量的数据分析人才。对于营销人员,企业可以发掘多种培训方式,如角色扮演法、游戏培训法、"互联网"培训法等,来激发员工参训的热情,提高员工的专业水平,并使其了解市场的趋势,不断更新观念,顺应时代的发展。对于数据分析人才,企业可聘用更多的高学历人员或者具有数据分析经验的人员、团队加入,同时建立激励机制,鼓励员工的工作干劲。

思考题
1. 4Ps理论的主要内容是什么?
2. 简述影响渠道设计的因素。
3. 简述4Ps理论和4Cs理论的异同。
4. 结合具体的案例论述大数据时代的营销活动有何特点。
5. 大数据时代市场营销面临的机遇和挑战有哪些?应如何应对大数据时代面临的挑战?

目 第十章小结

第十一章

大数据与国际供应链管理

导入案例

运用大数据的 One Yield 自动业务处理系统

内尔·威廉姆斯是龙码头万豪酒店的收益管理总监。在波士顿的时候这家旅馆共有约400间客房,一般在每周的周三、周四、周六来客会不少,这时客房数量就算再多一倍也会有房客进入。但在其他晚上,如星期天,房间的入住率极低,一年中如果有两三次能住满房客,就已经很不错了。

这两种情形对于内尔·威廉姆斯来说都是挑战,她的工作不仅仅是让客房住满客人,而且是以最合理的价格提供给客人,为酒店赢得更多的利润。她需要将定价和客房控制结合起来使得利益最大化。在入住率高的晚上,她需要注意不要将房间低价早早地卖出。同时,她还要考虑旅客居住时间的长短。有许多因公出差的客人愿意支付较高的房价但仅住一晚,但这些顾客一般不会在几个比较空闲的晚上入住。而在星期天,她需要以较低的价格准备很多房间吸引足够多的顾客,但同时也要预留一些房间给那些愿意付更多钱的人。

十几年前,内尔·威廉姆斯和她的工作伙伴要应对这种挑战,需要凭借他们自己整理的数据和个人的经验。在这些数据和经验的帮助下,他们才得以提高客房的入住率。

如今,万豪集团2600处资产中有1700处使用了能使企业收益最大化的自动业务处理大数据系统 One Yield。One Yield 最大限度地降低了价格制定过程中的主观性,它能提供给万豪集团员工关于某一天、某处资产应该是什么价位的建议。在许多同行们仅能勉强生存的情况下,这个系统使一个资产90亿美元的酒店集团进一步增强了它的竞争优势,这与早期解决酒店业的这个最重要问题(使每一个房间的收益最大化)的系统可以说是完全不同的。这就是大数据技术在企业供应链需求端环节生动的运用。利用大数据系统,万豪集团当年的运营收入增长了17%,同时万豪集团新加盟了185家酒店,增加了3万多个房间,其中大约1/3是从竞争对手那里转投过来的。

【资料来源:万豪酒店收益管理系统发展历程[EB/OL].(2023-01-13)[2023-10-28]. https://max.book118.com/html/2023/0113/5342113344010043.shtm.】

【学习目标】

1. 了解国际传统供应链模式的概念与局限性
2. 理解大数据背景下供应链的变化
3. 掌握大数据对传统供应链问题的改善方式
4. 了解大数据应用于供应链管理新模式的要求
5. 理解大数据在供应链管理中的应用

6. 熟悉信息聚合的概念

7. 掌握大数据在信息聚合创造供应链价值中的作用

第一节　国际传统供应链及管理模式

一、基本概念

(一)国际传统供应链管理概念

国际上被广泛认同的传统供应链管理是一种对供应链各个部分的流程管理,而非信息管理。狭义而言,境外传统的供应链管理模式指的是采用一种业务流程管理系统,管理信息流、后勤系统、资本流等,从而把厂商、生产者、营销服务提供商和顾客等连成完整的网链功能架构。而从广义的角度,国际上学者对传统供应链管理的定义各不相同。

国外有学者认为,传统供应商管理模式就是指对产品从最初始的原料供应到最后的消费整个过程的物流及有关信息流进行科学管理,目的是给消费者创造机会并带来附加价值。也有学者指出,供应链网络管理工作就是对公司运营中所产生的所有商务活动进行管理,但同时也必须格外注意它们之间的相互关联,既包括机构内部之间和供货商中的第一级或者是第二级供货商和消费者,也包含在整条供应链网络上的各种机构公司和政府部门。陈功玉教授对供应链管理系统的分析则着眼于对供应商合作关系的有效管控,并强调了供应链管理中需要有战略同盟关系的支持,以实现供应链企业之间的协同运作。马士华教授在其供应链理论基础上加入了项目管理思维,将供应链管理模式界定为企业通过对供应链过程中的各要素实施科学管理,以促使企业运营绩效得到改善,最后实现供应链整体运营,达到增加企业收益的目的。

一、国际传统供应链管理存在的问题

需求管理是供应链管理中的关键组成部分,是整条供应链重要的信息驱动力。需求管理系统用来发现、记录、组织和追踪系统需求变动,并使客户和项目管理团队在系统需求变化上保持一致。有效的需求类型管理,能够清晰明确地阐述各种需求类型及其适用的范围,也能够有效追踪需求与其他项目间的联合变动关系。

国际传统供应链中,需求管理受到多项因素的制约,存在种种问题。接下来将通过对长鞭效应、双重边际效应、曲棍球棒效应3种特殊情况的说明,来阐述传统供应链上存在的需求管理的问题。

(二)长鞭效应

1.长鞭效应的概念

"长鞭效应"的概念最早由宝洁公司提出。宝洁公司在调查"尿不湿"的需求时发现,该产品的市场零售数量比较稳定,产品价格波动性也不大。然而,宝洁公司在检查分销中心的订单订货状况时,却发觉产品需求存在明显的波动性。与此同时,分销中心却声称,他们是通过经销商订单的实际需求量来进行产品订购的。这种波动性的出现是因为零售商们通常会通过对历史销售情况和实际销售量状况进行估计,来设定一种相对客观的订货量。而为了确保这种订货量是有效可行的,并且能够满足消费者实际需求的增长,他们往往会把预期的订货量提高一些,并将订货量提交给批发商;基于同样的考虑,批发商们也会在综合零售商订货量的基础上,再略微提高订货量,并将订单提交给分销中心。这样一来,尽管顾客的需求量在消费端并没有很大的波动,但是在通过了零售商和批发商自主提高订货量行为之后,订货量就被一层级一层级地扩大了。

事实上,在传统供应链的运营流程中,很多生产公司都会发生这样的情形,甚至包括惠普、福特、通用等一些知名的大企业。在1958年,美国政府的著名供应链管理研究专家杰·弗雷斯特博士,通过对一个包含4个层级的供应链展开调研,首次发现了这个数据波动的动态学特征,即供应链上的各种决策活动对市场消费需求信号的层层扭曲,他将此现象定义为"长鞭效应"(又称"牛鞭效应",the bullwhip effect)。具体而言,当市场上某个产品的市场消费需求量出现了轻微的波动性时,这个波动性会顺着供应链系统由下往上,经过零售商、分销商、生产者逐层放大,到生产商时,此时的市场需求信号与现实市场的消费需求信号会出现较大的偏离,其形态就如同一条摇摆的长鞭,由根部至尾端的震荡愈来愈大,如图11-1所示。

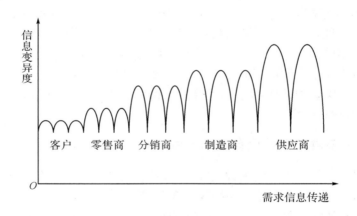

图11-1 长鞭效应

资料来源:吴向向.基于大数据理论的供应链需求管理研究[D].北京:北京建筑大学,2017.

(二)双重边际效应

1.双重边际效应的概念

双重边际效应,是指供应链上、下游企业为了谋求各自利润的最大化,在自主决策过程中所制定的价格超过了产品生产边际成本的现象。

因为供应链中各个阶段成员们的目标之间可能发生冲突,所以供应链中的各个成员们在投资决策时只顾及他们的边际效益,而不顾及供应链中其他成员们的边际效益。例如,在一个二级供应链上,零售商希望得到尽可能多的利润,会采取以下这样两种决策。一是为避免货物积压带来的经济损失,零售商将其库存水平保持在一个较低的水平;相对而言,制造商的配送频率提高。二是为在销售小批量生产商品的同时获得更多的收益,零售商会提高产品零售价格;相对而言,制造商市场比重下降,难以通过大批量生产来降低生产成本。

综上所述,零售商为获取更大利益,决策变量越多,收益也越高;而相对而言,制造商的收益下降,形成了双重边际效用,如图11-2所示。

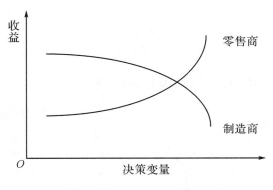

图11-2 双重边际效应

(三)曲棍球棒效应

1.曲棍球棒效应的概念

曲棍球棒效应是指在某一销售周期(年、季度、月等)内,产品销量在前期处在一个相对较低的水平,而在末期有一个突发性上升的现象,并且这种现象在连续的特定周期内以类似的趋势不断循环,周而复始。其需求曲线的形状如同一个个曲棍球棒,如图11-3所示。

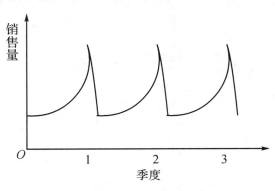

图11-3 曲棍球棒效应

第二节　大数据影响下的国际供应链结构体系

　　伴随移动设备、物联网、云计算、社交媒体的应用,大数据分析已然成为驱动全球行业转型的重要引擎,受到了全球企业的普遍重视。在全球企业对大数据的应用中,数据资源为跨国公司供应链的改善带来了显著的战略价值。为了实现对大数据的合理处理和利用,跨国公司应建立新的国际供应链结构体系。它相较于国际传统供应链来说,各个环节都产生了许多变化,对于改善国际传统供应链存在的种种不足,有着举足轻重的影响。

一、基于大数据分布式架构的国际供应链体系

　　在大数据技术应用于供应链之前,由于信息共享不足,在国际传统供应链中,不同国家(地区)的生产者和零售商之间的信息交流由于时空限制,处于信息不对称的状态,这就导致了需求扭曲的现象。然而,随着全球云计算技术和大数据分析技术的发展,构建分布式架构的国际供应链体系变得越来越现实。分布式架构的国际供应链体系能够在供应链所在的各个国家(地区)的成员间实现信息交互和共享,并进行快速的大数据分析处理来提高供应链效率。其中,大数据分析平台作为该系统的核心,为各个国家(地区)的供应链成员提供大数据储存、统计分析、软件运算等各项业务,能够快速构建信息系统,进而为整个国际供应链提供足够的信息保障。

　　基于大数据分布式架构的国际供应链体系,能够改善供应链中的信息共享和信息处理的方式,提高供应链的运作效率。该体系架构包括:第一,大数据分析平台作为大数据供应链系统的功能集成,在国际供应链体系架构中居于核心位置,具有联系各个节点并进行整体数据分析的核心作用;第二,各个节点的跨国公司需要将其大数据分析平台作为数据中点,与相邻节点的跨国公司和其他所有节点的跨国公司进行数据交换;第三,在大数据分析平台中,不同跨国公司的资源数据被集成到一起,在平台中被各个成员共享,从而实现各个成员在整个供应链中的平等地位。具体的基于大数据分布式架构的国际供应链体系如图11-4所示。

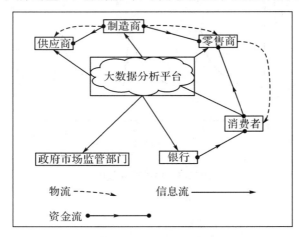

图11-4　基于大数据分布式架构的国际供应链体系

资料来源:谭冲.大数据背景下的供应链协调问题研究[D].绵阳:西南科技大学,2020.

如图11-5所示,在基于大数据分布式架构的国际供应链体系中,物流、信息流和资金流都可以通过居于核心地位的大数据分析平台,被快速地采集、沟通与管理。供应链中的各个国家(地区)的成员(制造商、供应商、零售商、消费者)与机构(银行、政府市场监管部门)掌握的信息将不再仅限于与其连接的上下游公司,而是融入大数据分析系统整条供应链的共享资源中。跨国公司因此可以实现统一的运营方式,提升了企业供应链的总体运营效率。

对于跨国公司的管理人员而言,将大数据技术应用到公司的供应链管理工作中,能够运用精确的计算方式对公司的信息资源进行预测、分析、追踪,以尽可能低的成本来获得更高质量的信息,发挥出大数据的应用价值。跨国公司依据大数据精确的分析能够促进供应链网络各环节效率的提升,包括产品设计与研发、采购、生产制造、营销等环节,最终有效整合整个供应链网络。

二、大数据下国际供应链的变化

(一)采购环节的变化

跨国公司采购是供应链中的第一个环节,同时也是十分关键的环节。根据相关数据统计,在一家生产型跨国公司中,原材料、零部件的采购成本至少会占用公司销售成本的50%,有些甚至高达70%。可以说,采购是企业供应链中"最有价值"的环节。采购是指企业在特定条件下从供应市场中获得商品或服务作为自身的主要资源,为实现企业产品生产、产品维护、经营活动的正常进行而开展的一种活动。在采购过程中,企业需要对市场的需求与供应情况、供应商的绩效及其产品等信息进行综合评估。在传统供应链中,这一过程往往难以做到信息的全面了解,为企业正确做出采购决策带来了障碍。大数据的应用,大大改善了这一状况。

大数据分析技术的运用可以帮助跨国公司在整个采购流程中更好地制定采购策略,对成本管理做出优化,从而减少了公司的风险,降低了采购成本。在大数据环境下,跨国公司传统的采购流程得到了不同程度的优化,其具体表现如下。

第一,节约国际采购环节成本。

在采购阶段,大数据的应用大大降低了跨国公司的成本。确定采购需求时,跨国公司通过大数据分析工具,可以系统全面地了解当前的全球市场需求,以更加准确地预测未来全球市场,实现高效的进货与补货;在确定采购资源与选择供应商时,能够系统了解采购商品的价格与质量,实现对采购环节各个节点的监控,实时了解采购环节的进展过程并及时做出决策。

第二,优化跨国公司订单流程。

订单流程是从消费者下达订单到完成生产并交付给消费者的全部过程。一方面,利用大数据分析技术可以使公司在短时间内更有效地管理订单过程,让公司自主地管理、监督交易中的全部流程。另外,大数据分析技术的运用还能够减少订货过程中所需的时间,从而节约了运输费用,如仓储、搬运及因增加服务数量所提高的销售成本等。

第三,推动节点成员协作。

供应链上各个节点成员在大数据技术的作用下,不再相互独立,而是通过信息交换的方式联系到了一起,极大地推动了节点成员的分工合作效率。例如,全球各个地区的生产者、零售商及消费者可以通过信息交流,共同设计改善产品,以更好地满足消费者的需求,适应全球市场的变化,增强供应链的竞争力。

(二)制造环节的变化

生产的各个环节中都形成了巨大的数据,这为制造决策提供了有力的支撑。在整个生产的流程中,利用大数据分析技术,可以有效提升制造效能,从而降低成本。大数据对制造模式的具体影响路径如下。

第一,大数据对制造流程进行改善。

生产流程是跨国公司制造的核心内容。在跨国公司生产的整个流程中,大数据分析信息技术主要用于以下3个主要方面。首先,在库存管理领域方面,基于现代物流配送网信息技术的发展,制造商能够利用RFID等大数据分析采集手段,对厂房内生产的数量、产品状况、质量及具体位置等进行实时监测,生产企业能够对全部成品、半成品部件信息及存货信息的状况精确详尽地加以掌握。利用对这些信息的精确把握,跨国公司针对整个制造环节中存在的关键问题,能够制定相应的对策,并加以解决,利用大数据进行生产控制。其次,大数据处理技术在生产中的另一个主要功能,就是对跨国公司制造流程实施品质管理,这也是提高跨国公司运营效率的一种有效管理手段。与传统的跨国公司品质管理方法不同,应用大数据分析技术的品质管理方法具有更突出的优越性,相比传统质量监管中抽样检测的误差,应用大数据技术的质量监控实现了全样本检测,能够使质量检测更加精确。同时,也由于一般抽样检测采用的是人工检测的方法,这个手段比较费时费力,而且还会加大跨国公司的人工成本,而应用大数据技术的质量检测则通常采用的是机械检测的方法,省去了跨国公司大量的劳动力成本支出,从而降低了跨国公司的生产成本。

第二,实现个性化的产品设计。

在过去,公司在进行产品设计的时候,大多是通过跨国公司自己所掌握的消费者实际需求信息来进行产品设计,但信息收集并不准确,导致公司设计的产品无法满足消费者的需要,这就将为公司带来巨大的损失。

大数据使这个问题迎刃而解。由于大数据分析技术能够利用从各方面搜集来的大量数据信息对消费者做出全方位的分析,因此其结论也更为精确。同样,大数据分析技术还能够利用对消费群体情况的数据挖掘,发现消费者群体的潜在需求,确保公司所制造的商品更加满足消费者群体的需要。并且,大数据分析技术能够节约大量的人力物力,因此利用大数据分析技术,公司的生产成本和技术开发成本也会大大降低。

(三)物流环节的变化

在整个供应链运作的流程中,一直伴随着物流管理活动。全球物流活动中最基础的是交通运输和仓储管理,此外,客户服务和订单管理也是物流活动的重要部分。大数据分析技术应用于物流运输环节后,所产生的影响主要表现在如下几个方面。

第一,精准化客户服务。

物流配送阶段作为供应链的重要部分,涵盖了供应链的全部流程。而客户产品交付作为整体物流配送的最后一环,是整体物流配送阶段的根本目标。因此,为了提升客户服务,就必然需要在物流配送的各个环节中实现最高效的协同合作。

大数据分析技术的蓬勃发展给客户精细化业务带来了巨大的保障。要想让消费群体对物流业务满意,最关键的两点就是品质和时效。从品质上来看,利用大数据分析技术,能够在商品配送的过程中,对产品进行实时的监测。通过跟踪商品的数据和状况,掌握配送质量,可以显著提升商品的物流配送效率。从时效上来看,利用大数据分析技术,公司能够精确掌握消费者需求,并在此基础上,通过设置本地仓,实现各地的快速发货,极大地缩减了物流配送的时间,从而大大提高了顾客的满意度。天猫超市、京东物流、盒马鲜生等,都是利用大数据分析技术,建立本地仓进行商品迅速配送的典型案例。另外,大数据分析技术还能够对用户需求进行数据分析,掌握用户的特点,依据用户需求特点进行个性化配送,这更是缩短了商品的物流配送时间。

第二,降低交通运输成本。

全球物流运输是整个物流活动中成本最高的环节。最普遍的交通运输方式是汽车路面运输和铁路运输,其次是航空、水运和各种管道运输等。各种交通运输方法都有其优缺点。汽车运输有着灵活性的优点,不过运输速度比较慢;航空运输尽管速度很快,不过成本相对较高,而且运载数量较少;水运相较于其他运输方法,速度较缓慢,不过成本也比较低,而且运载数量较大;而铁路运输尽管运输速度快、运载数量大,不过由于其运输路径固定,灵活性有所欠缺。

而大数据分析技术能够在运输路径数据充足的情况下,利用所采集到的道路数据和运输数据,进行智能的路线规划,计算出成本最低的运输路径以满足物流需要,进而提升交通运输效率和降低运输成本。

第三,优化跨国公司仓储管理。

库存管理工作中最基础的任务,主要是处理产品储存时限较长、仓储成本较高等问题。传统的仓库模式由于信息传递得不及时,往往存在信息滞后的情况,这就使得公司在完成重要物资配送任务时,往往无法选取最优化的策略。而大数据分析技术则克服了这一问题,通过对采集到的交通数据、地理位置数据及配送时间数据的利用,跨国公司能够根据不同的目标客户选取最适宜的物流配送服务。

库存控制的另一大任务是对仓储空间的选址。仓储地址的选定,不但对消费者配送服务有影响,同时对公司的配送费用也有很大影响。选定适宜的仓库地址能够极大限度地减少供应链仓储的开销。这就需要大数据平台通过收集大量的信息,进行数据分析,才能做出最优决策,找出最合适的仓库位置。另外,仓库的费用也会随着货物的路线、位置、选货时间而变化,影响跨国公司仓库经营的经济效益。利用大数据挖掘技术,便能够对取送货路径加以优化,同时将提升存取货人的工作效率,降低公司的库存成本。

(四)销售环节的变化

营销活动是国际供应链大数据分析技术应用中影响最大的环节。跨国公司在利用大数据分析技术后,能够更精准地刻画全球市场的大量外部数据,并结合历史销量数据、主要经济指标数据、产品舆情数据、下游行业状况数据等,对需求市场做出预估,利用大数据与一系列复杂的分析工具对国际市场进行微观细分,研究顾客的消费心理和规律,改进全球营销模式,更有针对性地开展营销工作,使企业占据更有利的国际市场地位,扩大市场份额,从而获得更多的收益。

国际营销的核心内容是4Ps,分别是产品、价格、渠道和促销。大数据的迅速发展,给产品销售中的这4个环节的决策过程都带来了全新的变革。

第一，提高消费者满意度。

大数据分析技术能够协助公司制造出更符合消费者需要的产品，提高了消费者满意度，无形中也提高了公司产品的销量。大数据分析技术可以把跨国公司和消费者联系起来，它能够获取和跟踪个体消费者的消费行为数据(如门店内的消费行为)，并将它和传统营销工具整合起来，以此确定消费者的需求。同时也可以随着顾客行为的改变调整跨国公司的销售策略，应用精细化的分析工具来制定政策，推动新型产品消费并发掘全球市场机会，进而提升消费者的满意度。

第二，降低产品生产成本。

利用大数据进行技术升级，优化生产制造流程，可以使产品生产成本下降，其边际生产成本也进一步降低，这将间接导致产品的销售价格降低。进一步地，随着产品价格的下降，跨国公司市场份额增多，产品的销售量提升，跨国公司的市场竞争力也进一步提升了。

第三，基于地点进行销售。

大数据还能够根据不同需求信息和营销位置信息，制定最优的销售地址，让公司收益倍增。移动设备的应用可以识别附近的网红商店，或识别已在商店内的消费者的活动轨迹，进一步分析出附近消费者的活动稠密地区；同时，也可以对附近消费者的停留状况进行消费意向推测，或收集某些特殊产品的售卖数据。通过以上数据收集路径，个人方位数据、产品的购买信息、消费者人数信息、消费者购物的历史记录等信息，能够通过大数据分析技术的应用，输出信息价值，使得跨国公司能够实时且微观地对附近消费者的活动做出反馈，制定相应的销售策略。

第四，合理规划促销方式。

在产品推广方面，通过大数据分析技术，可以将消费者进行细分，从而实现精准营销，优化产品的推广效果。

大数据分析技术对于营销领域的影响还远不止于此，交叉营销、消费者行为数据分析也是大数据分析技术在跨国公司营销环节应用中的具体表现。

消费者行为数据分析，是指通过对消费者在实体店中的一些行为进行大数据分析，来确定出消费者可能需要什么，或是消费者的实际需要是多少。利用这种数据分析技术，跨国公司的产品布局将会更加有效。交叉营销是指当人们在访问网站或各种平台时，网站能够依据人们所浏览过、停留过的页面或产品，个性化地推荐相应的产品，来提高推荐产品与消费者的兴趣适配度。例如，当我们在淘宝、天猫等购物网站平台浏览商品时，每当我们访问了某个产品，网页下方都会产生许多类似的产品推荐，这就是交叉销售的具体应用。

综上所述，大数据分析技术的广泛运用将使跨国公司从多个角度快速和交互式地收集信息，以便对数据有更深层次的认识，为供应链决策提出更科学合理的决策依据，从而提升供应链的整体效益。

三、大数据对传统供应链存在问题的改善

(一)对长鞭效应的改善

在供应链云端大数据模型的作用下，"长鞭效应"所带来的负面影响有了一定程度的改善。

第一,通过在供应链上建立专用的云端信息库,便利了供应链上所有节点的沟通与交流,从而增加了供应链的透明度,减少了公司的风险,提高了公司的整体经济效益。云端数据库的信息集合就好比是一个钉钉群,链上所有节点的企业就是群里的组员。当群里的组员在发消息时,其余的用户也会看到消息,并将各自的实时信息加入进来。这样一来,由于数据的失真或扭曲所产生"长鞭效应"及其所造成的库存冗余现象,便能够被有效缓解。

第二,有了云端大数据,整个供应链上信息技术资源能够实现充分的共享,通过获取海量的信息数据并进行分析,可以预见未来的经济情况,进而确定最合理的对策。供应链上的公司也能够获取大批来自终端用户的消息,并以此为基础做出合理的产品配置,进而避免了信息资源的过度耗费。同时,供应链的所有节点上的企业也能够运用大数据库系统所获取的供应链以外的大规模信息数据,给自己企业决策时提供一定的参照案例,公司也因此能够更轻易地做出相对合适的决定,避免了仅在自己企业信息的基础上做出预测时所产生的"长鞭效应"。

第三,大数据分析能够实现供应链管理的过程可视化,使得供应链上的所有节点企业都整合在一起如同一家公司,从而减少了很多隔阂,在协同时合作也更为紧密。并且,由于节点企业对整体供应链有了更加明晰的了解,能够对当前的全球市场情况和经营状况做出更加明智的决定,对影响其信息和物品流通的意外事件也可以快速合理地做出反应,不至于因为信息丢失或做出错误的决定,而使得供应链在全球市场遭受难以弥补的损失。

长鞭效应是供应链上普遍存在的现状,其实质是由于供应链中合作伙伴之间缺少沟通和协同的直接后果,它给供应链上节点企业造成了巨大的影响,是跨国企业无法回避的关键性问题。然而,通过对"长鞭效应"成因的分析,发现它的负面影响并非不可避免。在当今社会,大数据分析已经成为减弱供应链上"长鞭效应"的一个新技术手段,在减弱供应链上信息的失真现象、增强供应链协调稳定性等方面都具有相当大的优势。

(二)对双重边际效应的改善

双重边际效应出现的最基本的原因,在于每个节点企业内部出于自我的完全理性决定和供应链整体的充分理性决定不统一,供应链上各成员公司内部信息的不对称,且一味谋求个体企业利润最大化,容易做出不利于其他成员利益的决策,形成"双重边际效应"。这种效应不仅会减少供应链的总体盈利,还有可能导致供应链的崩溃。然而,这并不是不能解决的。在供应链云端大数据模型的作用下,双重边际效应同样有了一定程度的改善。

第一,云端大数据平台的建立,大大减少了成员企业之间的信息交流障碍,使得生产与销售两个环节的决策能够综合考量整体供应链的效益。在生产环节,制造商能够根据全球市场需求,做出产品产量的合理决策,有效避免了因产品产量大于零售商需求量而造成的库存积压,也使得零售商所持产品量能够对应全球市场需求,正价销售产品,让供应链利润维持在合理的水平。

第二,形成相互监管的体系。由于大数据技术的应用,不利于供应链整体利润的决策一旦做出,能够及时地被其他成员监测到并加以制止,从而有效减少因自身完全理性而做出的决策。例如,零售商们希望得到尽可能多的利益,为避免货物积压带来的经济损失而将其库存水平保持在一个较低的水平,由于大数据对全球市场需求的合理预测,零售商便无法单独做出降低库存量的决策;为了在销售小批量生产商品的同时获得更多的收益,零售商有可能私自提高商品零售价格,而大数据的运用使信息透明化,这种决策就会受到其他成员企业的监控,从而难以实施。在以大数据技术为基础的相互监管体系中,供应链上的各个节点企业要实现供应链绩效最大化,就需要从供应链整合的角度出发进行协作。

(三)对曲棍球棒效应的改善

受传统供应链中需求信息的限制,以及销售人员工资考评与周期审核制度的影响,有时会出现前期销量较低,后期销量突飞猛涨的周期现象,也即曲棍球棒现象。例如,全球"黑色星期五购物节"作为特殊的销量考评制度,带来了显著的曲棍球棒现象,给供应链系统带来了许多问题。在供应链云端大数据模型的作用下,曲棍球棒现象同样能够得到一定程度的缓解。

在传统的供应链中,由于缺乏合理有效的监管工具与技术,销售人员的绩效通常只能通过月末结算的方式进行考核。但在大数据技术的帮助下,销售人员的实际营销额及取得营销额的时间,甚至具体到每一笔订单的全部信息都被上传到云端大数据平台中,监管人员可以实时对销售人员的绩效进行考评,或是设立更短期的营业目标,使销售人员的销售额保持在一个相对稳定的水平,在保持跨国公司实际销量的同时,也使奖金支出保持在一个合理的区间。同时,由于订单量被维持在一个相对稳定的水平,大数据也保证了供应链与物流的合理配合,降低了因需求扭曲带来的时间、资源成本。

面对"黑色星期五"的物流曲棍球棒效应,大数据的应用极大地缓解了种种问题。以下是对缓解措施的详细说明。

一是与经销商信息共享,共同改进预测方式。与供应链上中下游公司建立信息共享制度和更加精准有效的需求预测机制,并建立淡旺季产品和服务物流规划;与下游零售商(电子商务平台)形成战略性合作关系,利用终端数据分析,预估业务量最高点,并提出对策方法,相互合作,共同应对"黑色星期五"的特殊情况;调整员工结构和资源配置,及时为最薄弱的生产环节提供紧急预案,对繁忙的物流网点也及时进行员工配置。

二是定期对部分产品进行降价宣传。定期地对网络电商的产品实施降价销售,把"黑色星期五"当日的大部分商品销售需求分流,也让快递公司有了足够的人才和设备来处理商品问题。

三是拉长"黑色星期五"购物节的时间。可以将"黑色星期五"促销活动时间适当延长,如建立定金制度,这种方式提前数日将"黑色星期五"优惠活动公布给大众,让大众通过预付定金,后付尾款的方式更早地确定想要购买的商品,享受更大的优惠。同时也能够让供应商对于需求量有一个预估,提供了缓冲的时间。这种将"黑色星期五"当日需求分流的方法,极大地缓解了供应链上下游各成员的压力,缓解了曲棍球棒效应。

第三节　大数据影响下的国际供应链管理新模式

在大数据环境下,传统的供应链暴露出了许多弊病。除了传统供应链结构自身所存在的固有问题外,传统的供应链管理模式也同样面临着一些棘手的问题。在传统的供应链管理模式中,最普遍使用的是供应链管理库存(vendor managed inventory,VMI)及准时制(just in time,JIT)的采购模式等,而这些模式所造成的信息滞后问题等,都会增加商品的交易成本,也可能使得整个供应链运作的效能下降。

如图11-5所示,将大数据分析技术导入整个跨国公司供应链系统中,不但可以使利用大数据分析技术获得的信息与整个跨国公司供应链管理系统中的传统指标数据实现深度融合,还能利用大数据分析平台对大数据进行开发和挖掘,实现跨国公司对供应链更有效的管控。同样地,也可以根据供应链的总体状况,有效实现信息环节的筛选和调度,进而保证整个供应链的持续稳健发展,有效疏通沟通渠道,在很大程度上降低"信息孤岛"现象的形成,进而构建起有效的双向激励和共享信息的供应链价值观。

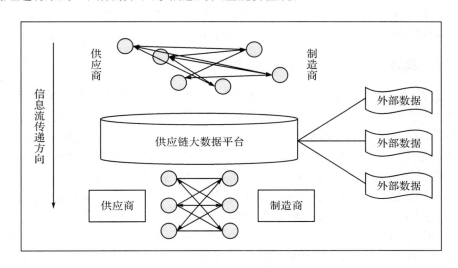

图11-5 大数据供应链管理模式

一、大数据技术在供应链管理中的应用

利用大数据分析技术整合供应链信息系统,以提升供应链的管理运营效能,并减少供应链成本,就必须注重于以下4个方面:第一,在经营战略决策中,着重于供应商选择战略与产品研究;第二,在预估经营风险时,主要考虑利用大数据分析结果,进行供应链经营风险事前预估、事中管理、事后管理的研究;第三,在提高供应链管理的敏捷性时,应主要利用强大数据处理技术以实现信息在各个环节间顺畅的传输;第四,在供应链协同管理中,应综合考虑供应链协同管理体系的建设。

(一)大数据技术在供应链管理战略决策中的作用

大数据技术在跨国公司管理战略决策中的一项重要运用,是供应商选择问题。通过收集公司内部关于资本回报方面的有关信息、对潜在供货商的信息进行大数据挖掘,可以对组织战略决策提供积极的帮助。在大数据分析技术的帮助下,跨国公司还可以对供货商的历史数据,包括价格、质量、订单完成状态等,进行分析与数据挖掘,并以此作为公司评估和挑选供货商的重要依据,最终做出合理决策。当选定合格的供货商以后,公司可与供货商形成长久的、紧密的、稳固的战略合作关系,增强公司的竞争优势,减少公司的经营风险[1]。

---

[1] MAZZEI M J,NOBLE D. Big data dreams: a framework for corporate strategy[J].Business horizons,2017(3):405–414.

另外,大数据分析技术在跨国公司供应链管理战略决策中的另一项重要运用就是对新产品的设计和研发。跨国公司应该运用大数据分析技术手段广泛地获取顾客意见数据,并通过数据分析了解消费者的购物行为,在此基础上设计研发满足消费者需求偏好的新产品,以增强商品市场适应性。而大数据分析技术对于消费者的购物行为数据分析,也应该运用大数据分析技术和聚合计算技术来完成。比如,跨国公司应该利用于大数据分析手段,对消费者需求和消费偏好做出标签划分,先精确地界定目标消费者群体,然后再精准地实施行销行动,以达到少投资、高产出的行销效果;可将基于位置的服务(location based service,LBS)、大数据分析和精细化行销深度融合,采用商业地理分析、用户行为数据分析、社交网络、个性化推荐等4种销售模型,为用户提供反向个人定制业务和反向团购活动业务等。

(二)大数据技术在供应链管理风险预测中的作用

供应链管理涉及面广泛,受到众多因素的影响,也存在较多的潜在经营风险。跨国公司能够利用大数据预警分析功能,把公司自身形成的经营数据与社会媒介数据相结合,如将网络平台和移动客户端等所形成的大数据分析结果整合起来,以增强其对跨国企业经营风险的防范控制能力。在现代供应链信息管理方式下,跨国公司经营风险预警流程通常包括3个重要阶段:事前风险预估阶段、事中风险控制阶段、事后风险管理阶段。

在事前风险预估阶段,分析跨国公司供应链管理系统中产生的半结构化及结构化的数据,可以得出准确性极高的结果,从而有效提升跨国公司对风险的判断能力。通过对历史库存、销售数据的分析,消费者的购买行为能够被跨国公司预测,使其能有效把握全球市场需求动向,降低供应链管理及运营中的风险。例如,有学者曾对来自Twitter和Facebook的社交媒介数据进行分析来预测,公司产品供应链中的市场需求即通过对社交媒体中的情感、趋势和单词等数据加以分析,并在历史销量数据的基础上建立预测模型来预估公司的产品需求。

在事中风险控制阶段,依据大数据分析得到的结果,有助于公司全面了解各个供应链管理环节运作现状与经营规则,从而及时发现异常现象,针对可能产生经营风险的环节采取措施以便实施合理的管控。部分机构建立了大数据成本管理流程模型,利用大数据分析技术和大数据分析模式,降低管理过程中与生产环节相关的成本费用。

在事后风险管理阶段,利用大数据分析技术可对经营事后风险处理提供稳定性较强的数据支持,也可以找到跨国公司产生经营风险的根源所在,这对于做好中小企业事后风险管理决策有着重要的意义。企业的存货积压问题往往来源于在物流供应链中形成的长鞭效应。因此,将大数据分析技术和虚拟存货理论、智能算法等相结合,来指导跨国公司存货决策规划,能够减少长鞭效应所造成的影响。例如,有研究者就采用了大数据分析技术,在虚拟库存理论的基础上将供应链物流上每个节点企业的闲置仓库资料、仓储等信息资料和仓储设施设备进行集成,并把信息数据集中录入到某个信息库中统一管理,从而建立起一个集需求预测、仓储路径优化于一体的信息体系结构。

(三)大数据技术在供应链管理敏捷性提升中的作用

当今,现代消费者要求独特性、多样性的特点日益突出,全球市场变化复杂多样,跨国公司的内外部环境也具有较大的波动性,跨国公司为了在激烈的竞争环境中存活与发展,就需要运用大数据分析技术来改善公司供应链管理系统的敏捷性。

在传统的跨国公司管理模式中,企业管理体系中的不同部分相互独立、割裂,导致信息无法在各个环节内部顺利传输,公司也无法对企业集成管控,这严重妨碍了企业经营管理效率与敏捷性。所以,中小企业若想改善供应链管理的敏捷性,还需要有效处理内部信息流动的问题,可利用标准化手段把各个系统集成起来,以便提升整体信息系统的快速响应。此外,中小跨国公司还可运用强大数据挖掘手段,如传感器信息处理技术、云存储系统、可视化信息技术等,作为中小跨国公司收集、分类、共享供应链业务数据的主要技术手段。

现代物流信息系统及实时追溯管理系统是集成各个系统的最普遍的应用工具。例如,我国京东、盒马鲜生等企业运用的智能物流信息管理平台,能够利用现代物流信息管理服务功能,进行物流过程中的信息收集、传递、储存,其运用的物流资源交换功能,可为物流公司、供应商和客户提供方便的在线贸易途径。同时其运用的传感器、GPS等信息技术,也可以对汽车的运行状况、物流状况、已实现订单等进行追溯与监测。大数据技术在这些公司的应用,使其能够实时根据消费者的个性化需求、变化的全球市场环境做出判断,大大提升了企业供应链管理中实现信息传递及反馈的敏捷性。

(四)大数据技术在供应链协同管理中的应用

供应链协同指的是利用特定技术标准、规范和程序等使供应链上的节点企业由原来松散的合作状态,转变成寻求共同利润目标的自组织。

供应链协同管理通常包括战略层面协同、策略层面协同及技术层面协同。

处于供应链协调管理最高阶段的是战略层面协同。其重点是从跨国公司发展策略的高度,确定完善供应链协同管理的基本思路,并逐步改进供应链协同管理的战略与方式。

供应链协同管理研究的中心问题是策略层面协同,包括上下游公司间的需求预测协同、生产计划协同、采购协同、制造协同、物流协同、库存协同和销售与服务协同等。

供应链实现协同的基础和关键是技术层面协同,一般是指利用信息共享技术,为供应链节点企业创造信息互动的技术资源共享和交流合作平台,其主要目的是促进供应链节点企业的技术共同运转和信息协同,并且进一步提高端到端的透明化,增强消息传播的快速性和效率。

大数据分析技术在供应链协同管理中的应用研究,涉及制造、分销、经营、仓储、信息技术、服务成本等方面的协调管理工作,也涵盖了上述3个层面的协同。其中,供应链成本协同的重点是大数据管理成本分担的问题。应用大数据分析技术后,公司将能够运用供应链大数据分析网络平台,对供应链企业的指标数据进行分析与评价,勾勒出供应链企业画像,从而完成对供应链企业的资质审查与评估;在成本协同分析方面,重点在于如何将大数据分析网络平台的构建成本分别按照生产者独立承担、提供者独立承担及各方联合承担这3种不同方式来分担。

二、用大数据时代的信息聚合创造供应链价值

(一)信息聚合的内涵与来源

信息聚合是在大数据分析中综合、分类有关的信息内容,并按照某一特点,针对较分散

的信息内容,通过集合方法,将大量的信息资料或信息碎片加以有序地筛选和集成,及时高效地产生有较高价值的信息资料的过程。信息聚合可以将散乱的信息资料聚集为消息总体,从而达到了对信息整合的优化利用。在互联网中,信息整合所包含的消息数据来源较多,既包含了各种互联网信息资料,如网站、微博、数据库消息、新媒体消息等,又包含了各个节点及工作团队的运营管理统计信息资料等。

1.供应链信息聚合的内涵

利用信息聚合,供应链运营人员能够更加有效地收集有价值的信息资料,在不触及财务机密,不违反全球市场竞争原则的前提下,主动地针对供应链经营中的有关节点机构和顾客的信息要求,结合供应链环节的运营特点,对市场运营中的大数据进行有目的、有针对性地筛选整合,对接跨国公司的供应链经营、管理跨国公司需求和供应链顾客的信息需求,对大数据资源进行信息筛选、信息集成和优化运用,并以此提升供应链信息集成的效益,实现在供应链信息集成中的价值创新,如图11-6所示。

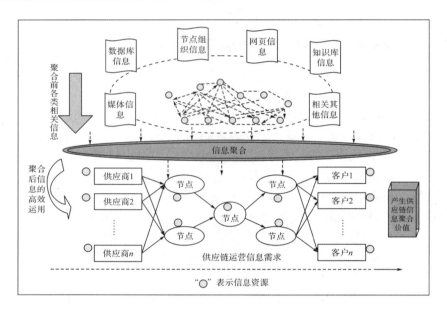

图11-6　供应链信息聚合的内涵示意

资料来源:陈永平,蒋宁.大数据时代供应链信息聚合价值及其价值创造能力形成机理[J].情报理论与实践,2015(7):80–85.

供应链信息聚合是在整个全球市场经济信息化需求潮流中产生的,以体现跨国企业信息资源的价值。在激烈的市场竞争中,节点组织与用户的信息需要反映整个市场经济的运营方式。而节点组织与用户之间的信息需求已经产生了很强的市场推动力,促使了信息市场的发展和全球市场经营管理的信息化。而供应链业务中的信息需要的是对消费市场的整合需求信息,所以,针对大数据时代供应链的信息经营管理而言,并不能简单地限制在供应链过程中某个环节的运营和管理上,也不能局限于对供应链用户信息的被动获取,而是应根据信息经营发展中的新风向标,以对供应链自身所经营的信息节点组织和相关信息的集成、共享、使用为中心,结合信息经营需要进行供应链契约设计和策略设计,这样才能获取完整的需求信息,凸显信息聚合技术在大数据时代供应链经营管理中的重要意义。

2.供应链信息聚合的来源

大数据时代供应链信息系统整合所涵盖的领域广阔,信息系统类型丰富。供应链信息系统将集成的生产进程及其信息来源,与供应链经营管理中的原料供应信息、商品的生产加工信息、最终商品的市场营销信息等大量信息来源紧密结合。具体如下。

(1)供应链成员的主要信息来源。供应商经营管理工作中涉及的供货商、制造企业、分销管理商、零售商、顾客等节点部门的信息资源,是供应商信息系统集成的主要源泉。供应商信息系统集成时,要强调在供应商间的协同决策,强化节点部门预测信息的共享等。更多类型的供应链关联供应商、节点公司、机构或客户等,既向供应商体现出对信息资源的需求,它本身又向供应链提供了相关的信息资源,从而成为未来供应商信息聚合的主要源泉之一。

(2)互联网信息来源。供应链系统信息聚合涵盖了 Web 3.0 时代各种信息资料的采集、整合和分类方式,以实现在 Web 3.0 中互联网资讯和其他相关资讯之间的有效交流。Web 3.0 供应链网络信息技术整合者能够有效依托信息技术,对互联网相关信息数据资料等资源进行高效集成和分类。

(3)与供应链运营有关的重要资讯来源。供应链信息聚合主要涉及除平台信息系统之外的所有资源,不局限于互联网资源的范畴,而是多渠道、多维度地衔接了供应链经营发展过程中的各种信息需求,强调信息系统集成中新模式的设计和采用。特别是与供应链客户、供应链节点组织管理等信息系统需求的衔接,实现了大数据时代更大范围的供应链资源集成,进一步扩大了供应链信息聚合的来源,提升了供应链信息系统集成的整合效果。

(二)大数据时代的供应链信息聚合的特征与价值创造

大数据时代供应链信息系统整合及其信息技术的利用,能更好地揭示供应链经营管理中多环节、多部门的内在联系,及其在信息系统集成中的信息价值。利用供应链信息技术聚合,实现了企业供应链信息资源的整合运用与优势,并促进了其在经营管理过程中所具有的供应链领域的大数据获取能力、信息技术资源的集成运用与分析解决能力、供应链经营管理的预警决策能力等,从而充分运用供应链信息技术的资源集聚效能,实现供应链信息技术资源在有序、有效利用中的价值创新。

1.网络平台的供应链信息需求及信息聚合价值

如今,节点机构和用户对企业经营中的数据需求日益增加,Web 3.0 的出现,使得平台的信息技术资源整合和利用成为可能,信息资源聚集也成为供应链信息技术发展的主要方法。供应链需求信息管理的技术水平得到了很大的提升,节点组织者和顾客之间关于供应链经营管理过程中信息感知、资讯搜索和信息管理等方法也得到了改善,从而呈现出高品质、准确的供应链信息需求。在面对网络平台经营管理的新需求时,该技术有效解决了供应链中各节点组织者和客户间的信息需求,也对供应链经营管理过程中信息系统集成的价值创新能力提出了更高的要求。

供应链信息集聚能够较好地满足平台中的供应链关系和顾客的多样化、个性化的信息需求。在供应链信息聚集效应的驱动下,供应链信息系统与平台中的信息有效集成,进一步增强了供应链信息系统集成中的价值创新能力。

2.供应链信息服务的高质量要求及信息聚合价值

大数据时代,供应链的节点组织结构和顾客对供应链信息需求的数量、品质等方面提出了更高的要求,所以供应链信息服务品质作为客户选择的关键之一,与供应链经营的信息效率有着很大的关系。供应链中包含着多环节、多领域的信息资源,其搜索范围广、数量多,而信息聚集则为供应链对信息资源的整合和筛选创造了必不可少的条件。借助信息聚集,供应链经营管理中的信息质量日益提升,由优质信息服务所创造的供应链信息价值也明显提升。在信息聚合的作用下,供应链信息业务体现了信息业务能力精细化、信息运营职能多元化的特征,例如,降低了信息不对称对供应链信息服务质量的负面影响,从而可以较好地适应企业对信息服务质量的个性化需求,体现了供应链在信息聚合中满足更高品质信息需求的价值。供应链信息聚合可以帮助供应链各个节点部门和供应链客户从纷繁复杂的各种信息系统中实现更高效的信息整合和信息筛选,从而发掘和利用更有利于供应链经营管理的有价值的信息,由此也可以带动供应链经营绩效的进一步改善,从而促进供应链从信息整合中获得其利益。

3.供应链信息有效过滤集合及信息聚合价值

供应链信息聚合技术能够较好地满足大数据背景下跨国公司的运营管控需求。通过供应链信息的高效过滤,可以针对供应链节点组织与供应链客户需求的信息资源做出更细致、更有针对性的信息过滤与筛选。同时根据供应链自身经营发展的信息需要,整合中最切实的供应链内部信息资源,即既可以更好地满足供应链企业自身经营发展的信息需要,也可以更好地满足供应链内部各节点组织与客户的信息筛选与整合的需要,为供应链企业经营管理人员和供应链客户创造更有价值的信息资源。

所以,信息系统集成能够实现供应链经营管理的信息有效筛选和整合,从范围广、容量大的各类信息系统资源中,为供应链自身经营管理人员和供应链关联客户提供更加合理、更有价值的供应链信息管理,实现供应链信息系统筛选和整合中的价值创新。

4.优化供应链运营成本及信息聚合价值

降低成本是现代供应链经营管理中的关键环节。供应链成本优势对现代企业成本管理水平提出了新的要求,在符合现代供应链环节的运作特点和供应链客户品质要求的前提下,通过信息聚合实现供应链成本在跨国公司信息化管理中的高效管理,减少供应链的运作成本,能够达到良好的供应链经营效果,实现在大数据时代供应链信息集成中的价值创新。在现代全球市场供应链运作要求中,对供应链信息的高品质需求也会导致供应链运作成本的提高。如何进行供应链运作成本的合理管理呢?将其中的供应链信息资源运用作为关键的方面,通过供应链信息集成实现的价格创新优势更加明显。借助在大数据时代信息整合中供应链对信息资源的高效运用,可以更好地对接供应链内部各级节点部门和全球市场客户的信息要求,从而完成供应链内部更加精细化的服务管理和运作。同时利用供应链信息整合,能够有效提升供应链的信息运作流程,进一步降低供应链运作中的成本,进而完成供应链在信息整合中的价值创新。

5.供应链流程信息的高效管理及信息聚合价值

跨国公司供应链经营管理流程中面临的信息选择较多。由于企业供应链信息既包含了公司供应链中主要环节的信息,又涉及公司供应链客户的信息,因此需要公司供应链信息资源管理过程的整体效能进一步提升。企业供应链的信息聚合可以较好地满足企业供应链管理过程中信息收集与分析的需要,把在企业供应链经营管理过程中所需要的原本无序、复杂的各类信息,利用信息整合的新功能,实现价值创新。供应链信息系统整合可以提升其业务流程信息系统的管理水平和多元化决策水平,提高供应链信息系统经营管理的经济性和社会效益,从而达成信息系统集成的供应链业务流程高效管理的目标。

(三)大数据时代供应链信息聚合中的价值创造能力形成机制

供应链信息聚合技术实现了对供应链信息资源的高效运用,通过信息整合推动供应链经营管理水平的提升,可实现供应链信息聚合中的价值创造能力生成,从而进一步提升供应链信息整合的价值创造能力。以下将从信息提取、信息集成、信息优化等方面介绍大数据时代供应链信息整合中的价值创造能力形成机制。

1.信息提取与供应链信息聚合价值创造能力的形成

信息提炼是信息聚合的主要功能之一。信息提炼是从供应链经营管理面临的大量数据中开展有关信息资料的获取、梳理和分类,尤其注重对供应链网络知识的挖掘,以获得供应链经营管理需要的信息资料及其信息价值。而信息提炼则是针对跨国公司供应链经营管理工作中的信息资料特点,开展有关信息资料的提炼工作,在众多信息中获取更加合理、有价值的信息,目的就是服务于跨国公司供应链经营管理水平的提升和供应链经营效率的提高,从而形成其在大数据分析时代较强的信息价值提供能力。供应链信息聚合的信息提取,可以在大量、复杂的大数据处理中实现更高效的信息筛选,并针对供应链经营管理效率和服务质量的特点,达到供应链信息整合的效果,进而实现供应链经营管理工作效率的提升和供应链价值创造能力的持续提高。

2.信息集成与供应链信息聚合价值创造能力的形成

信息系统集成,是对供应链经营管理中有关信息系统进行分类整合的过程。利用大数据信息系统集成途径,信息系统集成实现了供应链经营管理相关信息资料"从散到整"的过程,由此实现了大数据信息系统集成的价值创新。

与传统信息筛选不同的是,现代信息整理既强调了大数据分析对供应链物流信息系统集成化零为整的作用,也强调了供应链物流经营管理中零散信息内容的处理、收集、判断等综合能力的重要性,是对传统信息内容提取功能的重要补充。互联网时代供应链信息系统集成,能够高效集成整个供应链中供应商、生产者、销售者和客户服务中心等各个节点的信息系统资源。

在大数据背景下,以供应链整合的有效运作为主线,通过科学合理、规范有序地集成供应链中不同节点企业组织的信息,有目的、有选择性地整合 Web 3.0 等新互联网场景下的信息技术资源、数据库信息、新媒体信息资源,融合信息技术,形成大数据时代供应链信息系统集成中较高的服务价值提供能力,如11-7所示。

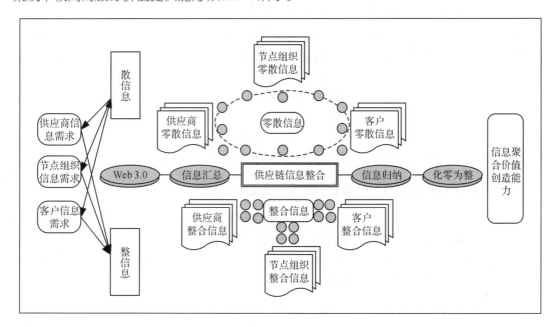

图 11-7　信息整合中的供应链信息价值创造能力形成机制

资料来源:陈永平,蒋宁,大数据时代供应链信息聚合价值及其价值创造能力形成机理[J].情报理论与实践,2015(7):80–85.

3.信息优化与供应链信息聚合价值创造能力的形成

信息系统优化是供应链信息集成的关键职能,与供应链信息筛选、信息系统融合互补,共同成为大数据分析时代有关供应链信息系统集成与全球市场价值创新能力发展的基础和保障。信息系统的优势是以供应链经营管理者已掌握的信息资料为基础,对现有信息资料加以整合、分类、有目的地利用,从而完成对有关信息资料的科学合理归集和优化管理,力求最好地体现供应链信息优化中的信息价值。

供应链信息聚合中的信息资源优化过程,是在确保供应链经营管理中信息资料充分、合理的基础上,根据供应链中不同节点组织的现实经营需要,对相关的供应链信息资料进行再管理、再分析的优化提升过程,以此增强供应链信息优化中的价值提供能力。

信息优势是供应链信息系统集成和价值能力建立和增强的关键。通过信息系统优化,可以更好地提升跨国公司在供应链经营管理中的信息管理、信息系统资源利用和信息系统决策能力,从而实现供应链信息聚合的更大价值。

"宝玛"模式

思考题

　　1. 传统供应链的定义是什么？ 网链结构由哪些部分组成？

　　2. 传统供应链存在哪些问题？ 有怎样的危害？

　　3. 大数据有哪些获取方式？ 云存储对于存储大数据有什么优势？

　　4. 基于大数据的供应链体系结构是怎样的？

　　5. 大数据环境下,传统供应链中的物流环节发生了怎样的变化？

目 第十一章小结

第十二章
大数据与国际财务管理

⊙ **导入案例**

浅议大型集团企业财务共享服务——以中国石油天然气集团有限公司为例

当前,随着企业财务活动的日益复杂和财务数据量的剧增,财务数据的处理效率和安全性等问题制约着许多大型企业的发展。以云计算为标志的新时代的金融交易模式可以帮助跨国公司在大数据时代重塑金融管理流程,提高金融管理效率。

在国家政策和信息技术的推动下,金融共享服务近年来发展非常迅速。越来越多的企业希望借助财务共享服务模式提高财务管理水平,实现财务从传统向智能化、保值向创造价值的转变。以中国石油天然气集团有限公司(以下简称中石油)为例,中石油以建设世界水平的综合性国际能源公司为目标,顺应发展趋势,全面转型,提升竞争力,于2017年2月开始设立财务共享服务中心试点。在试点阶段,中石油选择在长庆油田、长庆石化、陕西销售公司率先运行财务共享服务中心。在此阶段,中石油选择由点及面的模式进行试点建设。从试点企业的选择来看,3家企业业务范围不同,对中石油来说其业务范围具有很好的代表性。在扩大试点阶段,中石油综合考虑产业分布、人员储备、社会依托等方面的因素,选择按区域建立财务共享服务中心。采用"1+3+N"的区域布局模式,"1"为设立在北京的共享运营公司本部,"3"为分别设立在西安、成都、大庆的财务共享服务中心,"N"为若干服务部,分布在共享业务所需较多的各分子公司中,为区域中心的共享业务提供支持。目前,中石油境外业务已经开始纳入财务共享服务模式,其战略布局逐渐向全球服务型模式转变。

【资料来源:根据网络相关资料整理】

【学习目标】
1. 掌握大数据与国际财务管理的基本理论与联系
2. 掌握跨国公司大数据环境下的内部预算管理、风险管理与内部控制、审计管理的基本流程
3. 掌握部分案例中大数据模型在跨国公司财务管理中的应用

第一节　大数据影响下的预算管理

预算管理从管理会计的角度出发,全面地预测和规划未来的活动和有关的财务结果,并全程对执行过程进行记录,使得预算实际情况与目标要求持续进行比较,以便及时对企业整

体预算执行情况提出意见和进行改进,最大限度地达成企业的短期目标,实现企业的长期发展战略。

在管理会计领域,综合预算管理发挥着无法估量的作用,更加具有比较优势。对跨国公司来说,综合预算管理所涵盖的一套管理措施,包括规划、预测和控制,从本质上讲,可以最大限度地利用资源,优化企业的资源配置,提高企业绩效,在充满活力的国际市场上站稳脚跟,进而成为优秀的跨国公司。

目前,从大数据来看,将云计算作为预算信息库有利于预算目标的有效传递,为基于各方数据融合的政策和计划制订提供了可靠依据。通过平衡记分卡等绩效评估工具,采用数据共享、流程设置等通用的大数据提取方法,能够对跨国公司的整个生命周期的预算进行验证、比较和改进。

完整的预算管理步骤包括:预算编制、预算执行、预算评价。预算编制主要从预算目标出发,通过企业实际执行情况对预算进行分析;预算执行和预算评价属于预算管理的中期和后期工作,以企业整体战略为立足点对预算进行反复修改,使其符合时代与行业要求。

一、大数据对跨国公司预算管理的影响

在大数据时代,跨国公司不仅需要建立完备的全面预算体系,还需要运用大数据为全面预算管理提供新型操作模式,进而发掘大数据价值,助力企业更全面、更深刻地洞察经营管理状态,为企业决策提供数据支撑。与Tableau(一种企业智能化软件)和一些BI(business intelligence,商业智能)仪表板项目的只读数据可视化工具相比,全面预算的编报过程及业务规则的运算过程需要更多的"写操作",这对新型财务管理人员提出了更高的要求。

(一)对预算基础数据的影响

全面预算管理需要对企业日常经营所获得的各类数据进行发掘和分析。与传统数据模式不同,大数据在数据规模、数据类型、数据存储等方面更加先进。于跨国公司而言,各国烦琐且语言不同的数据会被转化为同类型数据库,具有海量的数据规模、快速的数据流转、多样的数据类型和低价值密度等特征。

(二)对全面预算系统的影响

在大数据时代,企业所属行业的市场经济环境、行业政策导向、产业链上下游的动态、竞争对手的动态等数据资源均可从大数据中获得。对企业内部资源加以整合分析,能降低企业在编制全面预算时的信息不对称性带来的影响,保证了全面预算的合理专业和权威[1]。

由于大数据增长速度与更新速度快的特点,其所提供的数据资源的相关性和实用性更高,最大限度地降低了数据信息的滞后性,使依据大数据做出的全面预算更加精确。而云平台可以解决海量信息之间的隔离问题,整合企业目前所有的相关数据,实现各个子公司之间的数据共享。将大数据与云平台结合,可以全面支持跨国公司的整体预算,使其整体预算管理水平更上一层楼。

---

① 闫华红,毕洁.大数据环境下全面预算系统的构建[N].财务与会计,2015(16):44-46.

（三）大数据的背景下预测数据源更加多样化

大数据数量规模大、种类多样的特征，为预算的事前制定提供了更可靠的数据分析基础，在深入分析相关性的基础上，将各类型数据相互融合，拓宽了预算决策者的视野，使其制定的预算方案除财务指标外，还实现涉及购销策略、成本控制、资金运营等诸多方面。同时，快速的数据更新也为实现弹性预算编制提供了数据支持，从而有利于摆脱传统模式下固定预算法的局限性，为跨国公司制定持续预算方案提供了有力的支撑，还可以防止预算松弛。

二、预算编制

从预算编制和测算角度来看，随着企业规模和业务复杂程度的增加，编制产生的计划预算数据也会越来越多，加上多版本、多场景，以及数年的累积，数据量以几何级数增长，这种在业务数据层面上形成的大数据对预算编制提出了新的考验。

（一）预算目标

预算管理的整体发展方向离不开预算目标的精准制定，因此，在预算目标的制定过程中，跨国公司应该扎根于企业自身的长远规划，而非简单借鉴行业的一般性目标。在结合行业整体的实际情况和发展规划的同时，密切关注东道国的政府投资政策，对各种市场因素进行综合化分析，进而精准制定企业整体预算目标。再通过大数据对不同国家（地区）的消费群体和消费习惯的分析，使各国（地区）事业部的收入目标有一定的差异。通过对标行业先进企业和竞争对手，设置利润标杆，建立相应的"收入—成本—利润"模型，系统配置对应的利润目标和资源投入，使各项目标的实现更有保障。

（二）预算流程

预算管理对企业运营十分重要，但传统的预算编制基于自上而下的原则和沟通方式，预算实际执行者的诉求往往被忽略。对于跨国公司而言，由于预算的编制者难以同时兼顾各国在文化、经营模式、发展战略等方面的差异，因此，自上而下的编制模式使得各国子公司难以协调发展；此外，相比于区域型跨国公司，全球型跨国公司过于冗杂的汇报和审批制度降低了预算编制的效率和执行的积极性。

在云计算技术的帮助下，通过先进的预算管理方法，一方面可以改进企业预算组织的结构，使得预算流程更加丰满；另一方面，还能够杜绝流程复杂化所带来的费用增加。具体而言，通过减少一些不必要的链接，将串行更改为并行，实现合并预算编制过程，从各国预算执行者的角度收集预算编制信息，对各子公司实行"求同存异"的总体预算方案，可以提高预算编制过程的质量。

（三）预算方案

各子公司之间，甚至公司内部各事业部之间的业务流程模式都极其不同，但又都具有许多烦琐的工作。基于云计算环境，既可以减少同类业务预算编制的重复工作，如母子公司、关联方之间的部分交易活动；又可以不断提高预算编制的灵活度，系统可以根据企业内不同部门的需求分别采用作业预算法、零基预算法等不同的预算编制方法，重新定义预算编制方案和预算表,从而实现不同业务模块的不同需求,并进行动态改进。

三、预算执行

企业综合预算管理模式结合预算执行过程中的"云"平台,使企业能够在各个环节进行实时监控,及时回应各部门反馈上来的信息,协调各部门工作,最终整合不同公司数据,实现可视化。在大数据时代,全面预算管理的云平台通过移动互联打破了预算执行的时间和空间边界,提升了预算执行的灵活度。

(一)预算审批

完善的基于云计算的财务系统平台的建立,使预算审批过程标准化。云计算财务系统可以显示整个财务审批过程的清晰性和透明度,提供实时快速查询和审批的能力。过去,跨国公司复杂的项目经常使得预算审批存在难度,从而形成项目堆积。通过云平台规范和重塑审批流程和审批权限,将重点项目和普通项目的审批权限和审批流程加以区分;通过引入电子发票和视频文本识别等系统工具及人工智能,实现预生产自动化,提高了预算审批效率,节省了企业的时间和人力资源。在审批过程中,当出现问题时,可以提供有效的控制机制和员工的具体职责,做到"责任到人"。此外,通过实时监控预算审批流程,还可以防止"H型组织结构"[①]的跨国公司重复审批或遗漏审批等突发情况,以免影响工作效率。

(二)预算控制

预算控制是预算执行的核心部分,它将直接影响预算执行的质量。通过预算控制,可以准确发现潜在风险,为员工标注高风险点位,使得风险预算更加有效,进而激发整体预算编制的活力。利用大数据技术能实时获取所有信息系统产生的数据,通过大数据挖掘工具可以提炼出适合跨国公司经营发展的关键数据指标,如应收账款、主营业务成本、存货等,同时能持续监控预算的执行情况。当管控指标接近预警值时,系统将自动预警,提醒相关责任人及时进行业务调整,还能避免不同地区文化差异对决策造成的不利影响。

此外,通过大数据对于风险程度进行智能综合分析,可以以有限的投入实现效益最大化。具体来说,针对低风险的环节、市场环境较为安全的国家(地区)的事业部,应注重监控措施的不断简化,将相应的人力成本、物力成本控制在合理范围内;针对高风险的环节、市场环境较为复杂的国家(地区)的事业部,应采取多种环节并行的关键监控模式,力求将风险降至可接受的范围。

(三)预算分析

利用大数据建立预算分析模型,不仅可以对传统数据类型进行分析,还可以对语音、图片等非传统类型的数据进行分析,并从时间、产品、渠道、专业、环节等方面进行多层级、多维度的分析。将所收集的数据上传到云端后,云端系统能够实时有效匹配预算指标,分析预算

---

① "H型组织结构":H型组织结构又被称为控股型组织结构或控股公司结构,是组织内实行分权治理的一种结构形式。H型组织结构的显著特征是高度分权,各子公司保持了较大的独立性。在H型组织结构中,整个集团是一个松散的联合体,各子公司有独立的财务权,总部对其约束性很小。

执行情况,全面、多角度、宽领域分析资金流量和数量,一旦出现突发情况,便自动预警。此外,信息资源对企业发展至关重要,在预算控制过程中,云计算财务系统具有加密优势,能够为企业提供可靠的数据保护。

四、预算评价

传统的预算评价通过决策人员对方案执行前后的差异进行对比来评价方案的执行情况,主观性较强。大数据技术则可以清晰、有效、实时地将前后的数据差异和变化汇总成表,进行对比,与行业平均水平进行比较分析,进而得出相应的结论。该功能的出现可以引导企业管理者挖掘预算过程中的问题,对预算偏差进行动态调整。同时,也能保证公司内外部数据资源的完整性,确保了预算考核的准确性,能够不断提高预算管理的规范化水平。

(一)预算评价

预算的评价可以从结果评价和过程评价两个方面来进行。

首先,应对预算执行过程进行合理的评价。通过大数据平台不间断地对企业发展过程中的数据进行合理录入,之后根据现有的数据基础,对评估预算执行效率的数据进行筛选与动态评价。

其次,对于预算执行结果的评价不能仅仅局限于净利润率、投资收益率等财务指标比率。平衡计分卡可以从财务、客户、内部业务流程、学习和增长等方面将非财务指标纳入预算评估体系,并对预算结果和预算目标进行比较研究。

最后,基于预算评估体系的企业员工评估也将更加客观和全面,对各责任部门和人员在预算执行过程中所做的贡献也应进行有效记录和评价,同时制定相应的奖惩政策,从而使绩效评估杠杆真正起到激励作用,有效提高预算评价的准确性、客观性、公正性和及时性。

(二)预算调整

跨国公司转变为以结果为导向的经营思维,有助于促进预算编制和执行的顺利进行。加强预算考核,有利于调动各预算主体的主观能动性,确保预算管理工作顺利进行,达到甚至超过预算目标。但有时由于对跨国公司内部和东道国市场情况的错误判断,或是受到不可预测的环境因素的影响,所做的预算可能存在完成过易或者过难的情况,使得预算编制与实际执行过程之间存在一定的偏差。大数据使预算实时调整、实时预警成为可能,它改变了传统预算体系只有年末才进行分析调整的短板。因此,可以在大数据平台上添加偏差检测、偏差反馈和分析等模块。一方面,企业可以根据执行情况对现有预算进行调整,使其更加适合公司业务的发展;另一方面,在外部环境正常时,可以根据预算情况发现企业现有业务发展存在的错误,实现双向纠正。

大数据全面预算管理架构如图12-1所示。

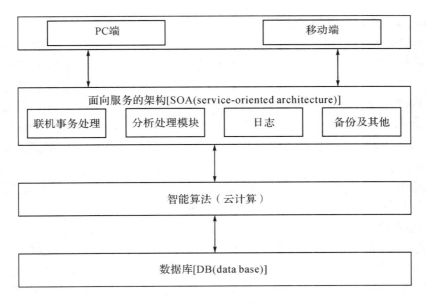

图 12-1　大数据全面预算管理架构

五、对管理者的要求

在享受大数据带来的全面预算系统红利的同时,要提高管理者的领导力,着重根据时代的要求改革人才选拔方式。管理者作为企业的上游团队,要时刻把握好企业的发展走向。财务数据是企业运营数据分析中极其重要的一部分,它能够反映出企业的财务状况和经营成果,因此,管理者要深刻意识到大数据给预算管理工作带来的巨大红利,顺应大数据时代的潮流,积极响应系统建设的需求,完善财务数据管理。同时,相较于传统的人员选拔方式,大数据时代对新型人才的行业眼光和数据分析能力提出了更高的要求。大数据分析人才不仅需要从海量数据中筛选出真正有价值的数据,还需要其了解跨国公司的内部业务流程是如何运转的,能深入挖掘分析不同部门在交互的过程中产生的数据间的复杂联系,进而为公司的预算决策提供有价值的参考。

目 运用大数据提升全面预算管理的探索与实践

第二节　大数据影响下的国际财务风险管理与内部控制

全面应用与创新风险管理策略不但有利于化解跨国公司日常所面对的各种内外部环境风险,而且能够给企业的健康持续发展创造一个相对稳定的内外部环境,促进企业决策科学化,保障企业安全运营和生产。跨国公司在发展中可能会面临决策风险、组织风险、运营风险、信用风险等。在大数据背景下,企业通过对各项指标的累积数据进行提取,可以从多角度进行分析,从而更好地进行风险管理。

多数跨国公司对风险都会层层把控,企业管理者经常会基于若干年积累的管理经验,通过探寻风险事件的"因果关系"进行决策,尤其是那些采用"金字塔"式管理模式的企业。但这些企业内部管理模式的固有缺陷,使得企业高级管理人员所得到的信息往往是经过层层上报和美化修正的汇总结果,不仅难以及时发现风险,更难以实现对风险的有效控制。

大数据工具的运用为快速、高效地解决上述问题提供了一种新思路:大型跨国公司可以深度利用自身的数据,真实地了解企业内部全面的生产运营的情况;也可以通过大数据发现以前无法及时察觉、尚未发现的风险点和东道国的市场机会;更进一步,当企业管理者真正认同大数据应用的核心理念,即利用事物客观存在的"相关性"进行干预和管理,将可能为许多无从下手、纷繁复杂的风险管理难题找到一条解决的新路。

企业内部控制涉及企业的方方面面,其核心是对于风险的控制。企业的风险不仅来自企业所处的外部环境,更可能隐藏在企业内部。因此,企业内部风险管理是整体内控的关键一环。本节根据风险管理和内部控制之间的递进关系来加以阐述。跨国公司的内部控制以专业管理体系为基础,以风险防范和有效监管为目的,通过建立完整的过程控制体系,直观地表达生产经营过程,具体涉及人力资源控制、生产过程控制和风险监督控制。它有利于帮助企业更好地运营和扩张,从而实现可持续发展。

一、大数据环境下财务风险管理与内部控制的特点

(一)财务风险管理

由于跨国公司业务流程烦琐、业务种类复杂,财务状况不确定,这使公司可能蒙受损失。传统的财务管理是相互分离的,如今,可以通过构建财务风险管理系统,进行财务管理模式更新,最终形成高效且有序的数字化、信息化与智能化的管理系统。除了业务本身性质复杂带来的风险,财务部门一些大量、重复、机械性的工作导致财务管理效率低下,也会带来风险。大数据平台的试算软件可以帮助企业分析各子公司业务中的同异,再进行整合,不断优化总体财务信息管理系统,使得财务管理更加细致科学。

(二)内部控制

1.内部控制的资料数据化

传统的信息资料大多以纸质形式保存在档案柜中,无形中增加了被盗取、损坏及丢失的风险。大数据技术的应用帮助许多跨国公司建立了信息数据系统,将各部门的日常数据汇总整合在数据库中,并将传统的纸质数据转换为信息数据,便于公司后续的整体对比分析。

2.内部控制的方法智能化

人工智能技术是大数据技术的重要分支。人工智能技术可以帮助企业对业务进行实时监控,全面掌握业务每一环的发展进程与所遇到的困难,并对信息数据进行详细分析,准确预测市场动态。这些在跨国公司的运营中发挥着重要作用。企业管理者可以根据上述智能分析的结果做出正确的战略决策,防止由于东道国外部环境的政策变化导致优势产品劣势

化,有效提高了管理水平。

3.内部控制的目标精准化

跨国公司的内部控制在一定程度上依赖于信息管理系统,借助快速的信息传递和准确的数据分析等功能,掌握全球经营管理现状和未来发展方向,重点培育发展前景良好的区域事业部,考虑适当减少甚至取消发展受阻的区域的事业部业务。同时,公司管理者可以通过数据分析找到风险控制点,采取有效措施优化管理体系,实施风险管理。与传统管理技术相比,它更加高效适用,也可以与时俱进,不断更新。

4.内部控制的范围扩大化

传统公司内部控制模式粗放,存在诸多隐患。在大数据背景下,企业利用信息管理系统和大数据技术,实现对企业经营管理数据的深入分析和挖掘,有效促进了企业管理的规范化和精细化,增加了许多内部控制的内容,进一步扩大了内部控制的范围。

二、ERP内控系统在跨国公司全面风险管理中的应用

ERP(enterprise resource planning,企业资源计划)是一个企业的信息管理系统,主要用于集成管理制造业的物质资源、资金资源和信息资源。ERP是一种以管理会计为核心的企业管理软件,可以实现区域、部门,甚至公司之间的实时信息集成。通过整合物资资源、人力资源、财务资源、信息资源等,实现跨国公司庞杂的预算管理和业务的全过程控制。

数据处理分析技术与云计算技术的有机结合,可以实现对各类数据信息的综合分析,包括结构化、非结构化和半结构化的数据信息。为了促进跨国公司的全面风险管理,不仅需要通过ERP信息系统收集被认为"重要"的所有类型的结构化数据,还需要及时有效地分析半结构化数据,如web数据、电子邮件和办公室文档,以及非结构化数据,如文件(txt)、图像(png)、声音(wav)和电影(avi),以便全面、客观地了解企业的整体情况,使企业和相关组织能够根据分析结果做出更好的经营决策,从而真正实现全面风险管理的目标。

(一)ERP系统的新应用——"业财一体化"

1.概念

随着信息技术的发展和数据处理能力的提高,金融信息化建设取得了很大进展。在会计电算化时代,财务电算化不再是一个简单的"会计电算化"过程,而是将财务信息管理系统与公司内部控制建设和业务部门数据管理相结合,重新定义和再次塑造了跨国公司的整体流程,构建全面的企业信息管理平台。

公司的项目从投标立项、采购到签订合同,再到确认项目收入和成本的转移,基本上都是通过ERP系统完成的。利用ERP系统将公司各部门连接起来,彻底打破企业与财务部门之间的信息壁垒,将财务管理理念融入企业活动的全过程,借助信息系统实现财务管理,成为国际财务会计发展及跨国公司应用的新趋势——"业财一体化"(见图12-2)。

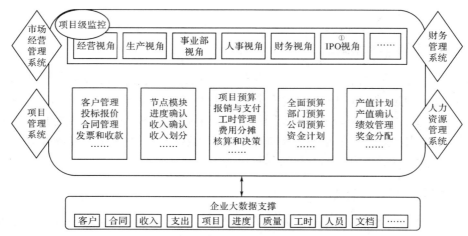

注:IPO:即 initial public offering,首次公开募股。

图12-2 "业财一体化"示意

2. 主要问题与解决方法

将业务部门与财务部门融合需要良好的沟通与交流。对于部分等级制度严格的跨国公司来说,公司层级过多,各部门内部目标不一致会产生双方信息传递过程中的种种问题,影响大数据的应用效果。具体来说:首先,它会增加部门之间传输业务信息的时间成本,过早传输信息必然会造成一定程度的信息损失;其次,过多的架构层次也会导致信息传输过程的复杂性,导致多层次的信息传输失真;最后,多层次的组织结构会影响部门间的组织协调能力,导致部门间信息的反馈和引导延迟,甚至缺失。

因此,跨国公司要综合各事业部的特点,建立专门的财务共享中心,确保跟踪数据应用中的硬件和软件交付环节。财务共享平台将大大减少信息传输的障碍,有助于协调行业和财务部门的目标,提高组织之间的协调能力。例如,对于财务部门的绩效评估,应将财务部门参与和支持业务部门的决策纳入评估范围;对于业务部门的绩效评估,我们应该重点实施资本预算,控制相应项目的成本,然后定义全面的交叉绩效指标,共同协助大数据的应用。

3. 经营风险管理

跨国公司作为一家全球性公司,其生产经营活动面临着比本土公司更多、更大的风险。为了避免政治经济波动带来的商业风险,跨国公司有义务采取相应的防范措施,将损失降到最低。在信息平台的帮助下,管理会计可以随时从各个部门获取信息,为绩效评估、风险预测和成本控制等高质量工作的展开提供必要的支持,提升企业业务活动中的风险管理能力。也就是说,财务部门能够及时掌握业务部门的经营数据,通过与企业历史数据和其他企业同期数据进行对比,财务部门可以发现本企业在内部控制、经营管理方面的不足之处。针对这些风险,财务部门可以采取有效措施,加强对业务部门内部控制方面的管理,从而降低企业的经营风险系数。

(二)内控子系统的设计思路

在大数据背景下,跨国公司将在原有内部流程共享中心的基础上,进一步加强内部控制体系建设。通过该系统,企业能够有效避免人为内部控制主观性强的问题,将大量人工操作过程信息化,从而增强内部控制的有效性,降低操作风险。

在内控子系统建设过程中,推动各平台和风险控制点的标准融入流程和信息系统,使公司内控向流程化、标准化方向持续发展,形成闭合回路,这一措施能够对大量风险因素进行有效预防[①]。同时,依托内控子系统的建立和应用,能够对风险评估、信息沟通、内部监督、主体分析、操作过程和控制活动各环节进行测算和模拟,实现事先的风险预防。上述流程对于长期处于风险中的跨国公司来说是非常必要的。

随着电子发票和电子文件的普及,完善系统模块的功能,促进技术优化,不断完善企业ERP系统的新功能,更好地发挥其共享、控制和监管的效率已经成为跨国公司优化内部控制的关键一环。例如,业务数据录入、修改审计、应付账款预警、资产生命周期管理、实时数据传输等。"互联网+"的普及使得各个业务单元之间的海量数据可以快速准确地传输,从而能够提高效率和效益,大幅度降低整体风险。

三、跨国公司在不同阶段的风险管理

(一)事前防控

正确识别风险是事前风险管理的前提,通过大数据的推演可以使得已发生过的"灰犀牛"风险[②]识别相对容易,且能满足大部分风险识别的日常需要;将识别后的风险形成信息的归集与合并后,运用交易数据要素采集和外部客户、供应商、金融机构等名单匹配的风险信息,即可通过演化的评估模型推断某种类型风险的频率(多少年一遇)和损失严重程度(经济损失、人员损失等)[③];在将风险根据类型排序后,可以根据风险的性质、紧迫程度、可能发生程度等指标来设计风险应对方案,综合采取风险回避、风险防控、风险转移和分散、风险自留等手段,或将其结合使用。经评判后,对潜在损失较大、风险爆发频率相对较高、潜在收益较低的行为和活动,应选择回避。

(二)事中管控

对于风险的事前防控可以过滤掉一些常见的、频繁的风险,但对于部分"黑天鹅"事件(例如东道国政府政策、外汇汇率大幅度调整等),由于大数据库中不存在之前的数据留存,这些风险会无可避免地发生。在进行风险的事中管控时,可以通过云平台下的演化分析模型应对风险,同时,通过对风险模型整个生命周期的管理,不断迭代优化风险控制模型,根据模型得分划分风险等级,并采取阻断拦截、确认暂停、风险事件预警等风险

[①] 蔡吉普.内部控制框架的产权理论研究[M].北京:经济科学出版社,2012.

[②] "灰犀牛"风险:指那些经常被提示却没有得到充分重视的大概率风险事件,来源于古根海姆学者奖获得者米歇尔·渥克的《灰犀牛:如何应对大概率危机》一书。"黑天鹅"是与之相对应的概念,是指那些出乎意料发生的小概率风险事件。

[③] 贾若.巨灾风险管理重在事前防控[N].中国银行保险报,2020-02-21(006).

消除措施。

(三)事后处置

在应对风险之后,通过对数据库中信息的全面复盘,形成一个强大的风险事件调查和分析系统,以应对未来可能发生的类似风险,并防止损失、意外等。建议采取评估反馈、风险验证、相关调查、案例联合调查、损失消除等措施,对风险损失的消除进行监控,以实现风险防控过程闭环反馈的优化。为确保联网清算网络更加安全、稳定、高效地运行,从风险防控策略、风险信息处理、支付风险评估、风险管理等方面逐步建立起全面的风险防控体系,有利于风险监控、决策和风险消除。

四、实施风险管理的优势

(一)防范金融市场风险

金融市场风险是指金融资产或负债的市场价值因基本金融变量(如汇率、利率和股票价格)的变化而发生变化的可能性。金融市场本身的风险通常具有不确定性、普遍性、扩散性和突发性的特点。

在市场经济逐步复杂化的今天,企业所处的外部竞争环境更加危机重重,尤其是对于跨国公司而言,外部汇率、利率的双重变动使得企业在投、融资活动中处于不利地位。例如,2013年6月20日,中国银行间隔夜回购利率达到了史无前例的30%,7天回购利率达到28%的"钱荒"事件,为许多有融资需求的跨国公司的资金管理带来了影响。而通过大数据构建起金融模型后,跨国公司可以通过对所掌握的全球性数据加以分析,将对自身发展有利的国家(地区)作为投资区域,如可以将眼光放在巴西等发展中国家(地区)身上,抓住部分发展中国家(地区)人口基数大、消费群体广的特点,理性进行境外投资。此外,可以将融资范围扩展到全球,通过对全球融资系统的要求与风险分析,跨国公司可以综合选择出最适宜本公司的融资方案,从而降低外部利率风险。

(二)降低信用风险

信用风险,也称为违约风险,是指借款人、证券发行人或交易对手因各种原因不愿或无法遵守合同条件,构成违约,导致银行、投资者或交易对手蒙受损失的可能性。不仅银行的坏账中可能存在高额的信用风险,企业之间的资金拆借一旦面临信用风险的威胁,同样会对接下来的正常经营活动产生影响。尤其对于跨国公司而言,不熟悉的外部客户的信用风险更大。

通过建立信用风险模型和风险预警系统,集团总部可以对流动性数据进行动态、全流程的监控和分析,从而提高公司的信用风险管理水平。传统的依靠财务报表获取信息的方式,会因不同国家(地区)采用的不同会计政策降低企业对获取的信息的利用率;而且财务报表通常在年末出具,导致企业获取信息具有时滞性,这都会影响企业的风险管理水平。

(三)减少操作风险

因公司系统操作或控制不当而导致意外损失的风险统称为跨国公司的操作风险。通过大数据的分析和应用,集团母公司能够准确定位内部管理缺陷,制定有针对性的改进措施,实施符合自身特点的管理模式,从而降低管理和运营成本。跨国公司还可以有效地识别业务运营中的主要风险节点,增派专门的人员或改进工作流程以降低运营风险,提高整个业务流程的运营效率。

目 基于量化模型和数据分析平台实现高效的风险管理

第三节　大数据影响下的审计管理

一、内部审计

跨国公司一般会针对本企业监控、评价财务收支的合法合规性、提高资金的使用效率等设立内部审计工作岗位,旨在提高跨国公司经营风险控制能力,完善企业整体内部控制制度。传统的内部审计作为企业内设的职能部门,因接触工作范围仅限于本企业而具有局限性,无法应对企业可能会遭遇的"黑天鹅"事件。在大数据时代,企业管理层对内部审计的期望正由人工审计向信息化审计变革、由事后监督向事前、事中风险预控变革、由抽样审计向全量审计(全样本审计)变革,从而有效应对纷繁复杂的经营风险。

因此,大数据时代下的内部审计工作已经不仅仅局限于对工作阶段性结果的评价,而需要建立完善的内部审计监督机制,使顶层的理念能传递到具体的工作中,使底层的工作方法能够得到系统化的细化和落实,保证各环节工作的系统性和协调性。充分利用大数据分析技术深入、系统地研究数据的内涵和外延,实现对各业务领域数据的多维度实时分析和处理,从而达到提高内审工作的及时性、准确性和前瞻性的目的。

(一)区块链技术在内部审计中的应用

随着区块链技术的不断成熟,依据其在中心化、加密方法、共识机制、不可篡改等方面的特点,其在审计领域的应用也越来越广泛。通过引进相应的信息化软件,创建云审计平台,同时采取分布式账本技术来引入独立的区块链审计,有利于做好审计的全面溯源管理。

具体而言,跨国公司通过构建云审计平台,使内审人员能够及时地获得各分支机构、事业部等部门的全面数据,并根据各部门特点在云平台上建立采购、存货、销售、售后等不同业务的审计模型,帮助审计人员快速高效地发现审计线索、揭示各类业务中存在的风险。

先进、高效的数字化审计云平台,即利用云计算技术实现数据的云存储,并通过云来协同各种审计资源。构建数字化审计云平台不仅有利于动态采集整理各部门的管理数据、业务数据与财务数据,实现审计资源最大程度的共享,还可以更好地将现有的审计方法、模型与数据挖掘、可视化等技术进行集成,通过云强大的分布式计算能力,进一步提高审计数据处理的质量与效率。

(二)"数字化"实现"数智化"

单纯依赖大数据的内部审计可能存在"数据沼泽"问题。多数情况下可能是由于公司经营的外部环境差异而导致的数据冲突。因此,基于企业大数据和人工智能技术的"数智化风险监测与审计监督信息平台"应运而生。

1."数智化"系统架构

通过打通跨国公司内部和东道国市场外部两套数据资源,整合线上线下两类管理信息,将企业内部重点领域、关键部门、重要岗位从"资金、资产、资源",权力行使,经营管理,业务流程等不同角度、不同节点,以"在线串并"和"交叉穿透"的方式进行实时监管,实现企业健康度评估、风险预警、漏洞扫描和疑点初筛。

在系统建设的功能架构上,跨国公司通过对各地子公司、各风险岗位数据的智能化抽取及风险规则的自动化运算,发现数据中的异常情况,从而做出异常预警和线索提醒。在年终汇总时,对于数据异常情况较多的子公司予以重点关注,如图12-3所示。

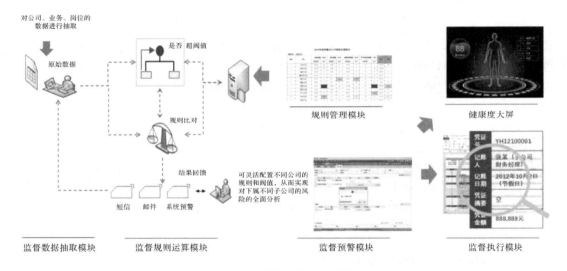

图12-3 "数智化"系统架构

资料来源:丁伟群.赋能风险管理数据中台 实现内部审计精准监督[J].中国内部审计,2021(3):59-62.

2."数智化"数据整合

"数智化"通过数据工程建设实现风险监测大数据的整合和归集。在数据标准化方面,跨国公司以风险监测数据的全生命周期治理为理念和指导,梳理经营数据资源目录,建立数据标准和体系,对来源于集团下属公司的数据共享交换平台及其他平台系统的数据、现有各基础库的财务和业务数据、征信公司的第三方数据进行全面采集、整合与加工,打通相关各部门之间的数据链,从监督维度解决"标准不统一、网络不互通、数据不共享、业务不协同"带来的风险监测难问题。以"技术强制力"克服经营数据碎片化、信息资源共享程度低等问题,按照风险的评价评级等维度进行数据整合,形成基于风险的数据标准表和应用集,为科学化监督体系做出应用支撑。

在数据抽取方面,通过搭建物理资源和云化资源,采用云计算平台技术、数据计算引擎技术、数据分析技术、数据可视化技术、数据安全技术等搭建公司整体的数据抽取平台,统一风险数据质量、风险数据格式、风控数据库,以及数据接口、数据运行机制等标准和规范,形成系统化风险数据管理体系,确保数据抽取、清洗、存储、分析的效率和安全。在此基础上,系统通过ETL(extract-transform-load,指数据的抽取、转换与下载)数据仓库技术工具对各类业务、财务数据进行自动抓取和填报,通过光学字符识别(optical character recognition,OCR)技术对发票、财报等进行结构化识别。对于外部征信数据,实现了平台与征信公司API接口的对接,可进行数据的直接推送。所有公司的操作人员都通过VPN(virtual private network,虚拟专用网)进行远程登录和操作,确保了数据的保密性和安全性。

二、外部审计

大数据除了对于跨国公司内部审计监督具有重大影响外,会计师事务所审计工作的完善开展也可以通过延展大数据审计链条、开发大数据审计系统及提高大数据审计能力等途径实现。其对于事务所等外部审计的影响,主要集中在审计技术、审计范围和审计方式上。

(一)系统模型的构建

在大数据时代,审计业务执行的关键过程域可以看作是循环系统而非简单的线性流程,其中各要素关系错综复杂。数据归集是审计开展的前提,对数据进行处理使其具备规范性、可集成性和准确性后,以此实现数据的关联性分析,并将分析结果作为审计疑点进行进一步核查落实,最终得出审计结论。在此过程中,充分挖掘资源价值、共享归集数据及审计结果,并为后续工作提供思路和经验是关键环节。在此背景下,模型的构建可采用阶梯型思想,随着审计组织模式的优化不断提高等级,具体等级划分方式为初始级、重复级、已定义级、可管理级和优化级(见图12-4)。

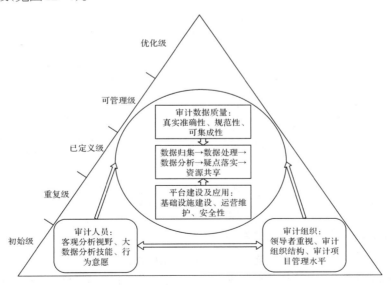

图12-4　外部审计新型系统模型

资料来源:谢峰,郎世勇.大数据时代审计组织模式成熟度模型研究[J].财会通讯,2021(7):134-138.

在传统的审计工作中,会计师事务所主要是根据委托人的申请,对被审计单位行使审计职责,对其财务运行情况等予以审核,分析和判断其是否有财务运营方面的不足和错误等,这种传统审计工作体现的是一种被动的监督格局。在大数据背景下,会计师事务所也需运用前瞻性和创新性的眼光去重新审视审计业务,在为审计单位提供审计报告的同时,挖掘更多的审计功能,提高审计工作的实践价值。除了监督职能的履行外,可以基于大数据审计分析等,对被审计单位各方面运营情况进行全面评价,指出其存在的各种风险隐患,帮助被审计单位防范风险损失,并对被审计单位业务发展提出积极的建议,将审计工作贯穿于经济单位运行的全过程,推动被审计单位的健康有序发展。

在会计师事务所审计工作的执行上,大数据模型能够有效提高审计效率,将同质性的审计业务按照既定的模型完成。在大数据审计系统的开发中,要重视这种模型的构建能力。基于系统参数设计等功能,会计师事务所可以进行模型的灵活调整,从而提高系统的应用效果。审计工作需要面对庞大的审计数据量,在审计系统中应当具备较强的数据存储和调用功能。数据存储和调用要具有快速和准确的交互能力,可以满足会计师事务频繁而大量的数据处理工作,并能够保证多个系统应用端口同时的使用需求。

(二)Python的应用案例

Python(一种计算机编程语言)技术又称网络机器人、网络蜘蛛,是一种按照规则自动抓取信息的程序或者脚本。当脚本启动后,Python可自动从互联网上标准资源的地址中下载网页内容,随后以匹配的方法从网页中对感兴趣的信息进行抓取;与此同时,Python会持续不断地获取新的资源,最终让用户能够获取自己想要的信息[①]。Python结果的读取流程如图12-5所示。

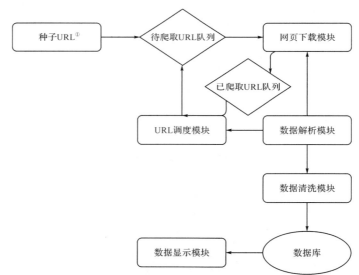

注:①URL:uniform resource locator,统一资源定位系统。

图12-5 Python结果的读取

资料来源:陈倩倩,彭甜典,张琦.大数据背景下Python技术在审计工作中的应用[J].中国集体经济,2021(4):155-156.

---

① 卢星.Python爬虫技术的特性及其应用分析[J].中国新通信,2019(15):112-113.

Python的自有功能在网页信息获取上具有巨大的优势,通过Python提取发票、原始凭证、合同等信息,可以保证公司各项财务会计数据的真实性,也能够对公司自身数据及行业相关企业数据进行相应的审计对比,对数据真实性判断提出合理性建议。

以德勤会计师事务所为例,2018年,作为四大会计师事务所之一的德勤会计师事务所在审计一家银行时,利用网络爬虫Python技术对该银行近2万名对公贷款客户进行数据搜集,获取了包括工商、司法、舆情、征信、税务在内的17类专项数据。传统审计方法一般只能通过一些数据查询网站(如天眼查、企查查等)进行数据查询与搜集。但在该案例中,需要对近2万名客户展开调查,需要花费审计人员大量的时间和精力,如何批量查询相关数据成为困扰审计人员的问题。网络爬虫可以在短时间内通过铺设路径和逻辑,快速进行网络抓取。在分析数据时,德勤事务所将搜集到的数据与行内客户历史交易、业务办理信息等内部数据系统打通整合,最终形成了客户关联关系、资金往来关系、业务办理信息、外部风险信息等四大维度的客户全景画像。德勤会计师事务所将这2万名对公客户的信贷申请资料与其全景画像执行关联分析、交叉检验等,最终发现了36名客户涉及虚报财务信息、刻意隐瞒负面信息等行为。借助网络爬虫技术,不仅在数据获取上提高了审计的效率,更在审计上提高了完整性。

三、持续审计模式

持续审计模型是满足信息时代实时审计需求的新理论、新技术和新方法。调试良好的持续审计系统基于可靠的审计条件、信息安全传输系统、综合审计方法等多种信息和网络技术,能够自动识别审计问题,自动识别报告功能,并实现完全数字化和自动化(或部分自动化)。对于持续审计系统的人员要求较为宽松,既可以是外聘审计员,也可以是公司内部审计员。

(一)数据湖的建立

目前,现代IT基础设施正在发生重大变化,许多跨国公司正在准备将数据湖作为公司数据集的中心。使用传统的数据库或数据仓库方法通常需要将数据转换为预先定义的模型,以便将其加载到数据库中,这需要花费大量的时间、精力和成本。此外,在这个过程中,不符合数据格式定义的数据可能会被丢弃,从而导致完整性的丧失。数据湖方法的主要特点有:以原始格式存储所有数据、可设计接收数据、在设计中不使用数据、可对未来数据使用产生任何假设等。此外,所有数据都是共享的,通过各种读取方式进行维护,这些读取方式可用于任何引擎或应用程序进行数据验证和按需处理。

审计是一个系统的取证过程,原始数据、资料是调查事实、确定责任的关键,无论从过程还是结果来看,不完整的数据都将成为审计中的一大缺陷。数据质量尤其难以评估,尤其是在计算机环境中。数据的初始存储对验证证据、结论和责任结论无疑都具有重要意义。

此外,数据湖方法还可以为各种数据类型的存储提供方便,包括社交媒体、点击流、传感器数据等。该方法可以廉价、方便、快捷、安全地存储大数据集,为数据预测、预警、数据分析和机器学习提供可靠依据,有利于信息化、智能化、数智化的深度发展[①]。

---

① 顾明珺.基于数据湖的内部持续审计模式探索[J].中国内部审计,2021(3):63-65.

(二)持续审计模式

为了更好地发挥内部审计在组织管理中的作用,促使事后监督向早期预警转变,从单一问题向企业系统、功能完善转变,可以探索实施可持续审计模式。本文上述数据湖方法为该模型提供了坚实的理论基础。

持续审计部分的要素包括web服务器、当前的审计环境(由审计单位的实时报告系统和审计控制设备生成的信息流)、执行某些服务的数字审计代理(一系列计算机指令或软件,以半自动方式代表审计师进行审计)[①]。审计人员可以充分利用网上发布的最新信息、持续审计协议、可靠的信息系统、安全的信息传递来进行审计报告的编写[②]。

思考题

1. 大数据与云计算对跨国公司经营活动管理带来了什么改变?
2. 大数据背景下跨国公司预算是如何开展的? 步骤是什么?
3. 大数据背景下跨国公司内部控制系统建立的框架是什么?
4. 基于大数据技术的跨国公司内部审计的进步有哪些?

目 第十二章小结

---

① 何芹.持续审计研究[M].上海:立信会计出版社,2008.

② 张文秀,刘雷.持续审计[M].大连:东北财经大学出版社,2012.

第十三章

大数据与企业国际化

导入案例

大数据对阿里巴巴国际营销活动的影响

一、海量的数据信息催生更精细化的营销方式

淘宝数据魔方是阿里巴巴集团旗下业务中应用大数据进行精细化营销的典型。在淘宝数据魔方的网站上,境内外商家可以了解到整个淘宝平台上的行业状况、自身品牌的吸引力,以及销量排名、消费者满意度和回购次数等数据。基于所获得的信息,商家能够明确受众的具体需求,为不同偏好的消费者提供不同种类的商品,最大限度满足客户的要求,赢得客户的信任,为品牌的建立和维护积累口碑,树立良好的品牌形象。

二、详细的数据分析便于提供更优质的服务

阿里巴巴集团旗下的阿里妈妈(Alimama)是境内领先的大数据营销平台,拥有阿里巴巴集团的核心商业数据。因为其拥有行业内先进的数字营销技术和非常强大的数据优势,所以能够实现数字营销的真人、实效和延续,在一定程度上重构了媒体资源的供需。该平台是一个面向商家的广告交易平台,其交易模式延续了淘宝交易的C2C路线:通过出卖广告位招揽客户,根据淘宝用户的搜索记录投放相应广告主的广告。除了与淘宝合作以精准推送广告外,阿里妈妈尤其注重广告主的满意度:针对境外商户专门设立广告板块,为境外商家提供服务并注重与它们建立双向的联系,及时解决它们的问题。在这样的运作方式下,阿里妈妈自成立以来取得了不俗的成绩:客户满意度连续3年超过92%,帮助客户斩获境内外营销大奖共计78个,与10万家APP和超过4000家媒体有合作关系,整体客户数成功突破100万。

【资料来源:陈嘉慧.大数据分析对电商企业国际营销活动的影响研究:以阿里巴巴集团为例[J].商场现代化,2021(16):65-67.】

【学习目标】

1. 深刻认识大数据影响下企业的国际化环境、国际化方式及国际化内容
2. 比较传统跨国企业的组织架构和大数据影响下的企业架构的变化
3. 了解大数据影响下的跨文化冲突与融合,以及企业国际化文化重塑的方法

第一节　大数据影响下的企业国际化

一、大数据影响下的企业国际化环境

企业的发展总是受到外部环境的影响。世界银行指出,良好的营商环境是一个国家(地区)经济繁荣发展的前提,这个观点也在国际上得到广泛认可。良好的营商环境对各国(地区)经济发展具有积极的影响,也进一步影响企业的经营活动。

关于大数据对营商环境的影响可以从公共基础设施环境、经济环境和人才环境3个方面来研究[1]。在公共基础设施方面,大数据技术的发展促进了互联网、数据中心等基础设施建设的完善,为企业实现数字化发展奠定了基础,实现了以数据流带动技术流、资金流,提高了资源配置效率。同时,各地区、各部门出台相关制度、政策来帮助大数据在企业中的应用,在企业国际化进程中便于企业获得关于境外的精准信息,避免因信息不对称造成的决策失误。在经济环境中,一方面,经济的迅猛发展能够在资金上为大数据等信息技术产业的发展提供保障,使得更多的资金被投入到互联网、大数据等信息技术的发展与研究中,促进企业国际化创新发展。经济规模的扩大,使得大数据的发展空间进一步扩展,大数据技术能够被应用到更广的范围,各个领域都能共享大数据发展带来的红利。另一方面,大数据技术的不断成熟也影响了经济的发展趋势,数字经济这一新经济形态随着信息技术的发展应运而生,并成为经济发展的重要组成部分。在人才环境方面,大数据技术带来的信息技术革命导致未来经济发展方向朝着数字化、智能化变化,从而导致在这一时代背景下,社会对人才要求产生了变化。虽然我国在大数据等智能领域发展迅速,但是在相关人才培养方面发展明显落后,面临着大数据等领域人才严重短缺的问题;同时缺乏技术、工程与管理知识兼具的复合型信息人才,以及能将理论与实践相结合的信息人才。因此,需要着重思考该时代下信息人才的培养模式与路径,创造良好的人才环境,利用大数据为企业的国际化进程助力。

二、大数据影响下的企业国际化方式

依据一定的标准可将企业国际化的主要进入方式归纳为:一是贸易进入模式,通过国际贸易,在目标市场上出售产品与服务,包括直接出口和间接出口。一般来说,大多数企业的跨国经营业务都是以贸易进入的方式开始的。二是契约进入模式,主要包括特许生产、特许经营和外包,公司通过契约方式转让其所拥有的专利、技术等知识产权给境外的合作伙伴使用,进而换取技术转让费及其他补偿。三是投资进入模式,以股权制或所有制为基础的国际商务活动包括两种方式:在新环境中组建公司(绿地投资),兼并现有企业,即跨境并购。四是战略联盟进入模式,包括研发联盟、生产联盟、销售联盟和合资企业模式联盟4种形式[2]。

企业国际化经营模式如图13-1所示。

---

[1] 罗斌元,陈艳霞.数智化如何赋能经济高质量发展:兼论营商环境的调节作用[J].科技进步与对策,2022(5):61-71.
[2] 赵曙明,高素英,周建,等.企业国际化的条件、路径、模式及其启示[J].科学学与科学技术管理,2010(1):116-122.

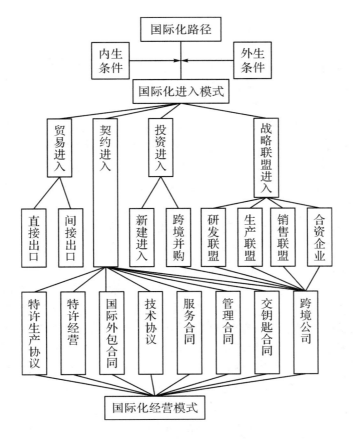

图 13-1　企业国际化经营模式

资料来源:赵曙明,高素英,周建,等.企业国际化的条件、路径、模式及其启示[J].科学学与科学技术管理,2010(1):116-122.

(一)大数据对贸易进入方式的影响

根据世界贸易组织的最新数据,在货物交易方面,相比于其他国家(地区),我国外贸增速较快,服务贸易方面也呈现出快速发展趋势。大数据技术的发展更是进一步简化了国际贸易的流程,节省大量的时间。

大数据对企业进出口的影响除了表现在交易数量上的增长外,其对企业出口模式的选择也产生了重大影响。信息技术革命改变了信息的处理和传播方式,买卖双方的贸易模式也随之发生变革:基于大数据系统的强力支撑,企业利用互联网和数据库这两个有力工具,在网络上就能获取成千上万的客户信息,自主地进行远程交易。信息获取的便捷性使得处于买卖双方之间的贸易中介所发挥的作用越来越弱,企业出口模式逐渐转向直接出口。此外,根据研究可知,大数据等信息技术不仅引起了企业出口模式的转变,而且进一步提高了企业出口规模和盈利能力,也提高了企业的国际竞争力,延长了企业在市场上的生存时间[①]。

---

① 刘海洋,高璐,林令涛.互联网、企业出口模式变革及其影响[J].经济学(季刊),2020(1):261-280.

(二)大数据对投资进入的影响

海量的数据会影响企业投资决策的逻辑,更加注重投资效率和效果。有限的信息、历史投资决策收益、主观经验等方式是企业传统投资决策的主要影响因素,会产生一定的误差,导致投资战略有误。而在国际投资分析中利用大数据技术,决策能力将会大幅提升。首先,大数据分析样本有别于传统的信息分析样本,传统样本只包含总体中的部分样本,通过部分样本来推测总体特征,而大数据样本涵盖了研究对象的全部样本,相对于传统样本分析,大数据分析更加全面、精准。其次,不同于传统注重因果式的分析方法,大数据相关性分析是根据结果做出判断,因而在投资决策中应用大数据技术的方式不依赖决策者的主观经验,而是依据数据分析结果来做出决策选择,这将更加客观、准确。第三,基于数据分析进行投资决策的事前预测提高了国际投资的成功率。企业事先收集大量相关的先行性指标来预测市场的未来变化,可以有效地指导国际投资的方向,甚至可以利用大数据更快更准地发现投资机会,抓住机会,抢占先机,从而在竞争市场中更容易取得高额利润。

大数据等现代信息技术的发展催生了数字经济的投资热潮,数字型 FDI(foreign direct investment,外商直接投资),尤其是数字型跨境并购在全球外商直接投资持续疲软的背景下依旧保持着强劲发展的趋势。一方面,数字型跨国企业发展迅猛且在世界范围内投资活跃。2010—2015 年,在联合国贸易与发展会议的全球跨国企业年度百强排名中,数字科技企业从 13 个增长到 19 个,其资产和销售总额占百强企业的份额也都实现倍增,达到 20% 左右,市值更是占到百强企业的 26%[①]。截至 2022 年底,全球前十大市值的企业中就有 7 家为数字型企业。

数字经济边际成本极低,且规模经济、范围经济、网络效应显著,使得数字型企业天然具有跨国企业的属性,同时也让传统企业能够轻松实现平台化的商业模式,在全球范围内快速且低成本地开展生产经营活动。由此不难发现,数字型跨境并购将明显不同于传统行业的跨境并购。由于数字化产品和服务的国际传输过程往往能瞬时完成且成本极低,基于节约国际贸易成本、开拓国际市场的水平型跨境并购动机已经大大削弱。另外,应用数字技术贸易平台使企业搜寻上游供应商或下游用户都更为便捷,价格也更为透明和灵活,缓解了信息不对称引起的低效率,也让以全球供应链为基础的分散化生产更为便利,降低了垂直型跨境并购的动机。

📄 数据驱动
全价值链运营

三、大数据影响下的企业国际化内容

企业国际化内容包括管理国际化、生产国际化、销售国际化、融资国际化等方面。

(一)管理国际化

在企业管理国际化方面,大数据、创新性的思想被引入企业管理工作,对企业形成先进的国际化管理思维具有积极的影响,也为企业形成国际化管理模式在思想层面奠定了基础。同时,要借鉴大数据企业的管理模式,做好数据管理,也要加强大数据技术的应用,加大科技

---

① 蒋殿春,唐浩丹.数字型跨国并购:特征及驱动力[J].财贸经济,2021(9):129-144.

投入,定期向广大企业员工传递大数据思维,保证各个部门能够主动接受并适应企业管理的数字化,自主开展大数据动态化更新,为企业发展做好强大基础保障工作。此外,利用大数据技术,可以丰富企业管理经营方式,提高企业管理工作效率。企业建立具有自身特点大数据技术管理平台要基于企业信息化发展的状况,有效整合各类数据资源。企业大数据管理平台不仅要与已有的信息平台进行融合,也要及时收集境内与境外市场、政策等数据信息,关注境外市场的变化,为企业管理、决策等工作带来强大的数据基础保障,有助于建立国际化管理体系。基于企业的全球发展战略,综合考虑国际环境的复杂性与特殊性,在企业管理的各个方面进行国际化设计,企业在国际化过程中便能够从容面对国际运营环境的复杂性、动态性和多样性。

(二)生产国际化

当企业在境外投资新建工厂时,利用大数据技术,通过移动终端、互联网等多种途径,企业可以快速地获取境外客户的消费行为数据,从而帮助企业找到自己的目标市场,也能帮助企业研发人员及时了解各个市场的客户偏好、掌握客户需求变化,为企业的决策提供依据,从而生产出符合市场需求的产品。此外,大数据使企业开展个性化定制服务成为可能。大数据技术极大地促进了企业的研究与开发,帮助企业更好地掌握消费者需求,并根据客户需求进行个性化定制,把握客户的消费动向,进一步增强企业的市场竞争能力。尤其在传统方式下,跨国公司准确了解境外市场消费者的偏好较为困难,无法大规模推进个性化定制。

在生产采购方面,对原料和供应商信息的搜寻、询价和筛选是企业采购的关键。在国际采购中,由于缺乏完整的信息,导致采购的时间和费用较高,效果也不理想。而运用大数据技术来帮助企业建立供应链数据库,实现采购管理从传统的人工寻找转变为基于数据的寻找,两者相比,后者能够有效降低采购中的寻租成本,提高采购效率及采购管理的科学性。在生产过程中,利用大数据技术可以实现生产、采购、销售等部门之间共享信息数据,消除了各部门之间的信息障碍,加强了各部门之间的联系,保障了生产计划的合理性和有效性,同时也能合理配置生产资源,优化生产和工艺流程,提高生产运作效率和生产运作管理水平,推动企业的全球采购、运输和生产,实现生产的全球化。

(三)销售国际化

所谓销售国际化是指企业通过境内外的销售网络,依据区域和自身产品特点,对境内和国际市场中的特定区域出售产品与服务,从而实现自身利润最大化。一个国际化企业的产品既可以选择在境内销售,也可以选择进军国际市场,将产品出口到境外,从而扩大产品销量,增加营业额,提高产品的国际知名度,或者对不同的市场采取价格差异策略来使利润最大化。企业借助大数据强大的数据搜集与分析能力,能够更加全面地了解市场需求,掌握不同地区客户的偏好与需求,有选择地进行销售活动;还能够针对不同客户群体的不同需求,制定个性化销售策略。同时,企业有了对目标市场的充分了解便可以重新定位自己的品牌形象,基于目标人群的需求来调整自己的营销策略,实现精准营销,从而提升企业的市场竞争力。

(四)融资国际化

融资国际化是指在国际金融市场上,运用各种金融手段,通过金融机构进行资金或实物的融通,这对于企业国际化具有非常重要的作用[①]。企业国际融资的方式主要包括发行国际债券、在境外发行股票、设立境外投资基金、向所在国政府贷款及国际金融组织贷款等,在一般情况下,对于中小企业而言,国际融资中需求方与资金方对信息的掌握程度是不对等的,企业融资存在一定的阻碍。融资企业对于自身的生产经营情况、资金配置情况及可能面临的风险情况等最为了解,处于信息优势方,而资金方则很难获取到完全对等的真实有效信息,处于劣势。但随着互联网技术的高速发展,不管是融资方还是资金方,在信息获取的能力上都有了很大程度的提升。金融组织借助互联网、大数据等技术进行线上信息收集并核实企业相关信息,根据收集的信息判断企业的真实情况并做出综合价值评估,最终解决企业的融资问题。大数据技术的发展使融资方和资金方充分利用信息技术上的优势,提高信息透明度,能够解决融资过程中存在的一部分信息不对称的问题,从而提高企业融资成功的可能性。

第二节　大数据影响下的企业国际化组织重构

一、传统跨国公司的组织架构

组织架构也称组织结构,跨国公司组织结构是为了实现跨国经营目标而确定的公司内部部门和员工之间的分工及合作关系,是内部权利、责任的控制和协调的形式。

跨国公司的组织结构由发展策略与经营模式所决定。跨国公司的战略、规模及公司开展经营的所在地环境等因素是动态变化的,在公司不同的发展阶段存在着较大差别,因此跨国公司必须采取合适组织机构来适应企业发展。国外学者所提出的国际组织结构的"阶段模型"就表明了组织结构随着跨国公司战略的变化而变化。当企业规模较小时,所销售的产品种类和数量都十分有限,一般只设置一个国际部门来管理全球业务。随着企业的发展,一部分扩大销售量的企业采取地区部门化的事业部组织结构;而另一部分增加产品种类的企业倾向于采用产品部门化的事业部组织结构。当产品销售量和种类都提高时,跨国公司在组织结构中往往采用全球矩阵结构[②]。

跨国公司的组织结构通常有以下几个类型。

(一)出口业务部结构

出口业务部是企业跨国经营初期阶段出现的管理组织结构。由于企业刚进入境外市场,不具备境外经营的经验,目前主要的业务重心仍停留在境内,但企业已意识到拓展境外市场的重要性,可以在公司的销售部下设立一个出口业务部来负责产品的出口业务,如图13-2所示。

[①] 闫国庆.国际商务[M].2版.北京:清华大学出版社,2007.
[②] 周伟,吴先明,Adel Ben Youssef.企业国际化初期的组织结构选择:欧美日跨国公司的比较研究及其启示[J].管理评论,2017(12):116-126.

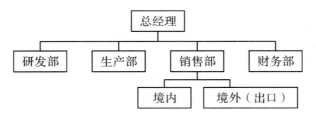

图13-2　出口业务部结构

出口业务部的规模要符合企业出口的业务规模。在企业国际化初期,出口的产品往往规模不大,而且缺乏国际市场的相关知识和人才,因此通常委托专业的外贸公司来代理出口业务,即间接出口。此时,企业产品虽然已打开了国际市场,但只是境内销售模式的延伸,并未真正进行国际化经营。这时出口业务单一,出口业务部规模可以小一些。若出口产品规模较大,而且出口市场相对集中,企业则可以采取直接出口方式,扩大出口业务部规模,增加营销、调研、运输等方面的业务人员。同时,出口业务部也可以独立于销售部,直接隶属于总经理。

(二)母子公司结构

母子公司结构是我国企业进入跨国经营阶段的一种过渡形式,母公司在不同地区设置多家境外子公司,如图13-3所示。在这种组织架构下,境外子公司拥有较大的自主权,能够自主地开展业务活动。子公司由母公司直接管理,并直接向母公司负责,母公司对子公司的控制和干预较少,仅仅是通过派员到子公司担任有关职位或者派员到子公司进行考察的方式,但不干涉子公司的经营。

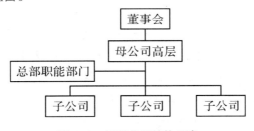

图13-3　母子公司结构示意

欧洲跨国公司在早期发展阶段通常采用母子公司组织结构,既能有效地利用东道国资源,又能缓解本国(地区)市场狭小的矛盾。同时子公司有充分的独立权和自主权,可以根据所在国(地区)的市场需求迅速做出反应来调整策略,在境外环境下独立地进行业务活动。但随着公司规模的扩大、业务的发展及多元化经营的需要,这种组织结构的局限性也愈加明显;母公司不干涉子公司业务,对其业务缺乏全面的了解,可能会造成决策偏差;境外子公司直接向母公司汇报工作,对母公司管理层的工作产生一定的影响,降低了管理效率;子公司的经营也会受到母公司管理者的个人知识、能力等各方面因素的制约,缺乏全面、有效的指导;子公司的经营自主权在很大程度上会使得子公司在决策时过多地考虑自身利益,从而影响子公司的整体绩效。

(三)国际业务部结构

随着跨国公司境外经营范围的不断扩大,其经营活动的内容变得更加丰富,从单一的出口转变为包括出口、许可证贸易、境外生产等多种形式在内的综合业务,企业境外子公司数量的增加和规模的扩大,必然引起子公司之间的利益冲突。为此,企业在基本业务部门的基础上增设国际业务部,对国际业务进行系统化管理以便协调好各子公司之间的关系。该部与总部各职能部门处于同等地位,通常由一名副总经理来分管并接受总经理的领导,如图13-4所示。

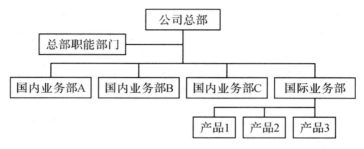

图13-4 国际业务部结构示意

国际业务部主要是负责管理境外子公司的经营业务,包括产品的生产、销售、资金配置等方面,落实跨国公司的境外经营战略。同时,国际业务部要合理划分境外市场,协调好各子公司之间的关系,避免自相竞争[①]。

(四)全球性组织结构

随着跨国公司的境外业务进一步发展到全球性规模,原有的组织结构已不能适应公司发展的需要,这时就需要设置全球性组织结构。全球性组织结构把境内业务和国际业务统筹起来,从全球化视角设计公司发展战略,一体化安排公司的资金、人员、技术、设备等资源,协调公司各职能部门的活动,统一分配利润。跨国公司的全球性组织结构大体上可以分为全球性职能结构、全球性产品结构、全球性地区结构、全球性矩阵结构和全球性混合结构等形式。

1.全球性职能结构

全球性职能结构是跨国公司以企业各项职能为基础来划分部门的组织结构,通常在总部下直接设立生产制造、市场营销、财务等职能分部,对该部门的境内外业务活动进行直接管理和协调,如图13-5所示。这种组织结构对公司在全球的业务活动实行专业的管理和控制,决策权高度集中在公司总部。

---

① 王立新.跨国公司组织结构模式变化及其对我国企业的启示[J].中山大学学报(社会科学版),2002(6):84-90.

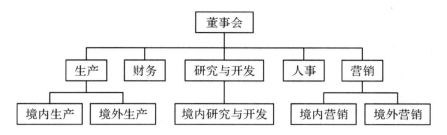

图13-5 全球性职能结构示意

资料来源:姚建农.跨国公司组织结构网络化研究[D].杭州:浙江大学,2005.

全球性职能结构将境内外业务整合到相应的职能部门中,实现了功能专业化和规模经济,也能避免境内外市场的割裂;职能部门在设置上重复较少,减少了公司内部的重叠管理,能够节约人力资源占用及节省管理成本;总部的集权管理也能提高跨国公司总部的权威性。但该组织结构也存在着缺陷,例如:公司决策层权力集中,影响企业内部员工工作的积极性;按部门控制方式来管理特定职能的相关活动,会阻碍各部门之间的交流与沟通等;各职能部门之间的工作目标可能出现分离,导致各种业务活动产生脱节现象等。

综上所述,全球性职能组织结构适合于跨国公司规模小、产品系列简单、市场集中、经营决策变动不频繁等情况,或者虽然公司规模较大,但公司各职能部门的内部依赖程度高、业务流程整体性强、要求集中管理的倾向明确。

2.全球性产品结构

全球性产品结构是以跨国公司的产品类别来划分各职能部门的,每个产品部门都互相独立,负责本部门该类产品的研发、生产、销售、财务及人事等工作。全球性产品结构如图13-6所示。

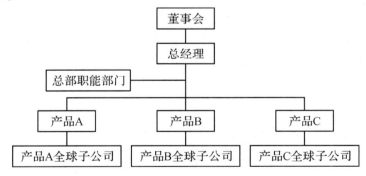

图13-6 全球性产品结构示意

全球性产品结构使同类产品的境内业务和国际业务有机结合,公司的境内外业务活动能够相互补充,有利于在全球实现标准化生产,达到规模经济效应。但不利于公司在全球定位、长期投资、资源整合、利润分配等事关公司整体发展的问题上进行统一决策;各个产品之间缺乏联系,有各自独立的经济利益,相互之间的协调、配合难度大,不利于协同效应的发挥,阻碍公司整体战略的实施及统一决策的执行。

全球性产品组织结构适用于产品多元化程度高、产品系列复杂、技术研发频繁、生产工艺好、销售市场相对分散,且具有全球性生产经营经验的跨国公司。

3.全球性地区结构

全球性地区结构是指跨国公司在全球战略的指导下,以空间分布为基础,按地理位置分成不同区域的职能部门并实行自主经营管理的组织结构。母公司负责制定全球经营战略,并对各分部的战略执行情况进行监督落实,如图13-7所示。

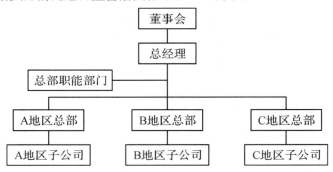

图13-7 全球性地区结构示意

全球性地区结构能够增强各地区分部自主经营的能动性,有利于根据当地市场的情况开展业务,调整营销策略,满足地区需求的多样化。但该组织结构容易造成各部门将地区战略作为重心,不利于产品的多元化发展;容易产生地区本位主义,导致对总公司的全球战略和总体利益的忽视等。

4.全球性矩阵结构

全球性矩阵结构是将跨国公司的职能分工、地理区域和产品组合起来实施交叉管理和控制的组织结构形式,如图13-8所示。它能够把全球资源集中于公司产品的生产,从而降低成本,扩大利润;有利于地区、产品和职能部门的协调合作。但这种组织结构过于复杂,多重指挥领导容易导致工作效率低、管理成本上升等。

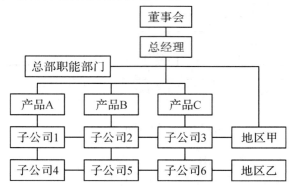

图13-8 全球矩阵结构示意

资料来源:孔欣.跨国公司理论与实务[M].北京:中国人民大学出版社,2015.

5.全球性混合结构

随着跨国公司的进一步发展,跨国公司基于实际经营状况,根据职能、地区和不同类别的产品来设置有关部门,形成全球性混合结构,从而适应其复杂的内部管理与外部经营,其结构如图13-9所示。该组织结构能够使公司适应产品众多、竞争激烈的环境,但也存在缺陷:结构的非规范化增加了组织结构的复杂性和管理的难度,各部门业务活动差异较大。

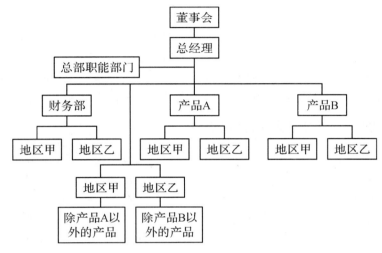

图13-9　全球性混合结构示意

资料来源:孔欣.跨国公司理论与实务[M].北京:中国人民大学出版社,2015.

二、大数据影响下的企业国际化组织架构变革

随着互联网的兴起和大数据时代的到来,全球经济的发展受到云计算、大数据等信息技术的驱动,推动着社会的发展,同时也对跨国公司的组织结构产生影响。在信息技术的影响下,跨国公司的组织结构主要呈现以下发展趋势。

1.扁平化

组织结构扁平化是指组织结构由精简的管理层级和人员组成,朝着紧凑、扁平化的趋势发展,而这需要以现代信息技术为基础来实现。在互联网、大数据背景下,跨国公司可以借助计算机等工具进行决策管理,从而加快了信息数据的收集、传递和处理,极大地缩短了组织结构各层级之间的信息传递距离,决策效率大幅提高。跨国公司的组织架构从传统的金字塔型走向扁平化,公司内部各种垂直结构在不断地被剥离,中间的管理阶层也在逐步减少。

2.网络化

经济全球化与现代信息技术为跨国企业组织结构网络化提供了可能。网络管理体制有利于充分发挥各地的优势,整合各地资源,将研发、生产、销售等各个环节依据不同的地理位

置优势进行分布,形成一个综合的经营网络。这样既能在全球范围内更充分地利用各地资源,又能保障企业全球发展战略的实施。此外,组织结构的网络化使得各部门与外部的联系具有发散性,企业的合作伙伴不再受到地域条件的限制,可在全球范围内寻找最优合作伙伴共同开拓新市场,企业的合并与联合能够将资源、人才、技术、市场等优势整合在一起,以最大限度优化资源配置,减少生产经营成本,增加经济利润,取得单个企业无法取得的经济效益。

3.非正式化

随着互联网的普及和大数据等信息技术的不断发展,人们工作的时间、场所不再受到限制,也不必与工作伙伴进行面对面的交流,只需要在规定的时间内完成工作,线上办公变得更加常态化。公司领导对员工的工作进程和成果的关注可以借助公司内部网络来实现。这种工作模式的改变会引起跨国公司组织结构朝着非正式化的方向变化。

三、企业国际化组织架构的文化重构

传统的企业组织结构中具有不同层级的工作人员,策略指令按照从高层到基层的顺序层层下达。企业规模越庞大,员工数量越多,内部沟通的成本越大、效率越低,而大数据技术的应用能够优化企业组织结构。企业内部共享各部门的数据,破除了信息障碍,各部门之间的数据变得透明,也能实时传递,极大地提高了企业的运行效率。大数据的运用打破了企业传统迟钝、低效的层级式组织结构,并逐渐向扁平化、网络化的趋势发展,加大了管理跨度,减少了中间层,信息传递更加快捷,工作重心下移,指挥也更加灵活,加强了企业内部组织间的协同与沟通,组织运行效率得以提高。

与传统的组织结构相比,在大数据时代,企业的生存环境、时代背景发生了较大的变化,"客户至上"不再只是一个口号,而是要融入企业的经营和管理。在国际市场中,企业利用大数据技术识别出现实客户、潜在客户及非客户需求,不断满足客户的个性化需求,逐渐从产品驱动向客户驱动转变。随着企业内部数据的透明化,企业员工也能充分了解到客户需求,在企业高层充分授权的情况下,员工可以根据公司情况及客户实际需求自主进行研发、选择产品类别等,而企业领导就能更专注于企业整体发展战略的制定与实施[1]。在这样的时代背景下,企业结合自身的内外部环境来调整其组织结构,以适应企业以客户需求为导向进行生产的变化。

企业在国际化进程中会接触到各种不同的东道国环境,也会从东道国市场中学习和获取到较多的新知识和信息。在知识经济时代,企业唯一的持久性优势就是比竞争对手学习得快,而大数据技术有助于企业逐步转化为一种智能化的学习型组织。大数据挖掘技术可以把客户数据转化为适用的市场需求信息,使企业的技术创新方向更加明确,进而实现技术创新的数据驱动。同时,大数据和人工智能技术还能够把学习、人员、组织、知识和技术等要素联结起来,形成扁平化、无边界、平台化和智能化的学习型组织[2]。

---

① 贺广明,栾贞增.客户导向型企业组织结构模式研究[J].中国人力资源开发,2014(1):47-50.
② 毛伟.大数据时代企业创新的文化驱动[J].浙江社会科学,2020(6):12-20,155.

第三节　大数据影响下企业国际化文化重塑

一、传统企业跨文化冲突

跨文化冲突是指在两个不同的环境中,由于文化差异而发生摩擦和冲突的现象,既包含两国(地区)文化理念差异引起的矛盾,又包含了企业内部来自不同文化背景的员工之间的矛盾。

(一)企业跨文化冲突的成因

企业跨国经营过程中所面临的跨文化冲突的成因可归纳为以下几个方面[①]:第一,由沟通方式和语言方面的差异造成的文化冲突。语言是沟通的基础,但由于受到各国(地区)的地域分布、历史渊源、种族传统等复杂因素的影响,世界上不同国家(地区)的语言和文字的深层含义和表现形式有所差别,进一步对人们的思维方式、价值观等方面造成影响,导致交流沟通上存在障碍。人们不管是用语言还是非语言的交流方式都难以达到充分沟通的效果,难免会产生误解,从而引起文化的碰撞,产生文化冲突。第二,宗教信仰与风俗习惯导致的文化冲突。宗教信仰与民族文化密不可分,不同民族的宗教信仰都具有相对独立的思想体系、宗教理念等,影响着各族人民的世界观和价值观,进一步直接影响人们的生活习惯和行为偏好。对于跨国企业而言,宗教信仰、行为习惯方面的差异对其内部管理、生产经营等方面会产生深刻的影响,容易引起文化冲突。第三,由刚性的企业文化造成的文化冲突。企业文化是企业的重要组成部分,尤其对于跨国企业来说,在境外经营中要将东道国的文化融入自身的企业文化,但一部分企业在进行跨国经营时,尚未意识到文化融合的重要性,没有对东道国的文化做充分的了解,难以做到文化的融合,这往往会引发和加剧企业内外文化的冲突,使企业的国际化经营受到阻碍。

(二)企业跨文化冲突的类型

企业的跨文化冲突的表现形式多样,主要可分为以下几种类型[②]。

第一,企业员工之间的文化冲突。跨国企业内部员工来源广泛,包括母国员工、东道国员工及其他国家(地区)员工,他们在语言、宗教信仰、行为习惯及思维方式等方面存在着文化差异,因而在企业内部员工之间容易引发文化冲突。

第二,企业内部管理上的文化冲突。不同国家(地区)的文化差异会影响企业的管理,引发文化冲突,主要体现在经营理念、管理模式、规章制度等方面。跨国公司的管理者来自不同国家(地区)、不同民族,因企业管理者文化背景的差异,通常会在企业制定商业目标、经营策略等方面引发矛盾,如东西方企业的经营理念有着很大的不同,中国企业管理者通常会将

① 黄青.跨国公司文化冲突和融合及跨文化管理策略[J].当代经济,2011(10):46-47.
② 杨国旺.A公司跨文化冲突及其应对策略研究[D].南宁:广西大学,2021.

企业的发展目标及短期利润最大化等作为发展重点,而西方企业管理者习惯于把抢占市场份额和获取长期利润作为发展重点。

第三,企业所在国(地区)与母国之间的文化冲突。各国(地区)的政治框架、经济体制、法律体系等会受到文化潜移默化的影响,企业所在国(地区)与母国在政治、经济、法律等方面的差异在一定程度上会引起跨文化冲突。

第四,与消费者、顾客之间的文化冲突。跨国公司在刚进军国际市场时,由于对东道国市场缺乏了解,在产品设计、包装、生产、销售等环节更多的是从母国文化出发,更加符合母国消费者的喜好,而忽视了目标市场的当地文化,从而易引发文化冲突。

第五,与合作伙伴之间的文化冲突。跨国公司的合作伙伴通常来自不同的国家(地区),拥有不同的文化背景,双方在文化、习俗等方面存在巨大差异,会对合作的效果产生直接影响。

(三)企业跨文化冲突的影响

企业跨文化冲突意味着多元文化的共存,文化差异带来的影响具有双重性,既有积极影响,也有消极影响。

第一,积极影响。文化多元性本身也是一种"跨文化优势"。首先,跨国公司要注重对企业员工多元文化的培训,同时文化的多元性又会引起企业文化的碰撞,有利于加强员工思维的拓展,激发创新思维,提升员工和企业的创新能力。其次,企业在跨文化冲突管理过程中也能增强企业处理突发事故的应变力,提高企业的适应能力、生存能力及适应变革的能力。最后,通过合适的方式来引导、管理和解决企业的跨文化冲突将有利于合作双方充分发挥自身优势,形成共同的价值观,协调双方的利益归属;也能降低企业的经营风险,从而实现各自的目标。

第二,消极影响。若忽视企业的跨文化冲突,不采取相应措施加以管理,同样会产生消极的影响。首先,企业内部来自不同国家(地区)的管理者、员工之间的和谐关系会受到跨文化冲突的影响,加大企业日常运营管理的难度。其次,企业的管理模式的选择会因为管理者具有不同的文化背景而产生分歧,引起企业内部矛盾,从而使跨国公司的经营决策和组织机构管理的效率低下,阻碍企业全球战略的实施。

二、大数据背景下的企业国际化文化冲突与融合

在大数据时代,网络用户和消费者的界限逐渐消失,商业边界变得越来越模糊,数据正成为企业的核心资产,并对企业国际化进程中文化的冲突与融合产生深刻的影响。它有利于缓和企业传统的跨文化冲突,重建企业文化,促进文化融合。

在传统管理模式下,企业较难获取消费者的消费数据,因而很难完全掌握境外客户的消费偏好与需求变化,忽视客户市场的当地文化进行生产销售则容易引发文化冲突。然而步入大数据时代,消费者的需求与偏好数据对企业的生产起着关键性的作用,由传统的"企业生产、顾客消费"模式转变为现在的"顾客需要、企业生产"模式。在大数据时代,借助互联网等工具能够方便地获取客户的消费数据,例如,消费者的购买数据、购买满意度、售后服务评价等都可以帮助企业探测到消费者的购买需求与喜好。运用大数据技术,将这些数据转化成有关消费者需求的信息,企业专业人员能够对这些信息进行分析,从而使企业更充分地了

解当地市场的文化,并更好地把握目标市场消费者需求和市场趋势变化,进一步生产出符合客户定位的商品,满足客户需求,也能缓解企业与当地消费者的文化冲突。同时,在研发过程中可以邀请消费者参与研发互动,根据消费者的反馈及时对产品的设计与研发进行修改与完善,实时掌握消费者的需求变化。此外,大数据技术能使企业的销售模式更加智能化,利用大数据对消费者的数据进行综合分析,在进行产品宣传前准确识别出目标人群并精准地投放广告,提高营销的成功率①。以当地文化与消费者需求为出发点进行生产与销售有利于促进跨国公司经营的本土化,本土化经营能够缓解企业的跨文化冲突,有利于实现企业的国际化发展。

企业文化是企业经营中不可或缺的部分,优秀的企业文化会对员工产生潜移默化的影响,形成企业凝聚力,推动企业的发展。在大数据时代,将信息技术融入企业文化建设是企业发展的必然趋势,对企业竞争能力的提高具有积极的作用。信息化对企业文化的发展起到了指导性的作用,并为企业国际化过程中实现文化信息共享提供了新的工具与手段。企业利用大数据技术进行信息交流,企业文化也在信息共享中不断地修正,促进了企业间的合作和发展,提高了经济效益。例如,华为的军事化管理和狼性文化等,推动了企业的发展壮大。但当其进军国际市场时,由于文化差异,华为的企业文化与境外企业的经营风格、发展思路等产生了一定的矛盾,阻碍了华为的发展。之后,华为借助信息共享平台对目标市场的文化进行了解,将东西方文化加以融合,顺利地实现了企业的国际化②。

在复杂多变的国际环境中,企业文化大碰撞、大融合不可避免,企业文化资源与体制都在不断发生变化,在这样的形势和环境下,企业国际化过程中必须实现文化资源的整合和创新。首先,企业要以开放包容的心态去迎接吸收各种优秀文化,在正确理解本民族文化的基础上勇于理解其他文化,吸收其中的精髓,为我所用,有效地促进企业文化与东道国文化的融合,提高企业的竞争力。其次,企业要有识别文化优劣的能力,对于外来的文化企业切勿盲目崇拜,要客观地对待,分清其中的优势与缺陷,做到有选择性地借鉴和吸收。最后,由于内外部环境的不断变化,企业文化也不能是一成不变的,必须顺应经济形势的发展需要对企业文化做出相应的变化与调整。

三、企业国际化文化重塑

文化重塑是通过创建、塑造或引入新的文化元素、理念等,实现企业文化的创新与变革。文化重塑既可能是企业适应环境变革的被动反应,也可能是企业尤其是企业家应对变革的主动行为③。泰伦斯·狄尔与艾伦·肯尼迪于1982年出版了《企业文化:企业生活中的礼仪与仪式》(Corporate Culture: The Rites and Rituals of Corporate)一书,认为成功企业通常具有适应其生存发展的文化架构,这种文化成为企业得以成功的动力。尤其对于进行国际化的企业而言,企业文化更是发挥着重要的作用,需要对跨文化的冲突进行管理,大数据技术的发展为企业文化的重塑提供了方向。

第一,大数据等信息技术辅助企业进行管理降低了市场的不确定性、稳定了企业利润,

---

① 陈森森,王怡涵.大数据技术对企业生产运营的影响分析[J].现代商业,2021(14):135-137.
② 方迪盛,易涵琪.大数据时代企业文化发展分析[J].经济与社会发展,2016(4):99-101.
③ 陈同扬,贺文静,戚玉觉.文化重塑对国有企业战略转型的影响路径研究:基于管理赋能视角[J].财会通讯,2022(6):23-28.

但同时也会让企业管理者缺少进行风险性行动的勇气,降低企业的创新能力,因此重塑后的企业文化对企业成员要具有引导作用,赋予企业管理者和员工创新精神。此外,基于大数据的市场调查能够实现对市场的有效、实时的检测,及时捕捉消费者的需求变化,企业分析消费者需求变化趋势的数据并进行技术、产品、服务等方面的创新,从而降低失败风险,提高企业在市场中的竞争力。第二,大数据技术处理和利用能力依赖于数据共享,但与此同时,技术泄露等问题也随之而来,导致企业内部团队合作和企业资源整合的复杂度大幅增加,更需要合作的文化来维系团队和企业协作。第三,数据能力竞争提高了企业的知识密度,更需精英文化和标杆精神的激励。在人工智能时代,员工需要终身学习,了解人工智能,更富有创造力,否则其就业岗位就有被机器取代的风险。在企业知识化转型的过程中,需要尊重知识精英和满足知识精英精神需求的文化,也要具有学习标杆、超越标杆和成为标杆的精神。企业成功掌握并运用互联网、大数据、人工智能等新科技,便有可能在完备信息的基础上规划和确定投资、生产计划,这些企业无疑会在行业中发挥引领作用。第四,大数据技术实现智能化管理可能会带来管理伦理的问题,需要信任和宽容的文化支撑。例如,人力资源管理智能化可以通过整合多源数据,建立人员评估系统,提高人力资源管理的客观性和前瞻性。但对员工位置信息、员工间的通信信息等数据的收集和分析,会侵犯到员工的隐私权。管理伦理问题的解决,既需要完善法律体系和责任追究机制,也需要信任和宽容的文化环境来促进员工间的交流与合作,降低监督成本。

第四节 大数据影响下的企业国际化战略决策优化

一、大数据对企业国际化战略决策的冲击

(一)大数据影响下的跨国公司经营环境

在经济全球化的时代,跨国公司的经营管理和战略决策面对的是整个国际环境,跨国公司在获得了诸多机遇的同时也面临着更大的挑战。大数据正在深刻影响着跨国公司,公司之间的边界变得逐渐模糊,数据成为其赖以生存的核心资产。面对大数据对企业经营管理和战略决策的影响,跨国公司要积极转变思维,主动求变,创新发展,利用大数据的积极影响,化挑战为机遇,才能抵挡住信息技术快速变革的冲击。

跨国公司大数据的来源主要有两个:一是来自跨国公司内部的信息系统,内部信息系统会产生大量的运营数据,这些数据主要是标准化、结构化的数据;二是来自外部的非结构化数据,这些非结构化数据源自Facebook、Twitter、领英、物联网等,其产生往往伴随着社交网络、移动计算等新技术的不断进步[①]。伴随这些新技术的不断发展和进步,跨国公司应用大数据的来源也变得更加广泛。

随着跨国公司大数据来源发生变化,跨国公司的经营决策环境也产生了很大的变化。

---

① 李洪涛,隆云滔.大数据驱动下的国际投资新契机[J].国际经济合作,2015(11):48-52.

对于跨国公司而言,内部信息系统运营所产生的标准化、结构化的数据已经不足以支撑跨国公司的整个决策运营,且外部信息的更迭和变化对跨国公司的经营发展产生的影响越来越大。总之,大数据正在改变跨国公司赖以存在的技术环境、法律环境和竞争环境,这使得跨国公司在经营过程中需要更多地考虑由于外部环境变化对内部决策带来的影响。

1.技术环境

如今,技术创新速度明显加快,云计算、交互行为技术等大数据技术的出现使得跨国公司面临的技术环境日益多样化、复杂化。相比于传统的数据规模,大数据体量庞大而复杂。依托于云计算,大数据相关的各种关系被深度挖掘和探究,形成可利用的增值点。对跨国公司而言,利用大数据技术建立面向半结构化、非结构化存储数据的知识发现及融合技术,以创新驱动促进企业内部的数据集成,利用自动化算法支持人工决策,依靠大数据技术高效整合决策资源,对跨国公司决策的效率、正确性和可行性的提升有很大的作用。

2.法律环境

一方面,随着数据开放逐渐在全球达成共识,数据的流动性开始不断增加。然而伴随着数据跨境流动的便利,数据跨境流动的风险也开始显现出来,跨国公司在利用大数据挖掘海量数据为企业所用时,无形之间也将自己暴露在复杂的风险中。另一方面,各国(地区)政府也针对大数据技术的应用建立起严格的数据跨境流动审查制度,尽可能保障数据交易的安全性,切实推进交易数据安全有序地流动。

在大数据技术应用十分广泛的今天,跨国公司因此面临的法律环境却变得更加严峻。企业不仅需要承担起作为数据主体的责任,同时也要在法律规定的范围内进行探索。跨国公司需要从根本上强化防范意识,加强对数据的把控能力,在利用大数据进行经营决策时需要更加谨慎。

3.竞争环境

面对庞大的国际市场,跨国公司需要围绕质量、成本、顾客维系等方面,为争夺市场份额做出相应决策。随着大数据分析技术的应用和推广,外部竞争环境变得越来越激烈,跨国公司之间的竞争也开始不断加剧,跨国公司间的差距也逐渐拉开。当跨国公司开始加强对大数据技术的学习应用,利用大数据分析人才培养模式及构建大数据决策机制时,跨国公司付出的成本也随之增加,这使得跨国公司要更加科学地决策。因为决策的失误会引起跨国公司较大的利益损失,造成跨国公司竞争力的削弱,影响其在国际大环境中的地位和市场份额。当然,对于在大数据技术中领先的跨国公司则在决策的过程中显得游刃有余。

(二)大数据影响下的跨国公司经营方式

大数据给当今世界带来的变化是全面而深刻的:从微观角度而言,大数据引领了一种新的生活方式,消费者的需求内容、结构和模式被深刻改变,而且大数据还为跨国公司创造了新的资源和优势,使得企业能够发现、创造和实现新的价值;从宏观角度而言,大数据作为一项新技术,为社会的发展提供了新的思路和条件,同时它也是一种思维方式,深刻影响了跨国公司对资源、关系、边界、价值等概念的重新思考。

以大数据资源和技术为核心,其对跨国公司传统经营方式的创新主要体现在3个方面,即公司层面的工具化应用、产业链层面的商品化应用及行业层面的跨界与融合。

1.公司层面

公司层面主要是利用大数据资源和技术进行工具化应用的商业创新,这种创新基本上属于约瑟夫·熊彼特创新理论的范畴,即生产要素的重新组合。具体来说,就是应用大数据中的新资源、新技术来推动新产品、新生产方式的诞生,实现市场和产业的创新。这项创新基于数据资源的新概念,不仅重新思考了大数据资源价值的获取和利用,还重新思考了受大数据影响的企业的外部资源、价值创造和经营能力[1]。同时,这种创新也包括对数据存储、数据挖掘和数据处理等大数据主要技术的新挖掘与新运用。随着信息技术的不断发展,云计算技术、交互行为技术等技术逐渐涌现。而商务智能作为其中的集大成者,它是一种融合了多种大数据智能化技术的数据处理工具,能够对数据进行收集、整理和分析,并且为跨国公司提供新型的数据分析技术和方法。它通过一系列的程序与算法,帮助公司制定决策,通过前沿的数据分析技术为公司制定合理的战略规划并细化实施步骤,实现最大化的风险规避[2]。商业智能是大数据时代下顺应历史潮流发展的关键技术,并且与金融、通信、电子商务等行业息息相关,然而目前尚未得到广泛的普及。在大数据日益成熟的大环境下,跨国公司亟须提高自身的商务智能化程度,建立商务智能企业信息平台。

2.产业链层面

一般来说,用户在平台上浏览信息时,会遗留大量的个人痕迹和数据。通过大数据技术的分析和处理,可以分类、排序和重新聚合这些个人数据。这些经过处理的数据具有很高的商业价值,可以打包并高价出售。当数据信息演变为数据产品时,就会推动形成以大数据产品为核心的产业链。从大数据产业链的视角看,跨国公司基于核心资源和能力选择其在价值链上的不同定位,能够以数据产品为中心横向衍生出数据租售模式,或者更高级的信息租售模式与知识租售模式;同时也能以大数据技术为中心纵向衍生出硬件租售模式、软件出售模式或数据服务模式。

3.行业层面

基于大数据的商业模式创新主要体现在新商业模式的出现(即脱离母行业,形成具有重大影响的独立新行业)和跨行业商业模式的形成。新商业模式的出现主要来源于交易成本降低导致的交易内容、结构和机制的重构,表现为由客户平台、数据平台或技术平台主导的平台商业模式的创新;而跨行业商业模式的形成主要源于行业外扩张,这种行业外扩张以核心资源和能力为基础,表现为数据驱动型跨界模式,具体可分为向大数据产业链扩张的上行跨界模式、向其他行业扩张的下行跨界模式和全方位扩张的跨界模式[3]。大数据不仅为跨国企业带来许多新的资源与技术,而且使其所处的行业边界呈现模糊化趋势,基于大数据思维的经营模式创新开拓了跨国公司追求高层次差异化的新境界。

---

[1] 李文莲,夏健明.基于"大数据"的商业模式创新[J].中国工业经济,2013(5):83–95.

[2] 刘志高.大数据环境下企业管理模式创新研究[J].宏观经济管理,2017(S1):128–129.

[3] 李文莲,夏健明.基于"大数据"的商业模式创新[J].中国工业经济,2013(5):83–95.

二、大数据对企业国际化战略决策的影响

跨国企业作为世界经济发展的引擎,也是国际贸易、国际金融等活动的主要承担者,其开展的国际活动加快了经济全球化和一体化的进程,同时也加深了各国(地区)之间的交流与合作。而与境内企业相比,跨国公司主要以国际市场为导向,面临的风险更高,所花费的时间和人力成本也更高。而应用大数据管理对跨国公司核心凝聚力的提升、投资机会的挖掘和各类风险的防范,以及降低生产运营成本、整合供应链网络都有着促进作用。因此,对于跨国公司而言,应用大数据管理能够为公司整体的发展创造诸多的机遇。跨国公司需要紧跟大数据时代发展的节奏,充分发挥大数据的作用,真正实现企业的可持续发展。

(一)提升核心凝聚力

1. 构建大数据信息化平台,优化公司内部环境

跨国公司建立公开的大数据信息化平台,利用大数据进行管理决策,通过大数据信息化平台及时公示各种决策与通知,有利于营造公开、透明的良好企业环境。通过设置决策评论区和指派专业人员管理此平台,处理并吸取公司基层反馈的意见,不仅能够避免独断专行的局面,构建有效的职权分离的治理结构,还能鼓励员工的创造力,提升员工的综合能力和水平,形成积极的企业氛围和企业文化,提升员工对企业的荣誉感、归属感,最终提升整个企业的运营效率,使公司价值最大化[①]。

2. 利用大数据技术化平台,改善公司内部控制活动

跨国公司通过信息化技术将不相容职位的信息发布在大数据平台,合理地进行人员分配,让每位员工都有权监督企业岗位人员的搭配,使得不相容职位互相分离。另外,利用大数据的信息技术优势,建立信息化审批和授权程序,简化授权流程,使信息传递公开、透明化,减少相应的人力成本。同时,在绩效考核方面,通过收集大数据,不断完善与改进企业的绩效考核制度,优化员工的绩效奖励评估机制及晋升机制,不仅能为员工提供深造的机会,也能提升员工的工作热情,进而提高公司的核心凝聚力。

3. 运用大数据智能化平台,完善公司内部监督流程

跨国公司利用大数据的海量信息,完善公司内部监管流程,区分日常监管和专项监管的重点,对于整体的监管流程能起到完善的作用,最终形成智能、客观的程序化体系。一旦出现漏洞或问题,应将该信息归到大数据中并加以处理和优化,可避免重复出现控制缺陷。同时,还可以在平台上设立自我评价机制,互相监督,共同进步,进而增强管理层的领导能力与员工的协调沟通能力,形成上下协调、整体互动的运动态势,大大增强公司内部的凝聚力。

4. 大数据共享提高各层级信息沟通的有效性

跨国公司通过建立信息化平台,分类、整理并归集当前已有的大数据信息,并判断新信

---

① 汪琳.浅析大数据背景下中小企业内部控制建设[J].财会学习,2019(22):235,237.

息的实用性和有效性,避免信息的重复获取。同时,将可公开的信息透明化,在大数据平台公开发布,能够大大减少传递消息流程的烦琐性,提升信息沟通的有效性和时效性。另外,跨国公司还可以通过大数据平台设立举报渠道,以此减少舞弊行为的发生,营造公平公正的竞争氛围,从而提高员工的向心力。

(二)实时监控

大数据时代,跨国公司积极运用大数据技术进行创新。例如,利用大数据管理平台实时监控各业务环节,不仅能够发掘潜在的投资机会,还可以有效进行风险的防范。

1.发掘投资机会

大数据技术可通过对庞大的数据信息的汇总、分析、推断,帮助跨国公司做出更好的决策,优化企业管理,实现战略目标。跨国公司运用大数据进行投资管理决策,能够最大限度地解决传统国际投资中信息不对称的问题,这将会深刻地影响跨国公司的投资决策、运作效率和竞争格局,进而为国际投资创造新契机。随着大数据的普及和运用,跨国公司不再仅仅依靠有限的市场信息、历史投资收益、主观经验等传统的方式,而是基于大数据精准敏锐的算法分析,建立起强大的投资决策系统,精准、快速地指导企业在全球的战略投资布局,并捕捉潜在的商机。通过大数据的采集和处理系统,跨国公司能够发现新兴市场领域的投资机会,比竞争对手更快一步进入目标市场,抢占先机,取得先发优势,从而以相对较低的成本获得高额的利润回报。依据大数据的深度算法,跨国公司还能根据投资目的地情况的变化快速做出反应,及时调整国际投资战略和投资地区,实现利益的最大化。此外,运用大数据管理还能优化投资环境,大数据算法能够反映在不同国家(地区)环境中投资的优势和劣势,帮助企业趋利避害,以此采取措施提高本国(地区)投资环境的相对竞争力,进一步提升发掘潜在投资机会的概率[1]。

跨国公司可以重点关注大数据行业的3个投资领域:首先是信息消费领域。随着国际市场信息消费的不断升级,信息消费的机会增多,跨国公司通过精准的大数据算法得到有效的信息,使之转化成信息产品和信息服务提供给消费者,能够取得巨大的经济效益。其次是关键技术领域。关键技术的创新对于经济的影响日益深刻,跨国公司只有把握住对关键技术的投资机会,发挥大数据的独特优势,才能把握住自己公司的命运,在复杂多变的国际经济市场中取得稳定的一席之位。最后是数字赋能领域。将数字技术和传统的产业融合的垂直化细分市场会给跨国公司带来很多新的机遇,依托大数据的精确性、庞大性、敏锐性为产业赋能,有利于提升企业的国际竞争力。

2.防控各类风险

国际市场信息错综复杂,且各国(地区)的营商环境不尽相同,跨国公司面临的风险巨大。而大数据不仅可以帮助企业在运营时开拓市场,也可以帮助企业提高风险控制能力。企业可以通过大数据分析对方的信用行为和历史交易,有效地防范风险,提升国际竞争力。大数据管理主要可以帮助跨国公司降低以下3类风险。

---

[1] 李洪涛,隆云滔.大数据驱动下的国际投资新契机[J].国际经济合作,2015(11):48-52.

一是运营风险。随着产品和服务的更新换代速度不断加快,企业更加需要重视产品和服务的创新,否则容易导致企业的产品或者服务无法满足市场消费主体的实际需要而遭遇运营风险,给企业带来损失。而通过运用科学的数据系统分析企业运营数据,跨国公司能够及时跟踪了解市场需求动态并迅速反馈,最大化满足市场运营的需求,减少运营风险。

二是决策风险。跨国公司依托大数据进行复杂的分析,有别于以往依据主观经验和有限信息的决策方式,通过自动化算法支持或者替代人工的决策,对公司全球业务发展进行全方位的判断,可以降低人工决策带来的风险和利益损失,避免出现重大决策失误,极大地促进了决策效率的提升。除此之外,大数据精准算法还能够挖掘出其他有效的信息来提高决策的正确性和可行性。

三是管理风险。随着数据流动的便利性增加,通过共享大数据资源,跨国公司总部与地区分公司间的联系会更加紧密,这将有效地减少各地区和各部门之间逐级汇报的程序和过程,提升跨国公司组织机构跨地区、跨部门和上下级的沟通效率,降低重复开发和协调沟通的成本,也能够更好地协调和管理地区、部门之间的合作和交流,减少管理失误造成的损失。

(三)降低生产运营成本

生产成本控制对提高跨国公司经济效益起着关键的作用,随着大数据时代的到来,在跨国公司财务数据和非财务数据的获取、分析和利用等方面,云会计平台发挥着巨大的作用。

成本的控制对提高跨国公司经济效益,增强其核心竞争力起着关键作用。大数据资源与技术的利用能够使得跨国公司更好地对生产与运营成本加以控制,其中对生产成本的控制主要表现在成本控制体系、关键成本控制点和成本运算周期3个方面;对运营成本的优化主要体现在客户关系、供应链、业务系统3个领域。

1.对生产成本的控制

大数据技术促使云会计快速发展,使得云会计能够高速地获取、整理、处理并分析跨国公司的财务数据与非财务数据。

首先,通过数据分析与数据挖掘技术可以完善跨国公司的成本控制体系。在大数据时代,依托物联网和互联网,企业生产经营的多个环节可以形成一个整体。价值链中采购、物流、库存、生产、销售等核心环节的财务和非财务数据被采集到企业云会计平台,存储在分布式文件系统(HDFS)和非关系型数据库(NoSQL)中,或以各种格式形成文件[1]。利用云会计平台上的数据分析和数据挖掘技术,分类、整理跨国公司有关成本控制的相关数据,能使公司成本预算、结算和反馈获得数据支撑,从而完善成本控制体系。

其次,通过资源整合和共享,强化成本控制重点。利用云会计平台,不同部门之间可以共享资源,获取更详细的信息,实现跨国公司信息流、资金流的集成管理。同时,通过云会计平台分析成本数据的变化趋势和比例结构,确定关键成本要素,控制好采购价格、运输成本、库存产品周转率等关键点,可以达到优化整个成本控制体系的目的,减少公司

---

① 程平,张卢.大数据时代基于云会计的生产制造企业成本控制[J].会计之友,2015(16):133-136.

成本。

最后,通过精确的数据输入缩短成本运算周期。依据公司经营的目标和历史成本,制订详细的成本计划,深入细化各部门、各环节、各流程的目标成本控制。

想要实现目标成本的科学性和便捷性,在输入作业成本指标数据时尽量提高速度和准确性,这样能够有效减少运算误差,提升成本运算效率。并且,对于生产制造各环节的成本信息要进行及时的统计、整理,使决策者和管理者能够随时查询和了解具体成本,以便细化成本控制,缩短成本计算周期,为成本控制提供全面的动态管理平台,更好地服务于公司的成本控制体系。

2.对运营成本的优化

运营成本的控制是跨国公司持续经营和优化管理的关键,利用大数据资源与技术可以从客户关系、供应链、业务系统3个方面来对跨国企业的运营成本进行优化。

(1)客户关系

世界各地的跨国公司都提出了各种售后策略来衡量并改进客户满意度水平。他们首先进行调查,寻求线上和线下客户的反馈,然后评估反馈,最后投入大量资金改善客户的满意度。利用大数据整合工具可以简化这一流程,进而降低总体成本。同时,利用大数据技术还能开发出一个复杂的工具来跟踪客户的购买过程,这有助于跨国公司正确地开展"点对点"的营销活动,降低营销活动失败的可能性,并减少营销成本。此外,公司在努力提高业务量或销售量的同时,往往会忽视客户带来的相关损失。例如,跨境电商企业的客户通常会订购商品并选择货到付款的方式,但发货后却取消了订单。在进行协商沟通时,这些客户常常表示并未收到他们购买的产品,其中真假难以断定,然而,不论真假,其为公司带来的销售损失都是显而易见的。利用大数据便可以跟踪这些物流信息,为其判断真假提供依据。同时在售前分析客户的购买和订购习惯,可以帮助公司预测销售完成的可能性。这样不仅有利于削减公司的销售损失,也能进一步维护良好的客户关系。

(2)供应链

大数据技术能够有效地优化供应链管理,合理设置库存,优化存货周转率,为客户提供更好的送货服务。亚马逊便是整合了大数据技术来优化其供应链,能够为客户提供前所未有的服务体验。同时,大数据还能优化仓库和配送中心的配送流程。通过整合和分析物流数据,可以实现产品的定点定时配送,削减物流成本。此外,通过大数据分析客户产品反馈与喜好特征,可以实现定制化产品的集中配送,进一步降低物流成本。

(3)业务系统

通过大数据技术增强与客户的互动方式,可以实现业务系统的创新。近年来,企业已经集成了自动化系统以提高其业务效率。然而,随着信息收集技术的进一步发展,客户和供应链数据呈现爆发式增长,收集的信息量达到了前所未有的水平,远远超过了传统企业资源规划系统的能力。因此,大数据+ERP的新型系统已经出现。例如,SAP HANA已成为内存数据处理系统的行业标杆,它允许使用各种大数据工具分析大量数据,并生成推论以自动优化其系统。这在很大程度上降低了企业的运营成本,而且以数据分析为核心的商业智能也增强了运营的稳定性,提升了效率。

三、大数据对企业国际化战略决策的优化

(一)大数据推进本土化战略决策

1.本土化战略的含义和具体形式

本土化战略,是指跨国公司在设立境外子公司时,境外子公司应该尽量遵循东道国的历史、人文、政治环境,降低企业经营管理过程中的母国基因,在人员配备、经营管理、产品的设定、销售模式的选择方面都尽量遵循当地风俗,使企业能够与当地融合,更好地进行生产经营和管理。本土化战略包括人才本土化、产品本土化、营销本土化、品牌本土化、管理本土化和企业文化本土化等,是跨国公司在全球化战略的背景下,针对东道国市场的实际情况而相应做出的调整和再造①。表13-1为本土化战略具体形式的含义说明。

表13-1　本土化战略的形式及其含义

形式	含义
人才本土化	人才本土化是指跨国公司充分利用东道国的人才资源,招聘东道国优秀的当地人员加入公司,让东道国员工来管理和发展当地公司,使当地员工成为公司的主体,逐步实现公司全面的人才本土化。人才作为一个企业的核心资产,其发展离不开优秀的人才,因此在东道国实施人才本土化战略,有利于跨国公司更快熟悉东道国环境
产品本土化	产品本土化是指跨国公司根据东道国的市场需求或消费者偏好等要求,改变原有产品的颜色、包装、口味等,或者直接开发出新产品满足当地需求。采用产品本土化战略,跨国公司能够让企业的产品更适应东道国市场的需求,使产品在东道国市场具备更强的竞争力,促进企业在激烈的跨国经营中取得成功
营销本土化	营销本土化是指跨国公司通过增加公司产品和服务的多样性,以及在营销活动中融入当地的文化习俗等来吸引当地消费者和客户购买公司的产品,接受公司的服务,最终对企业的营销利润额产生正面的影响。当跨国公司试图进入东道国市场并挤占当地的市场份额时,往往会采用营销本土化策略
品牌本土化	品牌本土化是指在东道国市场经营时,跨国公司选择并不直接使用当前的品牌名称,而是通过赋予品牌本土化的含义,来达到企业影响力和知名度提升并获取消费者信赖和认同的目的。如可口可乐、宝洁、奔驰等这些国际品牌,品牌的中文名已经被中国消费者熟知,这正是跨国公司品牌本土化的一个表现

2.大数据优化本土化战略决策

大数据在推动跨国公司本土化战略方面具有诸多优势。随着数据的融合、交换、互通、整合、分布、筛选变得更加频繁,跨国公司可以充分利用大数据提高本土化战略的战略效率。跨国公司在利用大数据推进实施本土化战略决策时,可以从人才本土化、产品本土化、营销本土化和品牌本土化四方面入手。

(1)人才本土化

人力资源是跨国公司增强核心竞争力的重要因素,跨国公司实施人才本土化战略能够

---

① 黄靖欣.浅析跨国企业的本土化战略及其实施[J].中国经贸导刊,2015(26):57-58.

使其快速建立本土形象,利用大数据精准而强大的分析能力,对当地人才资源进行搜寻、分析,匹配出跨国公司战略实施所需的人才,最大化地利用其当地的人才优势。通过大数据对人才本土化的辅助,加强跨国公司人才储备和能力优势,尽快熟悉当地政治、文化等各种情况,推进企业战略决策实施,并让消费者能够更好地接受企业提供的产品与服务,加强与当地政府部门等的合作程度,使跨国公司更好地融入当地。

（2）产品本土化

跨国公司可以利用大数据分析的结果,快速、准确地把握消费者的个性化需求,比如电商平台可以通过大数据分析当地消费者的搜索记录和购买行为,推进产品开发的本土化,满足当地消费者的需求,增强消费者的黏性和购买力。全球500强跨国公司中的大部分公司都针对东道国特色实施了产品开发的本土化战略。这些跨国公司境外子公司不仅根据东道国社会人文环境研发创新适应型产品,同时持续跟踪当地社会人文环境变化,应用前瞻性的眼光全方位追踪东道国消费者需求,不断开发创新产品。例如,美国IBM公司在中国北京设立的中国研究中心,持股比例100%,但该研发中心专门针对中国消费市场数据进行需求分析,致力于为中国消费者提供适应性更高的计算机产品和计算机技术。

（3）营销本土化

跨国公司可以利用大数据信息技术优化相关销售渠道,获取不同客户群体的喜好,确定目标客户的群体画像,把握消费者购买需求,实行精准营销、靶向营销,从而更好地制定不同的营销策略,推进企业本地化战略的落地。依靠大数据技术的储存和处理海量数据的功能,企业可以先对海量数据进行优化筛选,然后再对有效数据进行分析,以此得出的分析结果具有更强大的数据基础,可以帮助企业及时发现目标资源及关键产品,满足不断新增的市场需求,扩大销售范围和市场份额占比,增强竞争力,在全球市场占据自己的一席之地。

（4）品牌本土化

品牌本土化相对产品本土化更加无形,当同样的商品在同一个区域存在不同品牌时,人们在选择商品时会更加注重品牌,因此对于跨国公司而言,通过大数据深入分析挖掘品牌本土化路径至关重要。对跨国公司而言,在众多国际化营销的要素中,品牌往往最需要本土化。大数据促进品牌本土化的优势体现在能够通过数据对比不同品牌之间的优劣,强化突出跨国公司品牌的优势,打响品牌在当地的影响力。

当然,利用大数据技术做好本土化战略决策的优化,跨国公司还需要与当地政府及企业保持紧密联系,获取能够帮助本土化战略落地的有效信息,构建合理的数据分析系统,完善数据分析平台建设,以提高本土化效益为终极目标,推动跨国公司本土化战略发展。这对跨国公司国际化战略决策的优化起到重要的作用。

不过,应当注意的是,若跨国公司运行大数据推进本土化战略时所带来的成本过高,而实际带来的本土化效益未有显著提高时,就需要认真考虑如何才能发挥出大数据的最大优势。

（二）大数据推进跨国并购战略决策

1.跨国并购战略的含义

跨国并购包括跨国兼并和跨国收购。跨国兼并是指两个不同国家（地区）企业或更多的独立企业,合并为一家企业中或新设一家企业,原有企业的权利与义务由合并后的公司承担;跨国兼并分为跨国合并和跨国吸收兼并两种。跨国收购是指东道国当地企业资产和经营的控制权从当地企业转移到境外企业;跨国收购包括少数股权收购(10%～49%)、多数股权收购(50%～99%)、全资收购(100%)[①]3种。在跨国收购的主体选择上,收购企业可以以自身主体名义直接收购被收购标的,也可以在离岸法域设立离岸公司(特殊目的实体)以规避和隔离投资风险,再通过特殊目的实体对被并购标的实施收购。

跨国并购战略,是跨国公司进行重组兼并和合并收购的总称,指一国(地区)企业为了达到实现跨国经营目标,通过支付资金或者资产,将另一国(地区)企业的所有资产及负债购买下来实现股份控制,从而影响被并购标的企业生产经营的控制行为。跨国并购是跨国公司常用的一种资本输出和经营拓展方式。在跨国并购中,包含两个或两个以上国家(地区)的企业,发出收购意向的一方被称为并购发出企业或者并购企业,而另一国(地区)被收购的企业则是本次收购过程中的目标企业。

2.大数据优化跨境并购战略决策

当今世界处于经济全球化的时代,对于跨国公司而言,有更多的机遇但也面临着更多的挑战。一方面,发达国家(地区)是经济全球化进程中的主要受益者;另一方面,部分产业也因经济全球化而转移出去,而这种转移基础的手段就是通过跨国公司的产业并购和投资实现的。从20世纪90年代开始,西方一些大型的跨国公司开始将制造业不断地转移到中国、印度等国家,以投资方式新建子公司,或者通过并购,注入管理团队的方式,使得产业链得以转移。

对跨国公司而言,随着各经济体竞争不断加剧,原来的市场格局很容易因为新进入者而被打破,必须不断改进全球经营竞争策略。跨国并购相比新设立企业可以节省时间资源,同时可以规避各个国家(地区)之间的贸易壁垒,以最高效的方式实现资源的转移,在全球化进程加速的背景下,跨国并购能够帮助跨国公司迅速占领新兴市场。大数据的云服务技术可以帮助跨国公司实现科技的转型,帮助企业高效筛选并购标的,快速跟进市场变化,促进跨国并购战略转型。大数据作为一种精准的技术方法,正逐渐被应用于跨国并购战略的进程中。在跨国并购的3个阶段中(见图13-10),大数据对其战略决策起到特有的作用。

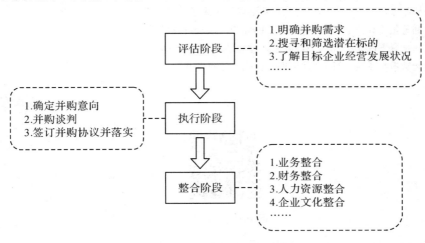

图13-10　跨国并购流程示意

---

① 韩玉军.国际商务[M].2版.北京:中国人民大学出版社,2017.

（1）评估阶段

传统的评估调查阶段，企业的工作人员需要进行大量的数据采集工作，会耗费大量的人力物力，而且还可能出现遗漏和错误；还可能会遇到诸如企业数量大，跨部门沟通难，时效性、保密性要求高等问题，造成并购效率的低下。而大数据能够基于各类信息做出复杂而综合的决策分析，帮助投资并购参与人员避免仅通过主观判断而导致的一系列后果。利用大数据技术可以精准分析并筛选符合跨国公司要求的并购标的，更好地融入当地环境。

大数据通过分析跨国公司目标行业的发展前景，搜索并寻找符合并购要求的目标企业，进一步分析被并购目标企业的盈利情况、企业发展状况等财务指标，以及企业文化、社会影响力等非财务指标，并采用大数据分析技术对信息进行整合，最终确定被并购企业。

（2）执行阶段

在并购执行阶段，并购的失败在很大程度上是由于信息不对称，因此，需要依靠大数据的分析结果来解决这个问题。大数据技术可以获取各个并购时间节点上企业的信息，还能引入非结构化的数据对信息进行处理和分析，提供详细、精准的分析结果。另外，在执行阶段，利用大数据分析精准、合理地协调和安排企业人员的执行工作，减少相应的疏漏和错误，减少人为因素造成的失误，可以有效推进并购项目的落地和执行。

（3）整合阶段

跨境并购的整合阶段是并购能否成功的关键。当跨国公司进入一个新的国家（地区）时，意味着企业要面对不熟悉的地理环境、人文环境和政治环境，如果不能很好地协调政府关系、适应当地的人文环境，很难做好并购整合工作。利用大数据强大的搜索和分析功能会使企业的信息流变得更清晰，能够实时获取生产经营的内外部信息，依据内外部环境的变化做出相应的反应，促进并购整合成功率的提升。另外，利用这种信息化的手段能够克服传统机构整合的弊端，且跨国公司还可以通过大数据分析，研究在金融、经济、企业管理、政府管理等方面的应用经验，最终促成跨国公司的并购。

思考题

1. 大数据与云计算对于跨国公司经营活动管理带来了什么改变？
2. 大数据背景下跨国公司预算是如何开展的？步骤是什么？
3. 大数据背景下跨国公司内部控制系统建立的框架是什么？
4. 应用大数据技术后，跨国公司内部审计的进步有哪些？

▤ 第十三章小结

第十四章

大数据与国际商务人才管理

腾讯共享交付中心:从信息化到大数据人力资源管理

1. 人力资源大数据基础设施的搭建

腾讯人力资源管理的数据包括结果数据、过程数据、行为数据和心理数据。结果数据是e-HR(electronic human resoure,电子人力资源)系统产生的招聘、培训、绩效、薪酬和员工关系等职能模块的统计数据。过程数据是各个信息系统的用户操作日志及操作轨迹。行为数据是关于员工行为和行为发生时环境的观察报告。心理数据是指员工的情绪、心情、性格倾向、行为动机等分析观察和测评类数据。每个员工每分每秒都在产生行为数据,数据量大,是真正意义上的大数据。大数据的处理需要一个良好的平台,为此腾讯开启了人力资源大数据基础设施的建设,共享交付中心(shared deliver center,SDC)在整个建设过程中发挥着不可忽视的作用。

e-HR系统一般分为3层,自下而上分别是源数据层、建模层、应用层,而腾讯的人力资源大数据架构多了一个派生数据层。一是源数据层。这一层关心的问题是数据汇集和数据质量。腾讯人力资源管理的源数据基本来自HR职能模块(招聘、培训、绩效、薪酬等)产生的结果数据。目前,腾讯SDC与源数据层的关联最多。首先是数据信息维护类服务。数据信息一方面由SDC的工作人员在系统操作中产生,包括员工转正、数据提取、荣誉数据维护、权限维护、校招生信息更改、简历入库等。另一方面,员工通过企业微信中的"HR助手"自助办理事务也会产生源数据。其次是权限配置和系统运维。包括人力资源系统的权限维护、清理和监控,SDC自建系统的运维。最后是数据安全和质量,包括数据安全审计、数据质量规范梳理,以及需求响应、监控运营等。二是派生数据层。原则上说,直接用到源数据的机会很少,一般都会大量使用派生数据。派生数据层关心的是分析的效率和标准化,建立全面、统一、易于调取的派生数据,如员工的司龄等于当前日期减去入职日期。以离职率为例,离职率可以有不同的算法,比如,算法1:离职率=期间内离职人数[(期初人数+期末人数)÷2]×100%;算法2:离职率=期间内离职人数/预算员工人数×100%。如果每个使用离职率的人都要利用原始数据计算,不仅浪费时间,而且不同人采取的方式不同,结果也不同。好的派生数据层存储的数据远大于源数据层。三是建模层。这一层关心的问题是,如果要进行问题分析,那么分析应包括哪些模块。数据建模是问题分析的思路或逻辑大纲。四是应用层。这一层关心的是数据对业务的支撑。腾讯人力资源管理从客户的角度为人力资源体系内部客户提供决策支持、运营监控和专业研究;从用户的角度为管理者提供管理辅助,为员工提供个人自助数据服务。例如,SDC的HR在后台进行数据提取、报告制作和数据分析。管理者能在PC、移动端上直观、清晰、实时了解团队的人事信息。专家中心(centre of excellence,COE)的活力实验室主攻应用层,有很多预研性的大数据分析,为管理者提供决策参考。

2. 大数据人才的演进

腾讯SDC根据业务需求,自下而上建立了信息建设中心、系统开发中心等,形成了部门内的产品闭环。腾讯SDC的人力资源大数据团队的人才讲究跨界,他们拥有人力资源、管理咨询、人力资源信息化、数据库、系统开发等领域的一项或多项技能、知识或经验。人力资源管理者从数据和事实分析中获取价值,为企业提供前瞻性的业务洞察,降低企业用工成本,通过人才地图发掘人才战略信息等。这些实践有助于企业绩效提升,使企业获得持续竞争优势。腾讯紧扣战略进行了一系列大数据人力资源实践。

3. 大数据人力资源实践的探索

对离职现象进行预警的"红线"项目。"红线"项目是由COE的活力实验室牵头、多部门联合推进的大数据分析项目。项目基于员工的行为数据总结规律,如员工离职前会有何异常表现等。当其他员工有这些表现时,系统向管理者预警,管理者采取适当的保留方案或继任者方案。

降低运营量的"先知"项目。腾讯于2013年建立了HR8008员工服务热线,为员工提供快速找到HR、获取专业人力资源知识的一站式服务。HR8008热线日常有大量运营工作,"先知"项目的目的是通过对运营大数据进行分析降低运营量。

助力员工招聘与保留的员工稳定性分析项目。为提升招聘环节的效率和效果,人力资源管理者将腾讯历史上所有的员工按照稳定程度分成多个样本,通过对大数据的挖掘找到与稳定性相关的典型特征,建立起能够识别候选人稳定性的数学模型。招聘系统进一步应用数据分析结果,自动根据应聘者的简历对候选者的稳定性做出评估,向负责招聘的人力资源管理者及业务负责人提供决策建议。这个分析同时也为后续招聘及保留环节提供参考。

【资料来源:马海刚,彭剑锋,西楠.HR+三支柱:人力资源管理转型升级与实践创新[M].北京:中国人民大学出版社,2017.】

【学习目标】

1. 了解大数据对传统国际商务人才特征重塑的作用、对人才能力的要求及对管理方式变革的影响,掌握大数据国际商务人才需要具备的能力
2. 了解大数据国际商务人才面临的困境
3. 了解大数据国际商务人才的管理内容,主要包括人才开发、培养、激励和绩效考核4个方面

第一节　大数据对传统国际商务人才需求的影响

在大数据时代,信息技术飞速发展,数字经济随之崛起,我国对外贸易迎来了重大的发展机遇。我国国际商务企业对人才的要求也随之提高,从过去的专业型人才向现在的复合型人才转变,并对国际商务企业传统人才管理方式造成了一定程度的冲击。

一、大数据对国际商务人才特征的重塑

随着大数据与行业愈发紧密的融合,传统国际商务人才在数字化时代不再具有竞争力。大数据时代的国际商务人才除了应具备宽阔的国际化视野和全球战略意识、扎实的理论功底及团队精神、创造性地开展国际商务活动的素质素养外,还应具备大数据战略头脑,拥有大数据思维,做到数字化执行,实现数字化创新,以数字视角洞察国际市场变化。

(一)具备大数据战略头脑

大数据战略头脑具体表现为全局意识、前瞻洞察和统筹规划。大数据国际商务人才拥有国际视野,具有长远的战略格局,能动态关注市场和行业变化,发现机遇与挑战,从而在复杂的环境中识别事物本质,提前做出正确的决策。通过大数据分析,利用现有数据对未来做出合理预期,对各类经济风险做到"预测、预警和预防",未雨绸缪。在不断变化的国际环境中,通过提前进行风险数据分析,从财务和业务数据出发,凭借人工智能的精准监测,从行为源头上预防风险,减少国际商务活动中的不确定性因素。

(二)拥有大数据思维

大数据思维是一种将万事万物数量化的思维模式,是通过数据映射出事物发展规律的一种思维,是非连续的生态思维,是开放式跨界融合思维。大数据国际商务人才在日新月异的环境中,面对不确定性与模糊性,仍应保持清晰的头脑,思考现象中的概念和框架,并以数字化思维实现创造性发现,同时能够凭借敏锐的洞察力发现行业、公司中的数据变化,深入分析变化背后蕴藏的原因和逻辑,并采取某些针对性措施加以有效应对。

(三)做到数字化执行

数字化执行可以表现为结果导向、在线协作与灵活应对。对于大数据国际商务人才来说,结果往往是衡量行为的关键标准,而并不过多地关注过程。在日常的国际商务活动中,他们借助科技手段解决问题,调配资源,比如通过网络媒介以远程交流、协作等方式与客户进行磋商、签订电子合同等。在面对紧急情况与突发问题时,他们思维迅速、反应敏捷,能够灵活应对。

(四)实现数字化创新

国际商务中的数字化创新是从无到有的一项创造性工作,强调深度的用户研究,精准把握用户需求,做到产品快速迭代。这一特点在大数据国际商务人才身上主要表现为开放包容、突破创新、持续学习3个方面。大数据国际商务人才应吸收不同国家(地区)的文化知识,积极接纳和学习新知识新理念,不因循守旧,不墨守成规,对数据动态有新思路新想法,并且有持续自我提升的动力和行为,怀着一颗上进之心不断吸收更多信息,利用大数据工具更好地挖掘数据的价值,发挥大数据的作用。

二、大数据对国际商务人才能力要求的提高

传统教育培养的是专门人才,如会计学、财务管理、市场营销等,各专业与数字化技术之

间几乎没有融合,难以满足大数据时代企业的用人需求[1]。因此,打破传统的教育理念,与时俱进,培养具有数字化思维的复合型人才是大势所趋。随着大数据向国际商务活动的渗透,大数据国际商务人才不仅要具备市场营销和商业模式等专业知识,还要具备相关的数据处理能力。

(一)技术能力

随着互联网平台成为国际商务活动发生的重要场所,国际商务中的大数据人才需要掌握足够的数字技术,能够进行平台系统的搭建、管理和运维。市场上大数据国际商务技术类人才中比较稀缺的是系统研发类人才、应用开发类人才和数据分析类人才,下面将通过分析这3类人才的职责从而进一步挖掘在平台经济中大数据国际商务人才所需具备的能力。

1. 系统研发类人才

系统研发类人才负责开发大数据系统,包括大型非结构化数据模型、创建数据库、优化数据库结构等,并负责数据集群的日常运行和系统监控。任何拥有平台体系的企业都需要这类人才。大数据往往需要在某些全新平台上进行开发,由于传统架构与分布式计算架构完全不一样,研发工程师要熟悉不同的、新的开源软件,熟悉各类行业的场景,这就给IT从业人员提出了全新的挑战。

2. 应用开发类人才

应用开发类人才负责搭建大型数据应用程序平台并开发应用程序。因此,他们需要了解工具、算法、程序的设计和优化,开发大型数据库应用程序,寻找具体问题的解决方案。目前,数据仓库技术作为商业智能的重要组成部分,掌握其应用技术的人才非常紧缺。该类人才能够将不同数据源的数据转换后导入数据仓库以满足业务需求,将分布式数据源(如关系数据、平面数据等)置于临时中间层进行清洗、转换、集成,最后上传到数据仓库,为数据的在线分析和深入挖掘打下基础,为国际商业决策提供重要支撑[2]。

3. 数据分析类人才

数据分析技术是目前大数据国际商务人才需要重点掌握的技术,对平台中各类信息进行有效的分析处理是国际商务企业进行个性化推荐从而精准营销的关键。大数据分析能够对日常营销工作中存在的各种电商物流问题进行精准解决,充分利用大数据电子商务的优势和特点,对电商物流中的定价、规划、园区、枢纽选址等问题进行解决,最终为实现既定的目标而努力[3]。国际商务企业能否抓住数字经济时代的红利,提高核心竞争力,取决于其能否利用好数据这一关键生产要素。数据分析技术目前有两种主要方式,分别是统计学分析方式和机器学习分析方式,这两种分析方式都极其考验数学功底。统计学分析方式要求人才能够使用概率分布、假设检验、贝叶斯理论等,通过回归、聚类、决策树等一般预测模型在历史数据的基础上预测未来。而机器学习的分析方式则需要技术人员具备算法设计、实现

① 江涛涛,王文华.企业数字化转型背景下商科创新创业人才的培养[J].教育与职业,2021(3):98-102.
② 陈新河.赢在大数据:中国大数据发展蓝皮书[M].北京:电子工业出版社,2017.
③ 王丹.大数据背景下电子商务专业精准营销人才的培养模式探索[J].商展经济,2021(17):85-87.

与验证的技能。为了提高工作效率,大数据国际商务人才要熟练使用一种或多种分析工具,如较为基础的Excel和数据统计分析系统(statistical analysis system,SAS)工具,以及未来将得到广泛应用的以Hadoop为代表的数据管理工具。

(二)创新能力

如今,市场环境越来越复杂,不确定性、动态性、模糊性是新商业环境的典型特征,此时基于数据解读的市场决策已经完全取代以往的直觉式决策。这一改变就需要大数据人才具有较强的学习创新能力,改造传统产业或重塑企业业务流程,变革企业商业模式。

创新能力是新时代大数据技术与传统商业的深度融合,也是不同行业跨界融合的动力。优秀的国际商务业务人才需要具备创新意识和创新能力,这也是新业务人才的基本素质。创新引领发展,应用创造价值。大数据国际商务人才所面对的绝非一成不变的统计公式,他们在处理业务过程中会遇到各种不同的问题,甚至还有一些问题无法预见,而解决这些问题的数据往往纷繁冗杂,这时就需要人才善于思考、具有创新精神和创造能力,具体问题具体分析并加以解决[①]。清晰的系统思维逻辑、良好的沟通协调能力及学习能力是人才具备创新精神的必要条件。语音服务、谷歌即时通信、谷歌新闻和谷歌地图都是谷歌员工在对自己的工作内容感兴趣、对工作时间和工作团队有充分的控制权的前提下研发出来的。大数据可以有很多崭新的应用,想象力有多大,未来的大数据就有多大的应用范围。

大数据引发深度学习,深度学习引发人工智能,人工智能又革新机器人科学……可以说大数据真正地开启了智慧时代,未来的5年、10年,难以想象大数据会在多大程度上改变我们的社会和经济生活。通过管理创新驱动激发国际商务企业内部资源配置效率不断提升,通过技术创新促进企业产品和服务品质不断提升,通过组织创新激发企业组织活力和灵活性,以支撑企业的整体转型升级。国际商务企业的创新驱动需要人才的学习和创新,人才的学习和创新能力是国际商务企业创新发展的重要保证。

(三)管理能力

从国际商务企业管理层面来看,企业需要数字化的管理者。埃森哲董事长兼首席执行官(chief executive officer,CEO)皮埃尔·南佩德曾在一次采访中被问道:"高管如何作为才能引领企业的数字化转型?"他回答:"数字技术正在催生一系列新的商业模式。关键不是让CEO和其他高层领导人成为技术专家,而是要让他们有一定数字修养以开拓出新的商业模式。"

首席信息官(chief information officer,CIO)是企业中信息中心的负责人,需兼具技术和业务能力。其主要职责是利用信息技术重建公司的决策和执行系统,从企业数据中提取关键信息资源,并制定企业信息战略,将企业的技术实施战略和业务战略密切结合起来。首席信息官是一个相对较新的职位,仅在一些大公司设立。

目前,阿里巴巴、星巴克等企业已宣布成立首席数据官(chief data officer,CDO),以推动公司的整体大数据战略。强调数据分析的企业可以提高决策的合理性,保证运营的稳定性,而忽视数据分析的企业将面临更大的市场波动。因此,CDO职位的设立是企业使用数据的

---

① 陈宪宇.大数据时代企业相关职位设置与人才培养[J].经营与管理,2014(9):43-47.

制度保障。CDO必须兼备业务、运营、统计学、经济学知识，以及数据处理、分析和利用的才能，熟悉BI、大规模数据集成系统、数据存储交换机制，以及Database数据库、XML可扩展标记语言、EDI电子数据交换等。CDO只有充分了解企业的业务状况和行业背景、企业整体的数据结构和数据源状况，才能提供适当的市场营销和产品改进建议。

首席技术官（chief technology officer，CTO）是技术资源的行政管理者。主要负责建立技术概念和策略、提供一般技术指导、监控技术开发活动、指导和验证技术模型及具体技术问题，实施各种技术项目。但是数字化时代CTO们要打破固有印象，在关注技术、基础设施建设和IT运营维护的同时还要具有基于大数据分析的洞察力，领导团队中的各个部门协同合作，联合为数字化转型设立保障机制。

在大数据时代，首席财务官（chief finance officer，CFO）需要对企业数据进行采集与整合，基于整合后的数据建模、分析及应用，CFO才能有深入的理解和指导能力，推动企业业务的发展需要。CFO需要不断提升自身的信息系统构建能力，建立财务共享中心，实现共享化、服务化、精准化、智能化、可视化。CFO既要从战略高度推动组织变革与创新，又要从执行层面建立科学的财务管理机制。波音公司过度产业链外包的教训警醒我们，在新一代信息技术革命背景下，企业所面临的市场环境的不确定性增加，CFO从战略上应该把握好产业链外包程度、控制好成本与创新投入的比例，平衡好长期利益与短期利益。①

三、大数据对国际商务企业人才管理的冲击

（一）人才管理系统的转变

人才管理系统在大数据时代受到了冲击，具体体现在以下3个方面：一是传统的碎片化人才管理模式效率低下，阻碍了国际商务企业数字化转型的进程。一方面，国际商务企业员工管理的主要内容包括入离职、职业培训、岗位调换和晋升等。这些内容本身可以作为单独的模块。然而，由于工作上存在交叉重叠的部分，企业的大部分资源都受到繁重的人事管理的束缚，这分散了公司其他活动所需的资源。另一方面，大多数人才管理者未能具备数字技能，导致工作中一些问题和环节的处理效率低下。基于此，应用大数据创新国际商务企业人才管理系统，将组织中每一个岗位单元链接成一个有序高效的整体是十分有必要的。二是从以岗位为中心的人才管理模式转变为以能力为中心的能力与岗位相结合的人才管理模式。在传统的国际商务企业中，一个特定的职位是为了执行某项任务而设立的，每个人都必须承担一个特定的职位，从而建立起基于岗位的人才管理模式。然而，在大数据时代，这种管理模式无法应用于大数据人才的自我提升。例如，数据分析师不仅要有强大的数据处理能力和科学的数据统计分析方法，还要有行业视角和对未来业务趋势的洞察。在大数据时代，国际商业人才管理强调个人能力的激励和提升，并在职位和能力之间建立真正的一致性。三是国际商务企业人才管理的组织结构由金字塔型向扁平型转变。过去，多层级人力资源管理模式增加了沟通成本，加剧了信息传递失真。通过构建大数据信息平台，传统人才管理的"金字塔"被优化的"平台"组织结构所取代，人力资源部的领导层和员工层能够实现有效的工作传递与沟通。

---

① 王兴山.数字时代的CFO：新角色与新责任[J].中国管理会计，2019（3）：50-61.

（三）人力资源管理手段的变化

大数据促使人才管理手段不断创新,日益丰富,成为推动人才高效管理的重要力量,具体表现在以下两个方面:一是大数据在人力资源管理中的渗透作用,提高了人力资源管理效率。过去,国际商务企业的人事管理部门基于心理学原理,将员工的绩效下降、缺勤和疏远作为离职的征兆。然而,这种预测方法存在主观性、滞后性等缺点。若使用大数据技术,结合员工的个性、价值取向、职业发展规律等要素便能预测员工的离职意愿,提高了人力资源管理的预测性和准确性。二是大数据正在不断改进和创新现有的人力资源管理方法。大数据技术可以发现隐藏在大型人力资源数据库中的相关信息,帮助决策者发现数据之间的潜在联系,并在实践中充分利用这种规律。如虚拟人力资源管理系统利用现代信息技术,将企业内部人力资源管理的部分功能分离,并以职业外包的形式传递给企业及其他组织和个人,这使得企业人力资源管理更加灵活高效。

第二节　大数据国际商务人才的现状

一、大数据人才发展情况

（一）全球大数据人才的总体趋势和竞争格局

从人才供给来看,在数量上,大数据人才供需不平衡,发达国家数字科技人才储备优势明显。相关数据显示,到2025年,全球数字人才缺口预计高达5300万。据《2023年全球数字科技发展研究报告》显示,全球数字科技人才数量排名前10的国家依次为中国、美国、日本、英国、德国、加拿大、法国、意大利、印度和澳大利亚。在质量上,美国高层次以上人才数量排名第一,占全球总量的25%;中国名列第二,占全球9%;英国排名第三,占全球4%。由此可见,虽然中国数字科技领域人才总量是美国的1.5倍,但美国高层次以上人才数量是中国的2.9倍。

从人才流动来看,数字科技人才主要从发展中国家(地区)流向发达国家(地区)。由于发达国家(地区)在人才招聘、企业发展、教育招生、科研合作、产业创新、技术转化等方面国际化特点更为显著,因此全球人才更容易向发达国家(地区)集聚。此外,科技人才的流向日益呈现多元化的趋势,不同领域的人才不再局限于单方向或在两个国家(地区)之间流动,双向化、多元化和虚拟化的趋势日益明显,不同国家(地区)在全球人才流动中扮演着不同的角色。

从人才政策来看,自信息化以来,发达经济体从未停止过对世界各地大数据人才的招募。政府、高校、研究机构、企业、行业机构等均将数字经济各个细分领域的人才视为优先支持和资助的对象,在移民、岗位聘用、教学研究、对外交流、项目支持、创新平台搭建、研究设施设备、个人福利保障、团队建设等各个方面,都有较为全面的支持政策,对高精尖领军人才、中高端创新人才、普惠性的产业工人、培育性的学生群体乃至需要提高数字技能的大众群体,都制定了较为全面的支持政策,以求在数字时代中抢占制高点。

(二)我国大数据人才的供求与分布

近年来,我国大数据人才育、引、留、用等方面制度不断完善,大数据人才建设在取得长足发展的同时,还存在一些问题和不足。一是大数据人才总量缺口较大。随着物联网、大数据技术的发展与应用,国内企业对高层次、稀缺的大数据人才产生了旺盛的需求,如百度、腾讯、阿里巴巴等,都急需大量的大数据技术人才[①]。虽然,从2016年起,本科院校陆续批准建立"数据科学与大数据技术""大数据管理与应用""数据计算及应用"等相关大数据专业,累计建设院校800多所,但是由于高校开展大数据人才培养的时间较短,劳动力市场中掌握大数据处理和应用开发技术的人才仍供不应求。同时,从各校公布的人才培养方案来看,课程设置差异性较小,课程设置侧重点与具体岗位需求有明显差距。《2020全球大数据发展分析报告》指出,中国在"互联网+"和"大数据+"的融合创新方面积累了丰富的数据资源,但人才缺口依然存在。《产业数字人才研究与发展报告(2023)》估算,当前数字化综合人才总体缺口约在2500万~3000万左右,且缺口仍在持续放大。二是高层次数字人才占比较低。《中国劳动力市场技能缺口研究》数据显示,目前普通技能人才占总就业人数的19%,而高技能人才仅占总就业人数的5%。基于AMiner科技情报平台数据,截至2021年,我国数字科研领域高层次人才仅有7000多人,占全球的9%,仅为美国的35%。目前,全球顶尖数字人才团队基本分布在美国顶尖高校、科技巨头下设的科研机构中。三是大数据人才行业和区域分布不均。大数据人才集中在数字项目研发和运营等环节,而在项目策划、市场开拓两端分布较少。大数据人才分布呈现"南强北弱"的特点,并逐渐向一线城市聚集。大数据人才主要集中于一线城市,如北京、上海、深圳、杭州、广州。这五大城市是信息技术发展的领头羊,云集于此的老牌互联网企业和新兴独角兽企业,如百度、字节跳动、美团、小米、腾讯、阿里巴巴、希音等,带动了数字经济与大数据产业的发展,为大数据人才的培育提供了良好的环境;同时,这些城市的人才政策和企业优渥的薪资条件吸引了全国大数据相关专业的毕业生汇集于此。特别地,不同城市在技能上表现出差异化的优势。城市的数字技能优势与其行业优势紧密相关,基于现有优势行业的技术基础进行高新技术的突破更加容易。《全球数字发展年度报告(2022)》指出,与2020年数据相比,2021年境内各城市代表性技能中,数字技能的占比和排名均持续提升。电子学、数据科学进入北京代表性技能的前五名;南京的计算机硬件上升至第一位;苏州的材料科学、机器人进入前五名;上海的开发工具、杭州的数据存储取代了数字营销进入前五名;广州的制造运营、数字营销的排名上升;深圳的计算机硬件排名上升,计算机网络进入前五名。

二、大数据在国际商务企业人力资源管理中的应用情况

发达国家(地区)更加注重发挥大数据在人才发展战略规划中的重要作用。许多跨国公司在积极使用智能胸卡、智能桌椅等联网设备及实时传感设备分析人才生理和心理数据的同时,纷纷建立人力资源共享服务中心,实行办事流程自动化管理(robotic process automation, RPA)。该类中心承担了80%原本由人工完成的任务,全球推行RPA的人力资源共享服务

---

① 杨润芊,韩萌菲.大数据人才的能力要求与需求分析[J].数字技术与应用,2019(8):207−208.

中心的数量年均增幅达64%。此外,加拿大德勤会计师事务所通过分析员工工作期间的生理和心理数据发现,团队合作、办公环境通透敞亮、会议场所宽敞都是提升工作效率的重要因素,因此,可以对企业生产组织形式和办公硬件设施进行优化完善。又如,普华永道会计师事务所通过收集全球超1000家企业100多万名员工的数据,设计、筛选并提炼出逾3000个评价指标,研究发现离家近、不加班是人才择业的重要考虑因素[①]。

　　与大数据技术进步相比,目前,我国国际商务企业人才管理中大数据应用还比较滞后,主要表现为行政主导、经验主导和惯性主导[②]。行政主导是指各类人才计划的评估信息来源比较单一,以出版专著的数量和发表论文的刊物级别为主,但是,缺少对人才进行动态监测和实时评估的机制。经验主导指的是只注重对人才过去贡献的评价,而对实践型、应用型、创新型人才的评价欠缺科学性,导致不能人尽其才。惯性主导就是人才观念和数据观念没有发生根本性的变化,数据应用意识和人才发展观念还比较滞后。现阶段,国内许多国际商务企业在硬件设备上都已基本具备了运用大数据的条件,但是仍有一些企业的大数据应用还只停留在生产经营的层面上,换言之,并没有多少企业能够真正地将大数据技术运用到生产、经营、管理全流程中去,特别是在人力资源管理工作中,大数据的强大作用还没有完全发挥出来。究其原因主要有以下几个方面:一是国际商务企业管理人员自身缺乏大数据意识,缺乏对人才管理工作的重视度,这就导致真正将大数据技术运用到管理中的企业较少,以至于大数据技术没被充分地挖掘和利用。二是在实际的应用过程中,还存在快速获取相关数据存在一定难度及数据质量无法保障等问题,这也大大削弱了大数据在国际商务企业人才管理中应有的作用。此外,在国际商务企业应用大数据技术进行人力资源管理的过程中,还需将成本问题纳入考虑范围。大数据本身有着投入周期较长、技术要求较高的特点,因此企业在人才管理过程中结合大数据技术,必然会提升自身的成本;同时,大数据在企业人才管理过程中,也设置了相应的门槛。一些中小型企业会着重考量大数据的投入是否能够带来相应的预期收益,如果评估的结果不理想,就会拒绝在人才管理中使用大数据技术。

第三节　大数据国际商务人才管理模式的构建

一、大数据国际商务企业的"引才"

(一)吸引境外优秀人才

　　从目前的人才供给市场来看,高品质的大数据国际商务人才数量不足,造成了当下"人才矿山"的局面,面向全球吸纳高端人才成为人才开发的重要途径。为实现大数据人才的应用目标,国际商务企业应对境外的优秀人才积极地引进,并加强与境外行业协会、风投公司、猎头公司、联谊会、同乡会等组织的合作,及时地将人才项目的需求信息公布出来,并定期邀

[①] 孙忠法.大数据能为人才工作带来什么?[J].人才资源开发,2017(1):6-8.
[②] 陈雪玉.发达国家全球人才大数据开发经验借鉴[J].探求,2021(2):99-107.

请推介的人才回国参与各项活动,以此来提升引才的准确性,使人才的作用能够在企业中得到充分的发挥,从而实现企业的可持续发展。此外,企业应充分借助大数据手段创新境外人才引才机制。一是利用大数据和人工智能技术,绘出人才地图,建立人才智库,将世界顶级人才的分布和流动情况进行动态化展示,在世界坐标系统中寻找和追踪人才,准确对接企业紧缺的"高精尖"人才。二是通过大数据分析,实现以"引才价值"为基础的境外人才风险防范机制。在目前的国际人才市场上,人才的竞争是非常激烈的,要利用大数据来对境外人才进行评估、跟踪和识别,并根据人才的价值来构建境外人才的梯度。以需要、适用为佳,不单纯地追求引才的数量,避免普通技能、战略价值较低的一般人员的重复引入,从而规避引才的风险[①]。

(二)打造人才生态圈

国际商务企业要想成为大数据人才的主要源头和基地,就应当全面打造人才生态圈。在招聘过程中,企业应注重雇主品牌的建设,掌握识别高潜质人才的方法和工具,优化招聘环节的信息管理系统。一方面,企业可以通过对优秀员工的能力和潜力进行全面的科学评估量化,联动各类数据来丰满人才画像,并在今后的人才招聘中应用取得的人才画像进行筛选[②]。另一方面,应聘人员的求职意向、工作经历、专业技能等信息,也是企业招聘过程中的重要数据,企业应对其进行记录和归纳,以便通过智能搜索,快速锁定人才,从而确保企业人才招聘的高效性。同时,企业还要保证信息管理系统能够实现人才招聘的互动性和即时性,便于和求职人员进行多方面的沟通和联系,从而大大提升企业人力资源招聘的效率和质量。

(三)转变人才用人方式

大数据时代,劳动关系从雇佣走向联盟,工作方式逐渐朝着非正式、非全时、短期性方向转变。企业可以通过聘用自由职业者等方式来"借用"人才,强调使用而非拥有,就像张瑞敏所说:"世界就是我的人力资源部。"企业可以为离职人才回流敞开大门,但同时也要防范风险,以抵抗人才离职所造成的企业损失。做好这一点首先要在招聘前进行建模,评估离职可能性较高的人群特征;其次,利用大数据分析员工期望,稳定团队;最后,利用大数据进行风险评估与防范,将离职员工可能造成的损失降到最低。通过清理不合适的员工,引入优秀人才,让企业保持健康的流动率,能够提升企业的人才竞争力。比如阿里巴巴每年通过人才盘点,消灭价值观不合格的"野狗",清理业绩差的"老白兔"。

二、大数据国际商务企业的"育才"

在大数据时代,无论是生产经营分析还是决策支持都离不开数据挖掘,企业数字化势在必行。在国际商务企业数字化运营中,企业应构建系统的大数据人才培养体系,提高数字化进程中的效益创收。在培养大数据国际商务人才上,不应是在一个维度上对"硬"专业知识和技能的单向传授,而是在多个维度上的同步传输,在及时更新人才培养内容的同时用数字化手段多维度培养交叉复合型人才。

---

① 吴贵明.把握国家顶层设计 创新海外人才引才用才机制[J].厦门特区党校学报,2016(6):38—43.
② 周丹.人力资源数字化转型,为何成功者寥寥[J].人力资源,2021(7):62—67.

(一)大数据国际商务人才培养内容

大数据时代下国际商务企业需建立适应自身发展的"大数据人才能力模型"。企业的发展方向、战略意图、文化及价值观等内容需在模型中得到充分的展现。企业数字化管理的新思维则成为筛选适应大数据时代下国际商务人才的必要条件。不仅如此,还要求大数据国际商务人才能够在企业数字化的价值理念传播中、各项业务的数字化改造中,推动企业经营理念、模式、流程的数据化变革。

此外,企业需要重视对员工创新精神的培育。对于个性鲜明、严于律己、求知欲强烈、拥有创新精神的人才,企业应当给予重视并着重培养,帮助其投入大数据研发工作。企业首先要在学术和生活环境方面为其提供宽松且舒适的氛围。并在大数据人才引进政策方面不断完善,方便同类型人才进行交流和沟通,激发人才创新动力和灵感。最后运用精细化管理模式细分不同类型人才,提高其工作效率。为跟上数字技术的发展速度,人才需要提高自身的认知能力,保证自己能在面临不同问题时处变不惊,冷静地思考对策和解决方案。同时,时刻保持自己对不同职能工作的适应弹性,时刻准备投入好新技术的研发和创造。

(二)大数据国际商务人才培养途径

大数据国际商务人才的培养途径可以分为企业和高校两个途径。相对来说,企业培养的人才更加偏重实践,高校培养的人才具有更加坚实的理论基础和完善的理论体系,而校企联合培养则各取所长,使大数据国际商务人才可以兼具理论基础与实践经验。

1.企业内部培训

在外部人才争夺战日益激烈的大背景下,仅仅靠引进外部人才的方式弥补人才缺口是远远不够的,企业逐渐意识到员工的持续学习与发展对商业成功至关重要。在大数据国际商务人才培训方面,阿里巴巴内部每周都会向员工开放最新数字技术选修课程,涵盖人工智能、虚拟现实等尖端课题;蚂蚁金服也向金融板块的传统技术人才提供资产管理、风险控制、信贷审批等课程培训;腾讯公司建立了内部自主择业机制,称为"活水计划";华为实施了"沃土开发者使能计划"。IBM则设立了20多万场不同类型的培训活动,旨在培养各岗位不同人才的专业能力。其中包括在线自学、课堂教学、网上课堂、在岗培训、内部研讨等各类培训形式。

以往国际商务企业人才培养模式常常只是一个形式,以"大课"方式展开,不能真正从员工的需求出发,容易造成针对性不足等问题。因此大数据国际商务人才的培养模式需要更加动态化、多样化、定制化。

(1)动态化培训

动态管理模式即运用大数据捕捉人才各阶段的特性,对于人才在进行商务活动中出现的问题,可随时分析并对其进行培训。例如,在企业的国际商务业务中,当就某一方面与客户交流时,员工出现错误理解的概率较高,就意味着这是企业在开展业务中待解决的重要难点,因此可以对症下药,针对难题对员工进行培训。开发式网络课程(massive open online courses,MOOC)是企业人力资源管理部门最常用的软件,企业可以通过该软件分析员工的学习记录,为员工提供其最感兴趣的培训内容并解决员工反复观看的困惑问题。通过该软件,企业也能动态地分析员工的日常表现,结合问卷形式对员工的明确需求进行调查了解,以便制定既能提高员工能力又符合公司发展的双赢培训计划。

（2）多样化培训

相较于缺乏与用户的互动的传统大数据平台，多媒体互动模式更具娱乐特点，该方式融合了文字、图片、视频、音频等多种模式，其丰富的内容也更能激发使用者的热情。在注重基础培训的同时，还应增加渠道激励人才创收，使他们自由地展现其多样化的技能。例如，企业可以发布某些利好业务，而只有人才完成某些专业培训，并通过测试，才能进行报名。这种模式使得通过培训的员工能快速地将掌握的技能转化为收入，从而形成良性循环。

（3）定制化培训

国际商务企业应为员工制定定制化的培训方案，其目的是要在满足企业需求的同时平衡企业发展和人才发展。因此，大数据的作用至关重要，企业首先应通过调查问卷对员工期望进行调查。同时，通过大数据分析企业关键需求，为员工提供专门化培训。在大数据时代，人才普遍对未来有着更清晰的规划，并愿意为之学习和奋斗。传统"大班培训"模式无法做到因材施教，无法激发人才学习的积极性和主动性，已不适应当前时代。因此，在大数据时代，人才管理的发展重点应落脚于定制化培训。

2.校企合作模式

2018年2月，在教育部等六部委联合发布的《职业学校校企合作促进办法》中，提出要推动校企联合办学模式的发展，鼓励和支持职业学校与相关企业以组织职业教育集团等方式，建立长期、稳定的合作关系。校企合作机制会大大增强国际商务人才的社会实用性，通过校企合作，高校与企业的资源、信息将实现整合，为国际商务人才提供与时俱进的教育模式，并带动教育链、人才链、企业信息化产业链的创新发展，以达到人才与社会需求的完美衔接，实现企业与人才的高度共赢。企业应给国际商务专业学生提供专业的实习岗位和培训，从而有效提高人才的实操技术，帮助企业减轻人力资本压力，并为企业后续的发展储备人才。同时，高校还应定期组织学生到企业进行参观调研，并搭建稳定的境外实习平台。此外，学校还可以鼓励和推动中青年教师到国际商务企业挂职锻炼，以进一步提高教师的专业实践技能和社会服务能力，推进学校学科专业建设。例如，2007年，当iPhone刚刚发布8个月左右的时间，斯坦福大学就把IOS（苹果公司开发的移动操作系统）引入本科教程。施耐德电气有限公司跟高校合作，将高校研发的一项创新断路器触点工艺技术在施耐德电气业内领先的工厂中成功落地，并最终实现了产业化。这些校企合作的成功案例既为企业创造了效益，也让高校成功地推广了自己的科研成果。当前，校企合作的模式需要不断探索、深化，推动多方协同育人。努力打造新的大数据国际商务人才培养模式对社会经济发展意义深远。

三、大数据国际商务企业的"用才"

（一）大数据国际商务人才激励

员工被视作组织结构的关键节点，员工的价值及诉求会被纳入人才激励管理体系当中，因此，企业应高度重视并合理利用大数据分析不同国际商务人才的期望和诉求，制定精确的激励方案，从而提高人才激励措施的有效性。一是企业应根据大数据因地制宜地制定适合每个员工的激励方式。大数据会以趋势图的形式动态地将员工的表现及期望呈现出来。企业以此可以对员工进行更全面的评价和更有效的激励。例如,员工A想要解决住房问题,员工B想要增加收入,员工C则是想要提升职位,使用大数据技术可以做到对员工的诉求进行精准激励,而不再只是依靠领导的个人判断,这样会使得企业的激励政策更具吸引力,更加高效。二是要落实民主化的管理方式。对员工适当放权,使其能够自主决定工作内容、时间安排、工作方式等,以提高工作效率,充分展示员工的个人才能。对于大数据时代的人才而言,与物质激励相比,他们更关注的是能否实现自身的理想和抱负。企业可以通过员工入股等薪酬方式,将员工转化为企业的经营者、决策者,使其在工作之时能够站在企业利益最大化的角度上思考和判断问题。该项措施在海尔、谷歌等优秀企业均有执行,且效果显著。三是充分尊重员工意见。青年员工作为大数据人才的主力军,他们思想活跃、眼界开阔、个性突出,其人力资源开发是对企业管理能力的巨大挑战。在激励过程中,企业应善于听取青年员工意见,激发其工作的主动性,提高人员的稳定程度。如华为集团的轮值CEO制度就非常有效,通过大数据筛选出对职位有着高期望的员工,并为其创造机会,满足他们的期望,从而激励他们的工作积极性并稳定军心。

(二)大数据国际商务人才绩效考核

国际商务企业人力资源管理部门的重要工作就是绩效考评,这是衡量和判断员工、部门等贡献情况及改进工作不足的标尺[①]。传统的绩效考评主要是结果导向型,这一考评方法存在工作量大、耗时长、效率低下、评价不客观等缺陷,而利用大数据技术进行人才绩效考核则有效地克服了这些问题。企业在绩效考核中应积极推动大数据思维,对常规数据进行分析,挖掘数据背后的隐藏价值。一方面,企业应通过大数据管理系统对员工的基本数据、变动数据、素质数据深入研究分析,从多角度对员工的整体素质进行考察,使得企业管理者能够在同一评价体系下客观、公正地评价每位员工,同时根据每个员工的不同特点分配他们的工作量,从而提高绩效考核的效率[②]。其中,基本数据主要包括个人履历、工作时间、工作内容等用于分析员工过去工作情况的指标;变动数据主要包括调职后员工的工作效率、工作热情等指标,用来考察员工的工作适应程度,以便日后更好地进行工作分配、岗位调配;质量数据是指用于考察员工对公司实际贡献程度的数据。例如,公司的销售岗位绩效考核指标主要包括服务态度、合同履行率、客户投诉率、销售费用、销售额及其增长率五部分,通过大数据技术对这五方面的指标进行分析,确定关键指标的权重,提高考核指标的科学性,解决传统考核中不规范的问题,优化企业绩效考核方式[③]。另一方面,企业可以引用数据化分析思想,基于"二八原则",人力资源部门应当分析这20%优秀人才的特征,构建起高绩效人员素质能力模型,并向他们提供与工作绩效相匹配的薪酬待遇和奖赏激励。此外,企业还应当对高绩效员工与低绩效员工的特征信息进行对比分析,找到引发绩效差异的成因,如果是由于主观原因,应当通过考核或激励手段进行改善;如果是由于非主观原因,则应当调整岗位,做到"人尽其才"。

目 谷歌和亚马逊的
大数据人才管理

---

① 赵毅.基于EVA的文化传媒类上市公司财务绩效评价:以中小板和创业板为例[J].财务与金融,2017(2):32-39.
② 韩明雪.大数据时代企业绩效考核思考[J].合作经济与科技,2021(8):120-122.
③ 方天涯.大数据背景下企业人力资源管理创新优化分析[J].中小企业管理与科技(中旬刊),2020(11):5-6.

思考题：

1. 大数据的分析应用给传统国际商务人才自身和人力资源管理带来哪些机遇和挑战？

2. 传统的人才管理措施哪些可以自然应用到大数据技术下的人才管理？

3. 大数据的使用是降低了人才使用成本还是提高了人才使用成本？为什么？

目 第十四章小结

参考文献

蔡吉普.内部控制框架的产权理论研究[M].北京:经济科学出版社.2012.

曹晶晶.数字贸易发展面临的问题及我国的应对之策[J].对外经贸实务,2018(8):29-32.

曾铮,王磊.数据要素市场基础性制度:突出问题与构建思路[J].宏观经济研究,2021(3):85-101.

柴宇曦,张洪胜,马述忠.数字经济时代国际商务理论研究:新进展与新发现[J].国外社会科学,2021(1):85-103,159.

陈浩伟.大数据背景下新型市场监管机制的构建[J].中国市场监管研究,2021(1):65-67.

陈新河.赢在大数据中国大数据发展蓝皮书[M].北京:电子工业出版社,2017.

陈雪玉.发达国家全球人才大数据开发经验借鉴[J].探求,2021(2):99-107.

陈永平,蒋宁.大数据时代供应链信息聚合价值及其价值创造能力形成机理[J].情报理论与实践,2015(7):80-85.

陈志轩,马琦.大数据营销[M].北京:电子工业出版社,2019.

程芳,杨霄.大数据背景下国际经济贸易面临的挑战与应对策略[J].现代经济信息,2020(6):58,60.

储云鹤.新兴技术在国际结算领域的运用[J].中国外汇,2021(8):62-63.

邓家姝,丁玎.基于云计算的财务管理共享模式探究[J].财会研究,2016(5):57-60.

董静然.数字贸易的国际法规制探究:以CPTPP为中心的分析[J].对外经贸实务,2020(5):5-10.

董淑芬,李志祥.大数据时代信息共享与隐私保护的冲突与平衡[J].南京社会学,2021(5):45-52,70.

杜磊.大数据时代政府与市场信息禀赋的变化、影响及应对[J].经济纵横,2017(11):59-63.

方迪盛,易涵琪.大数据时代企业文化发展分析[J].经济与社会发展,2016(4):99-101.

冯科.数字经济时代数据生产要素化的经济分析[J].北京工商大学学报(社会科学版),2022(1):1-12.

苟东德,谢兴庆,杨红玲.运用大数据提升全面预算管理的探索与实践:基于中国石油湖北销售公司预算管理的案例分析[J].中国总会计师,2018(11):55-57.

顾明珺.基于数据湖的内部持续审计模式探索[J].中国内部审计,2021(3):63-65.

郭慧馨,葛健.移动互联网大数据对供应链整合营销的影响研究[M].北京:中国财富出版社,2020.

国家外汇管理局浙江省分局课题组.运用大数据和人工智能技术促进内部审计数字化转型:以国家外汇管理局为例[J].中国内部审计,2020(11):18-24.

何大安.大数据、物联网与厂商投资选择[J].浙江社会科学,2019,(1):4-14,155.

何玉长,王伟.数据要素市场化的理论阐释[J].当代经济研究,2021(4):33-44.

胡金艳.大数据背景下跨境电子商务的发展模式研究[J].统计与管理,2017(7):128-129.

黄道丽,何治乐.欧美数据跨境流动监管立法的"大数据现象"及中国策略[J].情报杂志,2017(4):47-53.

黄宁,李杨."三难选择"下跨境数据流动规制的演进与成因[J].清华大学学报(哲学社会科学版),2017(5):172-182,199.

江涛涛,王文华.企业数字化转型背景下商科创新创业人才的培养[J].教育与职业,2021(3):98-102.

蒋殿春,唐浩丹.数字型跨国并购:特征及驱动力[J].财贸经济,2021(9):129-144.

鞠雪楠,赵宣凯,孙宝文.跨境电商平台克服了哪些贸易成本?来自"敦煌网"数据的经验证据[J].经济研究,2020(2):181-196.

库克耶.大数据时代:生活、工作与思维的大变革[M].杭州:浙江人民出版社,2013.

李春霞.大数据对国际经济贸易的影响与措施[J].全国流通经济,2020(26):32-34.

李国杰,程学旗.大数据研究:未来科技及经济社会发展的重大战略领域:大数据的研究现状与科学思考[J].中国科学院院刊,2012(6):647-657.

李洪涛,隆云滔.大数据驱动下的国际投资新契机[J].国际经济合作,2015(11):48-52

李佳,靳向宇.智慧物流在我国对外贸易中的应用模式构建与展望[J].中国流通经济,2019(8):11-21.

李文莲,夏健明.基于"大数据"的商业模式创新[J].中国工业经济,2013(5):83-95.

廖倡.社会网络大数据在资本市场监管中的应用研究[J].金融纵横,2020(8):58-63.

刘海洋,高璐,林令涛.互联网、企业出口模式变革及其影响[J].经济学(季刊),2020(1):261-280.

刘鹏.大数据背景下商务数据分析人才的培养研究[J].智能计算机与应用,2020(9):197-198,202.

刘昕宇.大数据背景下基金交易风险分析及其投资价值分析[J].中小企业管理与科技(上旬刊),2021(4):79-80.

刘志高.大数据环境下企业管理模式创新研究[J].宏观经济管理,2017(S1):128-129.

陆璐.大数据赋能:信用证信用危机的法制应对:兼评ICC电子信用证系列规则[J].东南大学学报(哲学社会科学版),2019(6):85-93,147.

吕健.大数据时代跨境电商企业精准营销对策研究[J].企业科技与发展,2021(4):199-200,203.

毛伟.大数据时代企业创新的文化驱动[J].浙江社会科学,2020(6):12-20,155.

莫祖英.大数据处理流程中的数据质量影响分析[J].现代情报,2017(3):69-72.

牛李斌.大数据背景下国际贸易面临的挑战及对策分析[J].经济师,2021(10):78-79.

濮方清,马述忠.数字贸易中的消费者:角色、行为与权益[J].上海商学院学报,2022(1):15-30.

邱如英.大数据视角下的跨境电商[M].广州:南方日报出版社,2018.

盛斌,高疆.超越传统贸易:数字贸易的内涵、特征与影响[J].国外社会科学,2020(4):18-32.

石瑞生.大数据安全与隐私保护[M].北京:北京邮电大学出版社,2019.

宋利利,刘贵容,陈伟.大数据与市场营销[M].北京:经济管理出版社,2020.

宋楠.试论大数据时代的互联网金融创新及传统银行转型[J].时代金融,2018(8):101.

宋依玲.对大数据时代国际收支统计工作的思考[J].金融经济,2015(12):219-220.

童宏祥,季萍.国际商法:跨境电商[M].上海:立信会计出版社,2021.

汪琳.浅析大数据背景下中小企业内部控制建设[J].财会学习,2019(22):235,237.

王俊松.大数据环境下隐私信息保护的入罪检讨:以最后手段原则为视角[J].中国石油大学学报,2018(4):65-67.

王珊,王会举,覃雄派,周烜.架构大数据:挑战、现状与展望[J].计算机学报,2011(10):1741-1752.

伍湘陵.全球数字贸易规则发展趋势及应对措施:基于美国、欧盟以及中国数字贸易规则的对比分析[J].上海商学院报,2023(2):48-59.

徐珊,李慧强.对大数据分析在外汇管理领域运用的思考[J].金融纵横,2017(9):87-92.

许多奇.个人数据跨境流动规制的国际格局及中国应对[J].法学论坛,2018(3):130-137.

闫华红,毕洁.大数据环境下全面预算系统的构建[N].财务与会计,2015(6):44-46.

杨单,刘启川.基于大数据的跨境电商平台个性化推荐策略优化[J].对外经贸实务,2020(11):33-36.

杨帆,大数据应用对供应链管理价值提升的分析与研究[J].中国新通信,2018(18):110-111.

杨京,王效岳,白如江,等.大数据背景下数据科学分析工具现状及发展趋势[J].情报理论与实践,2015(3):134-137,144.

杨留华.基于大数据驱动下的国际投资新契机探微[J].现代商业,2019(7):171-172.

杨润芊,韩萌菲.大数据人才的能力要求与需求分析[J].数字技术与应用,2019(8):207-208.

张金平.跨境数据转移的国际规制及中国法律的应对:兼评我国《网络安全法》上的跨境数据转移限制规则[J].政治与法律,2016(12):136-154.

张仕元,刘行舟.企业集团运用大数据进行风险管理的方法和路径[J].现代经济信息,2016(13):97-99.

张潇.大数据技术助力外汇领域微观监管[J].信息系统工程,2020(12):32-33.

张潇.大数据技术助力外汇领域微观监管[J].信息系统工程,2020(12):32-33.

张宇,蒋殿春.数字经济下的国际贸易:理论反思与展望[J].天津社会科学,2021(3):84-92.

赵光辉.田芳.大数据人才管理:案例与实务[M].北京:科学出版社,2019.

赵曙明,高素英,周建,等.企业国际化的条件、路径、模式及其启示[J].科学学与科学技术管理,2010(1):116-122.

郑春芳.跨境电商理论、政策与实操[M].北京:经济科学出版社,2020.

郑志峰.人工智能时代的隐私保护[J].法律科学(西北政法大学学报),2019(2):51-60.

周丹.人力资源数字化转型,为何成功者寥寥[J].人力资源,2021(7):62-67.

周韶辉,周瑾,吴碧文,等.构建"大数据+市场监管风险预警"机制研究[N].中国市场监管报,2021-06-08(003).

周伟,吴先明,Adel Ben Youssef.企业国际化初期的组织结构选择:欧美日跨国公司的比较研究及其启示[J].管理评论,2017(12):116-126.

朱林,朱肖华.大数据时代下基于云计算的企业全面预算管理体系建设[J].当代经济,2018(18):112-113.

朱睿.大数据环境下公司投资策略中的风险控制探析[J].中国商论,2021(5):80-81.

朱元倩,郭舒.跨境金融风险预警体系在亚洲地区的应用与展望[J].金融纵横,2021(1):70-75.

宗威,吴锋.大数据时代下数据质量的挑战[J].西安交通大学学报(社会科学版),2013(5):38-43.